"十四五"职业教育国家规划教材

动物解剖 彩图版

（第2版）

雍 康　陈亚强 ■ 主编

中国林业出版社
China Forestry Publishing House

内容简介

本教材共分14个项目，内容包括筑实动物解剖基础、解剖家畜运动系统、解剖家畜被皮系统、解剖家畜消化系统、解剖家畜呼吸系统、解剖家畜泌尿系统、解剖家畜生殖系统、解剖家畜心血管系统、解剖家畜免疫系统、解剖家畜神经系统、解剖家畜感觉器官、解剖家畜内分泌系统、解剖家禽和综合实训。每个项目在开始之前都设置了项目导入、项目目标和课前预习，便于学习者把握学习重点；每个项目后面有项目小结及课后习题（部分为历年执业兽医考试真题），便于学习者对自己的知识掌握情况进行检查。

本教材既可以作为畜牧兽医、动物医学、动物防疫与检疫、动物药学、宠物医疗技术等专业师生用书，也可以作为基层畜牧兽医工作者自学教材或参考书籍。

图书在版编目（CIP）数据

动物解剖：彩图版 / 雍康，陈亚强主编. —2版. —北京：中国林业出版社，2023.8（2024.8重印）

"十四五"职业教育国家规划教材

ISBN 978-7-5219-2239-4

Ⅰ.①动… Ⅱ.①雍… ②陈… Ⅲ.①动物解剖学-职业教育-教材 Ⅳ.①Q954.5

中国国家版本馆CIP数据核字（2023）第119705号

策划编辑：曾琬淋
责任编辑：曾琬淋
责任校对：苏　梅
封面设计：五色空间

出版发行：中国林业出版社
　　　　　（100009，北京市西城区刘海胡同7号，电话 010-83143630）
网址：www.cfph.net
印刷：北京中科印刷有限公司
版次：2019年7月第1版（共印3次）
　　　2023年8月第2版
印次：2024年8月第4次
开本：787mm×1092mm　1/16
印张：15.5
字数：370千字　数字资源：37千字
定价：78.00元

第 2 版编写人员名单

主　编　雍　康　陈亚强
副主编　吕　倩　张　超　杨延辉　杨庆稳　郑　娟
编　者　（按姓氏笔画排序）

　　　　王一明（伊犁职业技术学院）
　　　　王建东［内蒙古赛科星繁育生物技术（集团）有限公司］
　　　　毛福超（洛阳职业技术学院）
　　　　吕　倩（重庆三峡职业学院）
　　　　刘杉杉（铜仁职业技术学院）
　　　　许　佳（金华职业技术学院）
　　　　李幽幽（四川水利职业技术学院）
　　　　杨　超（四川水利职业技术学院）
　　　　杨延辉（重庆三峡职业学院）
　　　　杨庆稳（重庆三峡职业学院）
　　　　邹丽丽（湖南生物机电职业技术学院）
　　　　张　娟（内江职业技术学院）
　　　　张　超（重庆三峡职业学院）
　　　　张波涛（巴林左旗犇达畜牧服务有限公司）
　　　　陈亚强（重庆三峡职业学院）
　　　　欧红萍（成都农业科技职业学院）
　　　　罗永莉（重庆三峡职业学院）
　　　　周乾兰（重庆三峡职业学院）
　　　　郑　娟（湖北三峡职业技术学院）
　　　　胡清福（新兴理工学校）
　　　　骆世军（重庆市万州区畜牧产业发展中心）
　　　　徐　进（四川巴中市绿色农业创新发展研究院）
　　　　曹婷婷（重庆三峡职业学院）
　　　　雷　娜（重庆市农业学校）
　　　　雍　康（重庆三峡职业学院）
　　　　静　争（江苏农牧科技职业学院）
主　审　袁莉刚（甘肃农业大学）
　　　　张传师（重庆三峡职业学院）
　　　　曹随忠（四川农业大学）

第1版编写人员名单

主　编　雍　康　陈亚强
副主编　何　航　杨延辉　周乾兰
编　者（按姓氏笔画排序）
　　　　母治平（重庆三峡职业学院）
　　　　杨延辉（重庆三峡职业学院）
　　　　何　航（重庆三峡职业学院）
　　　　陈亚强（重庆三峡职业学院）
　　　　陈思宇（重庆三峡职业学院）
　　　　罗永莉（重庆三峡职业学院）
　　　　周乾兰（重庆三峡职业学院）
　　　　郑　敏（重庆三峡职业学院）
　　　　曹婷婷（重庆三峡职业学院）
　　　　温　倩（内江职业技术学院）
　　　　雍　康（重庆三峡职业学院）

第2版前言

动物解剖是研究动物有机体的形态结构及其发生发展规律的科学。学习并掌握动物解剖相关的理论知识和实践技能，是学好畜牧兽医、动物防疫与检疫等专业其他基础课和核心课，以及从事动物饲养管理、繁殖育种、疾病诊疗与预防等工作的基础。无论是在校畜牧兽医等专业学生还是一线工作人员，普遍感到学习动物解剖相关知识的最大难点是如何直观认识动物体的形态结构。因此，我们组织一线教学、科研人员编写了《动物解剖：彩图版》，该教材出版后获得了很多反馈和评价，并于2020年被教育部评为"十三五"职业教育国家规划教材。为了进一步落实《国家职业教育改革实施方案》《教育部关于加强高职高专教育人才培养工作的意见》《关于加强高职高专教育教材建设的若干意见》《高等学校课程思政建设指导纲要》《关于推动现代职业教育高质量发展的意见》《"十四五"职业教育规划教材建设实施方案》和《中华人民共和国职业教育法》相关要求，更好地服务于人才培养，在广泛征求意见的基础上，我们联合国内其他高校一线教师和行业专家对教材进行了修订再版。

在保留第1版教材精华内容的基础上，第2版教材主要有以下变化：

（1）充实了修订团队。邀请国内其他职业院校从事课程教学和科研的一线教师及行业专家参与了本教材的修订。其中，在对第1版走进动物解剖（雍康和郑娟修订）、解剖运动系统（陈亚强和周乾兰修订）、解剖被皮系统（陈亚强修订）、解剖消化系统（雍康修订）、解剖呼吸系统（吕倩修订）、解剖泌尿系统（雍康修订）、解剖生殖系统（杨庆稳修订）、解剖心血管系统（张超修订）、解剖免疫系统（张超修订）、解剖神经系统（雍康和罗永莉修订）、解剖感觉器官（吕倩修订）、解剖内分泌系统（雍康和周乾兰修订）和解剖家禽（杨延辉和雷娜修订）这13个项目进行修订后，又邀请了刘杉杉、毛福超、静争、张波涛、骆世军、许佳、杨超、李幽幽、欧红萍、邹丽丽、王建东、王一明、胡清福、张娟、徐进等进行了二次修订，邀请袁莉刚、张传师、曹随忠进行了审稿。

（2）完善了教材内容。结合行业发展需求及后续课程学习需要，增加了动物组织学的内容（由曹婷婷编写）及马属动物解剖学的内容（由雍康编写）。为了使学生牢固掌握核心技能，每个项目增加了技能实训，并在全书最后增加了综合实训。为了便于学生课后巩固提高，增加了执业兽医考试真题和其他复习思考题数量。另外，对部分原图做了修改，同时增加了新图。

（3）融入了数字资源。针对重要知识点和技能点以及较难理解的内容，配置了线上资源，包括微课、动画、图片、教学课件（PPT）等。线上资源免费开放，线上、线下相互结合，极大地方便了教与学。

（4）引入了课程思政。为了培养学生敬畏生命、珍爱生命、保护动物、关注动物福利的意识，严谨认真的学习态度，以及吃苦耐劳、不怕脏、不怕累的从业精神，在项目中融入了课程思政元素。

感谢何航、郑敏、母治平、陈思宇、温倩等老师在第1版编写过程中付出的艰辛劳动！感谢纪昌宁老师对部分图片进行了绘制和处理！鉴于编者水平有限，在修订过程中难免存在疏漏和错误，敬请广大读者批评指正。

编者
2023年2月

第1版前言

动物解剖是畜牧兽医、动物医学、动物防疫与检疫等专业的一门重要基础课，是学习动物生理、动物病理、动物外产科、兽医临床诊疗等课程的前导课程。

本教材共分13个学习项目，包括走进动物解剖（雍康编写）、解剖运动系统（陈亚强编写）、解剖被皮系统（陈亚强编写）、解剖消化系统（雍康编写）、解剖呼吸系统（何航编写）、解剖泌尿系统（雍康编写）、解剖生殖系统（母治平编写）、解剖心血管系统（郑敏、温倩编写）、解剖免疫系统（何航编写）、解剖神经系统（罗永莉编写）、解剖感觉器官（周乾兰、曹婷婷编写）、解剖内分泌系统（周乾兰、曹婷婷编写）、解剖家禽（杨延辉、郑敏编写）。每个项目在开始之前都设置了项目导入、学习目标和课前预习任务，便于学习者把握教学重点；每个项目后面有项目小结及课后巩固提高（罗列有专业知识思考题及历年执业兽医考试真题），便于学习者对自己的知识掌握情况进行检查。

本教材具有以下两个方面的特色：

（1）精选了来自教师教学、科研中积累的400多幅彩色图片，图片色彩鲜艳、形象逼真，能生动、形象地展示动物体复杂的形态结构和位置毗邻关系。

（2）本教材内容按照系统进行项目划分，每项目前均有简要文字引入，并将历年的执业兽医考试真题穿插在每个项目之后，这样既帮助学习者巩固相关知识，也能让学习者了解执业兽医考试真题的形式和出题思路。

本书图文并茂，文字内容简洁准确，适用范围广，实用性强，既可以作为畜牧兽医等专业师生用书，同时也可以作为基层畜牧兽医工作者自学教材或参考书籍。

彩色教材编撰是一项艰巨的工程，需要付出极大的努力与辛劳，鉴于作者水平有限，难免存在缺点和错误，敬请专家、学者及广大读者批评指正。

编者
2019年3月

目　录

第 2 版前言

第 1 版前言

走进动物解剖

项目 1　筑实动物解剖基础

　　任务 1-1　认知动物体基本结构 / 4

　　任务 1-2　识别动物体体表各部位名称 / 9

　　任务 1-3　辨识动物解剖常用方位术语 / 11

项目 2　解剖家畜运动系统

　　任务 2-1　解剖骨 / 20

　　任务 2-2　解剖骨连结 / 33

　　任务 2-3　解剖肌肉 / 40

项目 3　解剖家畜被皮系统

　　任务 3-1　认识皮肤 / 60

　　任务 3-2　识别皮肤衍生物 / 61

项目 4　解剖家畜消化系统

　　任务 4-1　解剖口腔、咽和食管 / 71

　　任务 4-2　解剖胃 / 76

　　任务 4-3　解剖肠和肛门 / 83

　　任务 4-4　解剖肝和胰 / 88

项目 5　解剖家畜呼吸系统

　　任务 5-1　解剖呼吸道 / 101

　　任务 5-2　解剖肺 / 105

　　任务 5-3　解剖胸膜和纵隔 / 107

项目 6　解剖家畜泌尿系统

　　任务 6-1　解剖肾 / 114

　　任务 6-2　解剖输尿管、膀胱和尿道 / 119

项目 7　解剖家畜生殖系统

　　任务 7-1　解剖公畜生殖系统 / 124

　　任务 7-2　解剖母畜生殖系统 / 130

项目 8　解剖家畜心血管系统

　　任务 8-1　解剖心脏 / 143

　　任务 8-2　解剖血管 / 147

项目 9　解剖家畜免疫系统

　　任务 9-1　解剖中枢免疫器官 / 159

　　任务 9-2　解剖外周免疫器官 / 160

　　任务 9-3　识别免疫细胞 / 164

项目 10　解剖家畜神经系统

　　任务 10-1　认知神经系统 / 171

　　任务 10-2　解剖中枢神经系统 / 173

　　任务 10-3　解剖外周神经系统 / 177

项目 11　解剖家畜感觉器官
　　任务 11-1　解剖视觉器官——眼 / 188
　　任务 11-2　解剖听觉器官——耳 / 191

项目 12　解剖家畜内分泌系统
　　任务 12-1　解剖内分泌器官 / 198
　　任务 12-2　解剖内分泌组织（细胞）/ 201

项目 13　解剖家禽
　　任务 13-1　解剖运动系统 / 206
　　任务 13-2　解剖被皮系统 / 208
　　任务 13-3　解剖消化系统 / 209
　　任务 13-4　解剖呼吸系统 / 213
　　任务 13-5　解剖泌尿系统 / 215
　　任务 13-6　解剖生殖系统 / 216
　　任务 13-7　解剖心血管系统和免疫系统 / 218
　　任务 13-8　解剖神经系统和感觉器官 / 221
　　任务 13-9　解剖内分泌系统 / 222

项目 14　综合实训
　　实训 14-1　家禽的解剖及内脏器官观察 / 227
　　实训 14-2　牛（羊）的解剖及内脏器官观察 / 229
　　实训 14-3　猪的解剖及内脏器官观察 / 233

参考文献

走进动物解剖

一、动物解剖的概念和内容

动物解剖学是研究正常家畜和家禽机体形态、结构及其发生发展规律的科学。因研究方法和对象不同，可分为大体解剖学、显微解剖学和胚胎学。

大体解剖学 俗称解剖学，主要是借助刀、剪、锯等解剖器械，以切割、分离的方法，通过肉眼观察正常畜（禽）体各器官的形态、结构、位置及相互关系。根据研究目的和方法的不同，又可分为系统解剖学、局部解剖学、比较解剖学等。

显微解剖学 又称组织学，主要是借助显微镜研究动物体组织细胞细微结构及其与功能的关系。其研究内容包括细胞、基本组织和器官组织3个部分。

胚胎学 是研究动物个体发生发展规律的科学。即研究从受精卵开始到个体形成过程中胚胎发育的形态、结构和功能变化。

二、学习本课程目的与意义

动物解剖是畜牧兽医类专业的重要基础课，是学习动物生理、动物病理、动物药理、兽医临床诊疗技术、动物内科、动物外（产）科、畜禽繁育、牛羊生产技术等课程的先导和基石。本课程采用项目化教学的方法，以正常家畜、家禽为研究对象，按照家畜运动系统、被皮系统、消化系统、呼吸系统、泌尿系统、生殖系统、心血管系统、免疫系统、神经系统、感觉器官、内分泌系统以及家禽的顺序，逐一介绍各个系统的组成，各器官的形态、结构、位置关系，比较不同动物同一器官的形态结构特点，阐述各器官形态与功能的关系及机体结构与外界环境的关系，并联系临床和生产实践，为正确诊断疾病、精准用药、科学饲养提供理论依据。

作为畜牧兽医工作者，只有先掌握动物解剖的知识和技能，才能进一步学习畜牧兽医类专业的其他知识和技能，才能合理地饲养、科学地繁殖、有效地防治疾病，才能更好地为畜牧业产业化、现代化服务，助力乡村振兴，为社会提供丰富、健康的畜禽产品，最大限度地满足人们日益增长的美好生活需要。

三、学习本课程的方法及要求

动物解剖是一门形态科学，机体结构复杂，需要记忆的解剖名词、术语繁多，初学者往往会感到枯燥乏味、难记易忘、容易混淆。学习过程中应将形态结构与生理功能相结合，理解形态结构是功能活动的物质基础，功能活动的改变又能引起形态结构的变化。动物解剖的知识体系和教学模式是从整体到局部，学习过程中要深刻领会并辨证理解整体与局部之间的关系。另外，在学习动物体结构时可与自己的身体结构进行比较，以加深理解和记忆。具体学习方法及要求见表0-0-1所列。

表0-0-1 动物解剖的学习方法及要求

理论教学			综合实训
课前	课中	课后	
认真预习，明确学习目标。先阅读教材、教学课件，观看微课，尝试完成课前预习中的问题，将不懂的知识点筛选出来，带着问题进入课堂学习	紧跟教师的教学思路，专心听讲，积极探究。在教师的指引下观看图片、动画，做好笔记，在理解的基础上强化记忆	及时复习，对照教材，在模型、标本及活体上亲自查找或触摸，对关键知识点和技能点进行提炼、总结	理论联系实际，将课堂讲授的理论知识与尸体解剖、活体观察以及临床应用结合起来，强化实践技能训练，增强动手能力

小贴士

我国动物解剖学发展简史

战国时代的《黄帝内经》中已记录了人体心、肺、胃、脾、肾等器官的名称、位置、大小等。

明朝喻本元、喻本亨编著的《元亨疗马集》，是我国兽医学宝库中内容最丰富、流传最广的一部兽医经典著作，书中对动物机体的形态、结构进行了介绍。

19世纪末，西兽医学传入我国，家畜解剖学走进了人们的视野。1904年在河北保定成立了北洋马医学堂，从此我国便有了中、西兽医学之分，家畜解剖学正式进入西兽医课堂。

20世纪50年代开始，我国动物解剖工作者先后编译了《农畜局部解剖学基础》《家畜解剖学》等国外著作。同时，编撰了《猪的解剖》《驴马实地解剖》《马体解剖图谱》《家畜解剖图谱》《中国水牛的解剖》等国内专著，极大地丰富了教学资源，提高了动物解剖学教学水平。

近几十年来，先进技术不断被引入动物解剖学领域，放射自显影、免疫组化、X射线断层扫描（CT）、核磁共振、细胞图像分析系统等技术的推广运用，使动物解剖学的教学与科研都获得了飞速发展。

项目 1
筑实动物解剖基础

项目导入

动物体的五大结构层次是：细胞→组织→器官→系统→有机体。细胞是动物体最基本的结构和功能单位。动物组织可分为上皮组织、结缔组织、肌肉组织和神经组织。细胞和组织的结构在肉眼下不能进行分辨，需借助显微镜观察，属于组织学范畴。大体解剖学观察的是器官和系统的形态结构，常以骨为基础来划分动物体表主要部位。为了便于弄懂动物体各部位和各器官的方向、位置和关系，需要学习动物解剖学的方位术语。

项目目标

一、认知目标

1. 掌握动物体的基本结构。
2. 掌握动物解剖常用的方位术语。
3. 掌握动物体表各部位的划分和名称。

二、技能目标

1. 能够在活体上指出动物体表主要部位。
2. 会正确使用动物解剖方位术语。
3. 能够使用显微镜观察和识别细胞及组织。

课前预习

1. 动物的细胞包括哪几个组成部分？
2. 什么是组织？动物体的组织包括哪几种类型？
3. 什么是系统？构成动物有机体的系统有多少个？
4. 什么是矢状面、横断面、额面？

任务1-1 认知动物体基本结构

数字资源

任务要求

1. 能阐述细胞、组织、器官、系统和有机体的概念，并能阐述它们之间的关系。
2. 能在显微镜下识别细胞及不同类型的组织。

理论知识

动物有机体最基本的结构和功能单位是细胞。在结构和功能上密切相关的细胞，由细胞间质联合起来形成的细胞群体称为组织。执行同一机能的不同类型的组织构成器官，如骨骼、脑、心、肺、肾等。多个在功能上密切联系的器官构成系统。许多系统构成的统一有机整体即生物体。

一、细胞

动物细胞主要由细胞膜、细胞质和细胞核组成（图1-1-1）。

（一）细胞膜

细胞膜是包在细胞质表面的具有一定通透性的薄膜。细胞膜的主要成分是蛋白质、脂质，还含有少量糖类。磷脂双分子层是构成细胞膜的基本支架。蛋白质以覆盖、嵌入和贯穿的形式存在于磷脂双分子层上。细胞膜外表面还有糖蛋白（图1-1-2）。

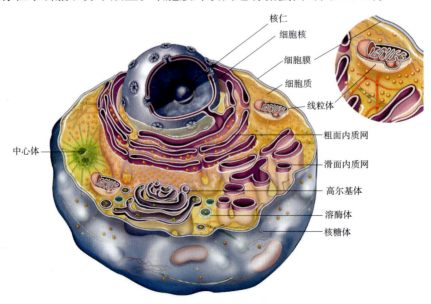

图1-1-1　动物细胞结构示意图【引自Thomas C and Bassert J M，2015】

（二）细胞质

细胞质包括基质及悬浮在基质中的各种细胞器和内含物。基质呈液态，是透明、无定型的胶状物。细胞器是细胞质中具有一定形态、结构和执行特定生理功能的微小"器官"，动物细胞中已发现的细胞器有"一网、五体、三微"，即内质网、线粒体、核糖体、高尔基体、溶酶体、中心体、微体、微丝和微管。内含物是细胞质中储存的营养物质和代谢产物。

（三）细胞核

细胞核是细胞的重要成分，含有遗传物质，是细胞遗传和代谢活动的控制中心。在动物体内，除哺乳动物成熟的红细胞外，所有细胞均有细胞核。细胞核由核膜、核质和核仁3个部分构成。

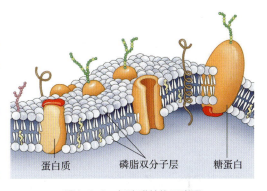

图1-1-2 细胞膜结构示意图
【引自Thomas C and Bassert J M，2015】

二、组织

根据结构和功能特点，组织分为上皮组织、结缔组织、肌肉组织和神经组织4种类型。

（一）上皮组织

上皮组织简称上皮，由紧密排列的细胞和少量的细胞间质构成（图1-1-3）。上皮组织在体内分布很广，主要分布于动物体的外表面及体内管腔器官的内表面。此外，还分布在腺体和感觉器官内。其功能主要有保护机体、吸收、分泌、感觉和排泄。

根据上皮组织的结构、功能及分布不同，可将其分为被覆上皮、腺上皮及特殊上皮（表1-1-1）。

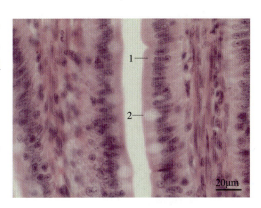

图1-1-3 上皮组织（小肠）
1. 柱状细胞；2. 杯状细胞

表1-1-1 上皮组织的类型

类型			分布	功能
被覆上皮	单层	扁平上皮	内衬心血管和淋巴管的腔面，被覆体腔浆膜表面	润滑
		立方上皮	被覆肾小管、腺导管、卵巢表面	分泌、吸收
		柱状上皮	内衬胃、肠黏膜和子宫内膜等	保护、吸收和分泌
		假复层柱状纤毛上皮	内衬呼吸道黏膜、睾丸输出管、输精管等	保护和分泌
	复层	扁平上皮	表皮、口腔、食道、阴道等处黏膜	保护
		变移上皮	内衬膀胱、输尿管黏膜	保护
腺上皮			分布于各种腺体内	分泌
特殊上皮			分布于感觉器官耳、眼、鼻、舌内	感觉

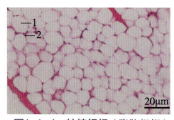

图1-1-4 结缔组织（脂肪组织）
1. 脂肪细胞；2. 细胞核

（二）结缔组织

结缔组织是动物体内分布最为广泛的一类组织，由细胞和大量的细胞间质构成。细胞种类较多，数量较少，形态结构多样，功能多样。包括疏松结缔组织、致密结缔组织、脂肪组织（图1-1-4）、网状组织、软骨组织、骨组织、血液和淋巴（表1-1-2）。

表1-1-2 结缔组织的类型

类型	分布	结构特点	功能
疏松结缔组织	皮下、各组织、各器官之间	细胞数量少，但种类多	连接、支持、营养、防御、保护和修复
致密结缔组织	肌腱、韧带、真皮、骨膜等处	由大量紧密排列的纤维和少量细胞及基质组成	连接、支持和保护
脂肪组织	皮下、肠系膜、大网膜等处	大量的脂肪细胞在疏松结缔组织中聚集而成	储存脂肪、缓冲和维持体温
网状组织	淋巴结、脾、胸腺等处	由网状细胞、网状纤维和基质组成	构成淋巴器官和造血器官的支架成分
软骨组织	透明软骨分布于骨的关节面、肋软骨、气管环等处；弹性软骨分布于耳廓等处；纤维软骨分布于椎间盘、半月板等处	由少量软骨细胞、大量纤维和基质构成，软骨内缺少血管和神经	支持、保护
骨组织	全身骨骼	由骨细胞、纤维和基质构成	构成动物体的支架，支持、保护和造血
血液和淋巴	全身血管和淋巴管中	血液成分：血浆和血细胞。淋巴成分：淋巴浆、淋巴细胞等	营养、免疫

（三）肌肉组织

肌肉组织是动物产生各种运动的动力组织。主要由肌细胞组成，肌细胞呈细长纤维状，又称肌纤维。肌细胞可以进行舒张和收缩活动。根据肌细胞的形态结构、分布及功能，肌肉组织可分为骨骼肌、平滑肌和心肌3种（图1-1-5、表1-1-3）。

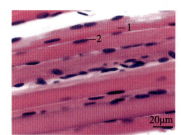

A. 骨骼肌
1. 骨骼肌细胞（纵断面）；
2. 骨骼肌细胞核

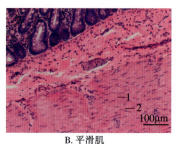

B. 平滑肌
1. 平滑肌细胞（纵断面）；
2. 平滑肌细胞核

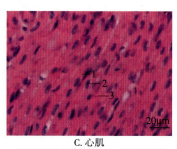

C. 心肌
1. 心肌细胞（纵断面）；2. 心肌细胞核；
3. 闰盘

图1-1-5 肌肉组织

表1-1-3 肌肉组织的类型

类型	细胞特点	分布	意识支配	活动情况
骨骼肌	长柱状，有横纹	主要分布在骨骼，少量在皮肌、食道	随意肌	反应快，收缩有力，不持久
平滑肌	长梭状，无横纹	主要分布在内脏器官和血管等处	不随意肌	反应慢，收缩乏力，能持久
心肌	有分枝，相互连接	主要分布于心脏	不随意肌，有自律性	有节奏，收缩有力，持久

（四）神经组织

神经组织主要由神经细胞和神经胶质细胞组成（图1-1-6）。神经细胞又称神经元，是神经系统结构和功能的基本单位。神经元由胞体和突起（树突和轴突）构成，可接受刺激，传递冲动。神经胶质细胞不具有传导冲动的功能，对神经元起着支持、营养和保护的作用。

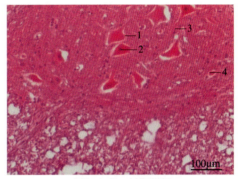

图1-1-6 神经组织
1. 神经元；2. 细胞核；3. 突起；4. 神经胶质细胞

三、器官

根据形态结构，可将器官分为管状器官和实质性器官两大类。

（一）管状器官

这类器官呈管状或囊状，内部有较大而明显的空腔，如食管、胃、小肠和大肠。管壁一般由4层构成，由内向外依次为黏膜层、黏膜下层、肌层和外膜（图1-1-7）。

1. 黏膜层

黏膜层为管壁的最内层，正常黏膜呈淡红色，柔软而湿润，有一定的伸展性。当管腔内空虚时，黏膜层常形成皱褶。黏膜层又分为3层：黏膜上皮、固有层和黏膜肌层。

（1）黏膜上皮　由不同的上皮组织构成，其种类因所在部位和功能而异。口腔、食管、肛门和阴道等处的上皮为复层扁平上皮，有保护作用；胃、肠等处的上皮为单层柱状上皮，有分泌、吸收等作用；输尿管、膀胱和尿道上皮为变移上皮，有适应器官扩张和收缩的作用。

（2）固有层　由结缔组织构成，含有小血管、淋巴管和神经纤维等。黏膜固有层有支持和营养上皮的作用。

（3）黏膜肌层　为薄层平滑肌，收缩时

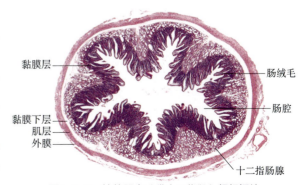

图1-1-7 管状器官（猫十二指肠）组织切片
【引自陈耀星和刘为民，2009】

可使黏膜形成皱褶，有利于血液循环、物质吸收和腺体分泌物的排出。

2. 黏膜下层

黏膜下层由疏松结缔组织构成，有连接黏膜和肌膜的作用，内有较大的血管、淋巴管和黏膜下神经丛。食管和十二指肠的黏膜下层疏松结缔组织内还有腺体分布。

3. 肌层

肌层一般由平滑肌构成，分纵行肌（外层）和环行肌（内层）两层。纵行肌收缩可使管道缩短、管腔变大，环行肌收缩可使管腔缩小，两肌层交替收缩可使内容物按一定的方向移动。

4. 外膜

外膜由薄层疏松结缔组织构成。在体腔内的内脏器官，外膜表面被覆一层间皮，称浆膜，其表面光滑、湿润，有减少脏器之间运动时摩擦的作用。

（二）实质性器官

大多数实质性器官没有明显的空腔，如肝、胰、肾和卵巢。实质性器官均由实质和间质组成。实质是实质性器官实现其功能的主要部分，如睾丸的实质为细精管和睾丸网。间质由结缔组织构成，被覆于器官的外表面，并伸入实质内构成支架，将器官分隔成许多小叶，如肝小叶。分布于实质性器官的血管、神经、淋巴管及该器官的导管出入器官处常为一凹陷，称此处为该器官的门，如肾门（图1-1-8）、肺门、肝门（图1-1-9）等。

图1-1-8　犬肾门　　　　　　　　图1-1-9　猪肝门
【引自Dyce K M，et al，2010】　　【引自Dyce K M，et al，2010】

四、系统

系统由功能上有密切联系的多个器官所构成，如肾、输尿管、膀胱、尿道等器官构成泌尿系统，实现泌尿功能。

动物体由十一大系统有机结合而成。

（1）运动系统　骨、肌肉、骨连结。

（2）被皮系统　皮肤、皮肤的衍生物（毛、皮肤腺、爪等）。

（3）消化系统　口、咽、食管、胃、小肠、大肠、肛门。

(4) 呼吸系统　鼻、咽、喉、气管、支气管、肺。
(5) 泌尿系统　肾、输尿管、膀胱、尿道。
(6) 生殖系统

雌性　卵巢、输卵管、子宫、阴道、尿生殖前庭、阴门。

雄性　睾丸、附睾、输精管、精索、尿生殖道、副性腺、阴囊、阴茎、包皮。

(7) 心血管系统　心脏、血管、血液。
(8) 免疫系统　免疫细胞、免疫组织、免疫器官。
(9) 神经系统　中枢神经、外周神经。
(10) 感觉器官　眼、耳等。
(11) 内分泌系统　内分泌器官和内分泌组织（细胞）。

五、有机体

有机体是由许多系统相互依存、彼此分工而又相互联系构成的能适应外界环境变化的生命体。动物体内各系统、器官之间有着密切的联系，在功能上相互影响、互相配合，倘若某一部位发生变化，就会影响其他部位的功能活动。同时，动物与生活的环境也是统一的，环境的变化，会引起功能的变化，进而影响器官的形态结构。

任务1-2　识别动物体体表各部位名称

数字资源

任务要求

看图说出动物体体表各部位的名称，并能在活体动物体表准确指出。

理论知识

为了便于说明畜（禽）体各部分的位置，可将畜（禽）体划分为头部、躯干部和四肢部三大部分，各部分的划分和命名都是以骨为基础。

一、家畜体表主要部位名称（图1-2-1）

1. 头部

头部可分为颅部和面部。

(1) 颅部　位于颅腔周围，可分为枕部、顶部、额部、颞部等。
(2) 面部　位于口、鼻腔周围，分为眼部、鼻部、咬肌部、颊部、唇部、下颌间隙部等。

2. 躯干部

除头部和四肢部以外的部分称躯干部，分为颈部、背胸部、腰腹部、荐臀部和尾部等。

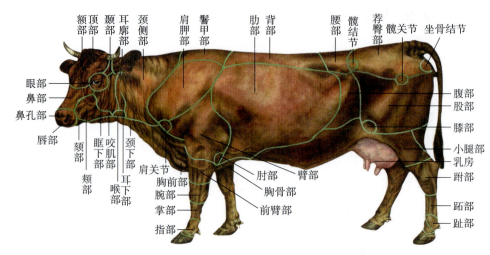

图1-2-1　牛体表各部位名称【引自李敬双等，2012】

（1）颈部　以颈椎为基础，颈椎以上的部分称为颈上部，颈椎以下的部分称为颈下部。

（2）背胸部　位于颈部和腰荐部之间，其外侧被前肢的肩胛部和臂部覆盖。前方较高的部位称为鬐甲部，后方为背部；侧面以肋骨为基础，称为肋部；前下方称为胸前部；下部称为胸骨部。

（3）腰腹部　位于背胸部与荐臀部之间。上方为腰部，两侧和下面为腹部。

（4）荐臀部　位于腰腹部后方，上方为荐部，侧面为臀部。后方与尾部相连。

（5）尾部　分为尾根、尾体、尾尖。

3. 四肢部

（1）前肢部　借肩胛和臂部与躯干的背胸部相连，分为肩带部、臂部、前臂部、前脚部。前脚部包括腕部、掌部、指部。

（2）后肢部　由臀部与荐部相连，分为股部、小腿部、后脚部。后脚部包括跗部、跖部、趾部。

二、家禽体表主要部位名称

家禽也分为头部、躯干部和四肢部。头部又分为冠、肉髯、喙、眼、耳等。躯干部分为颈部、胸部、腹部、背腰部、尾部等。前肢衍变成翼，分为臂部、前臂部等。后肢又分为股、胫、跖、趾和爪等（图1-2-2）。

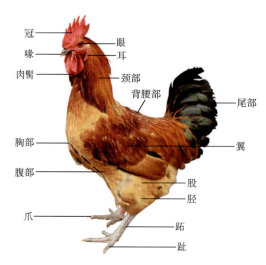

图1-2-2　公鸡体表各部位名称

任务1-3 辨识动物解剖常用方位术语

数字资源

任务要求

能在动物活体上准确描述动物解剖常用方位术语。

理论知识

一、基本切面

1. 矢状面

矢状面又称纵切面,是指与动物体长轴平行且与地面垂直的切面。其中,位于动物体的正中线上,将动物体分为左、右对称的两部分的矢状面称为正中矢状面(图1-3-1);位于正中矢状面的侧方,与正中矢状面平行的矢状面称为侧矢状面(图1-3-2)。

图1-3-1 正中矢状面　　　　　　　　　图1-3-2 侧矢状面
【引自https://pixabay.com/zh/】　　　【引自https://pixabay.com/zh/】

2. 横断面

横断面是指与动物体长轴及地面相垂直的切面,把动物体分成前、后两部分(图1-3-3)。

3. 额面

额面又称水平面,是指与动物站立的地面平行的动物体长轴的切面,把动物体分成背侧、腹侧两部分(图1-3-4)。

 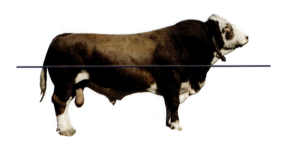

图1-3-3 横断面　　　　　　　　　图1-3-4 额面(水平面)

二、方位术语

动物体躯干部和四肢部的方位术语见表1-3-1所列和图1-3-5所示。

表1-3-1 动物体躯干部和四肢部的方位术语

部位	名称	具体位置
躯干部	内侧	靠近正中矢状面的一侧
	外侧	远离正中矢状面的一侧
	背侧	额面上面的部分
	腹侧	额面下面的部分
	头侧	朝向头部的一侧
	尾侧	朝向尾部的一侧
四肢部	近端（上端）	靠近躯干的一侧
	远端（下端）	远离躯干的一侧
	背侧	四肢的前面
	掌侧	前肢的后面
	跖侧	后肢的后面
	桡侧	前肢的内侧
	尺侧	前肢的外侧
	胫侧	后肢的内侧
	腓侧	后肢的外侧

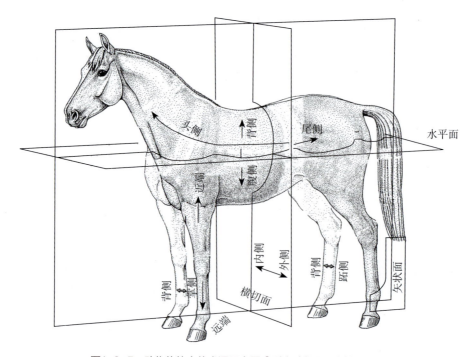

图1-3-5 动物体的方位术语示意图【引自陈耀星和刘为民，2009】

项目小结

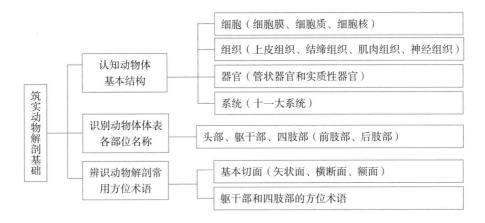

技能实训

显微镜的使用及动物体基本组织的识别

【目的与要求】

1. 会正确、规范使用显微镜。
2. 能在显微镜下识别动物体4类基本组织。

【材料与用品】

1. 显微镜、擦镜纸、香柏油、二甲苯等。
2. 健康牛或猪、犬的小肠切片、肾切片、皮下疏松结缔组织切片、血涂片、肌肉组织切片（平滑肌切片、骨骼肌切片、心肌切片）等。

【方法和步骤】

1. 显微镜的使用

（1）显微镜的一般构造　光学显微镜的构造可分机械部分和光学部分两个部分（实训1-0-1）。

①机械部分：

镜座——直接与实验台接触。

镜臂——中部稍弯，握持、移动显微镜时用。

镜筒——为连接目镜与转换器之间的金属筒，可聚光，上端装有目镜。

载物台——为放置组织标本的平台，分圆形和长方形两种，载物台中央都有一个圆形的通光孔。

推动器——可前后、左右移动标本。

压片夹——可固定标本。

物镜转换器——位于镜筒下部，装有各种倍数的物镜，旋转可转换物镜。

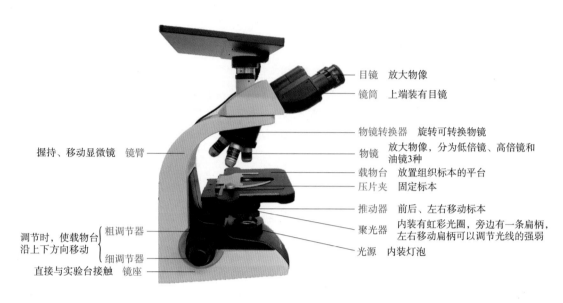

实训1-0-1 光学显微镜的构造

调节器——是装在镜柱上的粗、细两种旋钮，旋转时使载物台做上下方向的移动。

粗调节器(粗旋钮)：移动时可使载物台做快速和较大幅度的升降。通常在使用低倍镜时，先用粗调节器迅速找到物像。

细调节器(细旋钮)：移动时可使载物台缓慢地升降，多在运用高倍镜时使用，从而得到更清晰的物像。

②光学部分：

目镜——安装在镜筒的上端，用于放大物像，上面刻有"5×""10×"或"15×"等字样以表示其放大倍数，一般装的是"10×"的目镜。

物镜——安装在转换器上，用于放大视野，可分为低倍镜、高倍镜和油镜3种。低倍镜常见放大倍数有4倍、10倍等，高倍镜常见放大倍数是40倍，油镜一般为100倍。

（注：显微镜的放大倍数等于目镜的放大倍数乘以物镜的放大倍数，如目镜为"10×"，物镜为"40×"，则放大倍数为10×40=400）

光源——内部装有灯泡。

反光镜——装在镜座上面，有平、凹两面。其作用是将光源的光线反射到聚光器上，再经通光孔照明标本。

聚光器——位于载物台下，内装有虹彩光圈，以调节光线的强弱。

（2）显微镜的使用方法

①取放：搬动显微镜时，必须一手握镜臂，另一手托镜座，轻放于实验台上，距实验台边缘约10cm处。

②调光：将电源插头外接电源，开启开关，拨动亮度调节轮至适当位置，转动物镜转换器，使低倍镜镜头正对载物台上的通光孔。先把镜头调节至距载物台1~2cm处，然后用左眼注视目镜内，接着调节聚光器的高度，使光线通过聚光器入射到镜筒内，直至获得清晰、明亮、均匀一致的视野为止。

③置片：将标本片置于载物台上，使载玻片中被观察的部分位于通光孔的正中央，然后用标本夹夹好固定。注意，标本片上若有盖玻片，一定要使有盖玻片的一面向上。

④调焦：转动粗调节器，使载物台上升，物镜逐渐接近载玻片。原则上，物镜与标本片的距离应缩到最小。需要注意，不能使物镜触及盖玻片，以防镜头将盖玻片压碎。

⑤低倍镜观察：观察切片时，先用低倍镜，用左眼自目镜中观察，右眼睁开（要养成睁开双眼用显微镜进行观察的习惯，以便在用左眼观察的同时能用右眼看着绘图），同时转动粗调节器，使物镜和载玻片间距离缓慢远离，直至有物像出现为止。再微微转动细调节器，直到物像达到最清晰后进行观察。

⑥高倍镜观察：使用高倍镜观察时，应在转换高倍镜之前把物像中需要放大观察的部分移至视野中央。用低倍镜观察时物像清晰，换高倍镜后一般可以见到物像，但物像不一定清晰。此时，可以转动细调节器进行调节。在看清物像之后，可以根据需要调节光线，使光线符合要求。

⑦油镜观察：在使用油镜观察之前，必须先经低倍镜、高倍镜观察，然后将需进一步放大观察的部分移到视野的中心。将聚光器上升到最高位置，光圈开到最大。再移开高倍镜，把香柏油（檀香油）滴在标本上，转换油镜，使油镜与标本上的油液相接触，轻轻转动细调节器，直至获得最清晰的物像为止。注意，在转换油镜时，从侧面水平注视镜头与载玻片的距离，以使镜头浸入油中而又不压破盖玻片为宜。

（3）显微镜的保养方法

①使用油镜后，应以擦镜纸蘸取少量二甲苯将镜头上和标本上的油液擦去，再用干擦镜纸擦干净。

②显微镜使用完毕后，取下标本片，稍微旋转转换器，使物镜叉开（呈"八"字形），并转动粗调节器，使载物台缓缓落下。关闭电源，套上防尘罩。

2. 动物体基本组织的识别

（1）单层柱状上皮组织　单层柱状上皮组织由一层较高的棱柱形细胞并行排列组成。棱柱形细胞之间有散在的杯状细胞，细胞核椭圆形，位于杯状细胞的基部，且杯状细胞常因生理变化而有形态改变。小肠上皮细胞的游离端有明显的纹状缘。

（2）单层立方上皮组织　肾远端小管管壁由单层立方上皮细胞构成，细胞呈立方形，细胞核圆形、位于细胞中央，细胞质染色浅，细胞界限清楚。肾近端小管上皮细胞呈锥体形，嗜酸性，边界线不清，细胞核大而圆、位于细胞的基部，游离面有刷状缘。

（3）皮下疏松结缔组织　通过观察胶原纤维和弹性纤维的形态结构特征，以及成纤维细胞、脂肪细胞、巨噬细胞及浆细胞的形态结构特征来识别。

（4）血涂片

红细胞：数量多，淡红色，无核的圆形细胞（但是鸡的红细胞有细胞核），边缘染色深，中间染色浅。

中性粒细胞：体积略大于红细胞，细胞核被染成紫色分叶状，可分1～5叶，细胞质中有淡红色微细颗粒。

嗜酸性粒细胞：细胞质中含有深红色大圆颗粒，细胞核染成紫色，通常分两叶。

嗜碱性粒细胞：细胞质中有大小不等、被染成紫色的颗粒，细胞核分叶不明显。

淋巴细胞：可观察到中、小型两种，小型淋巴细胞核质密，呈卵圆形，被染成深紫色，周围细胞质被染成淡蓝色。

单核细胞：细胞圆形，细胞核呈肾形或马蹄形，染色略浅于淋巴细胞的细胞核。

血小板：较小，形状不规则，无细胞核，细胞质内含紫色颗粒，常集聚成团。

（5）肌肉组织

平滑肌：细胞呈长梭形，红色，两端尖，中央有椭圆形细胞核，细胞膜不明显。

心肌：细胞呈短柱状且有分支，相互连接形成网状，有横纹；相邻两心肌纤维连接处有染色较深的横形或阶梯状粗线，称闰盘；细胞核位于心肌纤维中央。

骨骼肌：细胞为长圆柱形的多核细胞，细胞核呈扁椭圆形，位于细胞周围近肌膜处，纵切的肌纤维呈现出明显相间的横纹。

【实训报告】

1. 绘制所观察的任一动物组织切片图。
2. 填图。

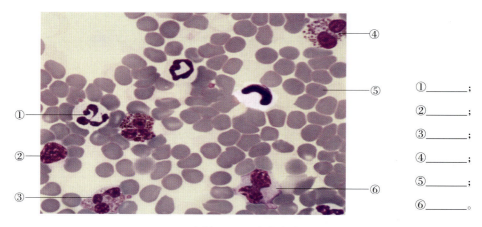

① _____；
② _____；
③ _____；
④ _____；
⑤ _____；
⑥ _____。

实训1-0-2　犬血涂片

双证融通

一、名词解释

细胞　组织　器官　矢状面　横断面　额面　跖侧　掌侧

二、填空题

1. 动物细胞由_____、_____和_____构成。
2. 动物四大组织分别为_____、_____、_____和_____。
3. 前肢的内侧和外侧分别称为_____和_____。
4. 后肢的内侧和外侧分别称为_____和_____。

三、选择题

1. 2009年、2012年、2013年真题 畜禽机体结构和功能的基本单位是（　　）。

A. 细胞　　　B. 组织　　　C. 器官　　　D. 系统　　　E. 体系

2. 2010年真题 动物进行新陈代谢、生长发育和繁殖分化的形态学基础是（　　）。

A. 细胞　　　B. 组织　　　C. 器官　　　D. 系统　　　E. 细胞器

3. 2013年真题 与动物体的长轴或某一器官的长轴相垂直，把动物体分成前、后两部分的切面是（　　）。

A. 横断面　　B. 额面　　　C. 矢状面　　D. 正中矢状面　　E. 以上都不是

四、简答题

1. 肌肉组织分为几种类型？
2. 如何界定动物体的左侧和右侧？
3. 构成动物体的十一大系统为哪些？分别包括哪些器官？
4. 动物体体表是如何划分的？请具体说明。
5. 动物解剖常用的方位术语有哪些？

项目 2
解剖家畜运动系统

项目导入

运动系统由骨、骨连结和肌肉3个部分组成。在运动中,骨起杠杆作用,骨连结是运动的枢纽,肌肉则是运动的动力。运动系统构成了动物的基本体型,其直接影响肉用畜的屠宰率及肌肉品质。位于皮下的一些骨的突起和肌肉可在体表摸到,在畜牧兽医实践中常作为确定内部器官位置、体尺测量和针灸定穴的依据。

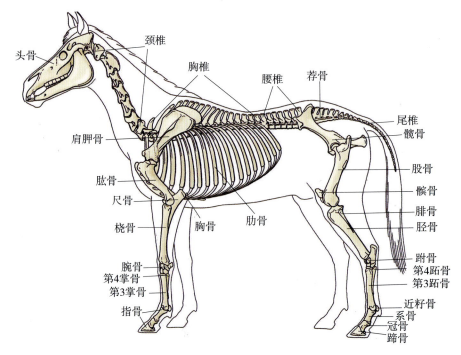

图2-0-1　马全身骨骼【引自Dyce K M, et al, 2010】

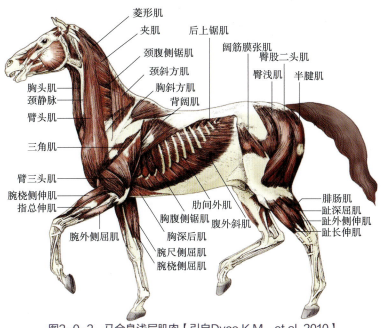

图2-0-2　马全身浅层肌肉【引自Dyce K M，et al, 2010】

项目目标

一、认知目标

1. 掌握家畜运动系统的组成和功能。
2. 掌握家畜骨、骨连结和肌肉的构造，以及全身主要骨、关节和肌肉的名称和形态特点。

二、技能目标

1. 在解剖过程中，能准确指出家畜主要骨、关节和肌肉的位置，并能说明它们的主要作用。
2. 能根据家畜出现的运动障碍症状判断出发生疾病的部位并说明原因。

课前预习

1. 运动系统包括哪些器官？各有什么功能？
2. 骨按大小和形状可分为哪几种类型？骨由哪些结构组成？
3. 骨分别由哪些有机成分和无机成分构成？
4. 家畜全身骨可分为几部分？
5. 骨连接有哪些类型？
6. 家畜前、后肢的主要关节有哪些？
7. 肌肉可分为哪几种形态？
8. 家畜全身最大的肌肉是哪块肌肉？

任务2-1　解剖骨

数字资源

任务要求

1. 能准确描述家畜骨的类型、构造和理化性质。
2. 能富有逻辑性地说出家畜全身骨的划分和具体名称。

理论知识

骨是一个器官，主要由骨组织构成，坚硬而富有弹性，有丰富的血管和神经，能不断地进行新陈代谢和生长发育，并具有修复和再生能力。

一、骨的形态和分类

根据大小和形状，骨可分为长骨、短骨、扁骨和不规则骨4种类型。

1. 长骨

长骨多分布于四肢的游离部，呈长管状（图2-1-1），其中部为骨干或骨体，内有骨髓腔，容纳骨髓，两端膨大称为骺或骨端。在骨干和骺之间有软骨板，称骺软骨，幼龄时期明显，成年后骨化。长骨主要作用是支持体重和形成运动杠杆。

图2-1-1　长骨（马掌骨）

图2-1-2　短骨（牛腕骨）
【引自陈耀星，2013】

图2-1-3　扁骨（猪肩胛骨）

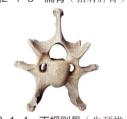

图2-1-4　不规则骨（牛颈椎）

课程思政

骨干指某事物的主要部分、主要支柱或最实质性的成分或部分，比喻在总体中起主要作用的人或事物。同学们要好好学习解剖知识和技能，夯实基础，争做畜牧行业的骨干。

2. 短骨

短骨一般呈不规则的立方形（图2-1-2），多分布于四肢的长骨之间，如腕骨、跗骨等，有支持、分散压力和缓冲震动的作用。

3. 扁骨

扁骨呈宽扁板状（图2-1-3），分布于头、胸等处。常围成腔，支持和保护重要器官，如颅腔各骨保护脑，胸骨和肋骨参与构成胸廓保护心、肺等。扁骨亦为骨骼肌提供广阔的附着面，如肩胛骨等。

4. 不规则骨

不规则骨的形状不规则，一般构成动物体中轴，具有支持、保护和供肌肉附着的作用，如椎骨（图2-1-4）等。

二、骨的构造

骨由骨膜、骨质、骨髓、血管和神经组成。

1. 骨膜

骨膜是被覆在骨表面的一层致密结缔组织膜（图2-1-5），包括骨外膜和骨内膜。骨外膜位于骨质外表面，为纤维层，富有血管、淋巴管及神经，对骨质有营养作用。骨内膜内衬于骨髓腔内表面，为成骨层，在动物幼龄时期发达，细胞活跃，直接参与骨的生长；动物成年后，成骨层逐渐萎缩，细胞静止，但不丧失分化能力，在骨受损时，成骨层有修补和再生骨质的作用。在骨手术中应尽量保留骨膜，以免发生骨的坏死和延迟骨的愈合。骨的关节面没有骨膜，由关节软骨覆盖。

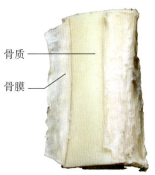

图2-1-5 骨膜
【引自陈耀星，2013】

2. 骨质

骨质是构成骨的主要成分，分为骨密质和骨松质（图2-1-6）。骨密质位于骨的表面，构成长骨的骨干、骺和其他类型骨的外层，质地致密，抗压、抗扭曲能力强。骨松质位于骨的内部，结构疏松，呈海绵状，由许多交织成网的骨小梁构成。骨密质和骨松质的这种配合，使骨既坚固又轻便。

3. 骨髓

骨髓位于骨髓腔和所有骨松质的间隙（图2-1-6），分为红骨髓和黄骨髓。红骨髓具有造血功能。成年动物长骨骨髓腔内的红骨髓被富含脂肪的黄骨髓所代替，但长骨两端、短骨和扁骨的骨松质内终生保留红骨髓。当机体大量失血或贫血时，黄骨髓能转化为红骨髓而恢复造血功能。

4. 血管和神经

骨有丰富的血管和神经。骨膜上的小血管经骨面的小孔进入骨内分布于骨密质，较大的血管称为滋养动脉，穿过骨的滋养孔分布于骨髓。骨膜、骨质和骨髓均有丰富的神经分布。

图2-1-6 骨质和骨髓
【引自König H E and Liebich H G，2004】

三、骨的理化特性

骨最基本的物理特性是具有硬度和弹性。骨的化学成分包括有机物和无机物两部分。有机物主要是骨胶原，约占成年动物骨重的1/3，使骨具有弹性和韧性；无机物主要是钙盐（磷酸钙、碳酸钙等），约占成年动物骨重的2/3，使骨具有硬性和脆性。幼龄动物的骨有机物较多，所以骨的弹性大，硬度小，不易发生骨折，但容易弯曲变形；老龄动物则相反，骨的无机物多，有硬度但缺乏弹性，因此脆性较大，易发生骨折。

四、家畜全身骨的划分

家畜全身骨按所在部位分为中轴骨（包括头骨和躯干骨）、四肢骨和内脏骨（图2-1-7）。

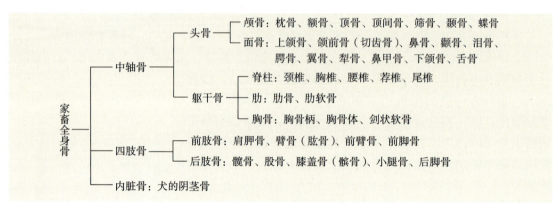

图2-1-7　家畜全身骨的划分

（一）躯干骨

躯干骨包括脊柱、肋和胸骨。

1. 脊柱

脊柱构成动物体的中轴。脊柱内有椎管，容纳并保护脊髓。脊柱由椎骨组成，椎骨根据其所在位置可分颈椎、胸椎、腰椎、荐椎和尾椎。

（1）椎骨的一般构造　组成脊柱的各段椎骨形态和构造虽有差异，但基本结构相似，均由椎体、椎弓和突起组成（图2-1-8）。

①椎体：位于椎骨的腹侧，呈短圆柱形。前面凸，称为椎头；后面凹，称为椎窝。相邻椎骨的椎头与椎窝由椎间软骨（椎间盘）相连接。

②椎弓：是椎体背侧的拱形骨板。椎弓与椎体之间形成椎孔，椎孔依次相连，形成椎管容纳脊髓。椎弓基部的前、后缘各有一对切迹。相邻椎弓的切迹合成椎间孔，供血管、神经通过。

③突起：从椎弓背侧向上方伸出的突起，称为棘突；从椎弓基部向两侧伸出的突起，称为横突。横突和棘突是肌肉和韧带的附着处。从椎弓背侧的前、后缘分别伸出一对前、后关节突，它们与相邻椎骨的关节突构成关节。

（2）各段椎骨的形态特征

①颈椎：家畜颈部长短不一，但均由7个颈椎组成

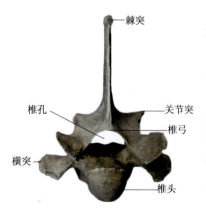

图2-1-8　椎骨的结构

（图2-1-9）。第1颈椎（也称寰椎）和第2颈椎（也称枢椎）由于适应头部多方面的运动，形态变化明显；第3至第6颈椎的形态基本相似；第7颈椎是颈椎向胸椎的过渡类型，形态特征与胸椎相似。

②胸椎：位于动物背部，不同家畜胸椎数目不同。牛、羊胸椎13个，马胸椎18个，猪胸椎14～15个，犬胸椎13个。牛胸椎椎体长，棘突发达，较宽，第2～6胸椎棘突最高，是鬐甲部的骨质基础。

③腰椎：是构成腰部的基础，并形成腹腔的支架。牛和马腰椎有6个（图2-1-10），猪和羊腰椎有6～7个，犬腰椎有7个。棘突较发达，高度与后位胸椎相等；横突长，呈上下压扁的板状，伸向外侧（图2-1-11），这些长横突可以扩大腹腔顶壁的横径，可在体表触摸到。关节突连接紧密，可以增加腰部牢固性。

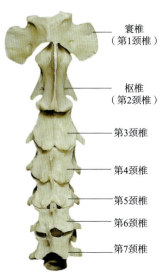

图2-1-9 犬颈椎【引自König H E and Liebich H G, 2004】

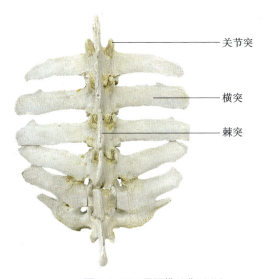

图2-1-10 马腰椎（背面观）

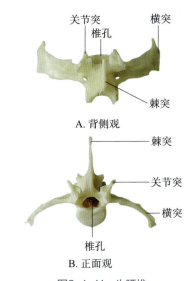

图2-1-11 牛腰椎
【引自König H E and Liebich H G, 2004】

④荐椎：是构成荐部的基础并连接后肢骨。牛和马荐椎为5个，猪、羊荐椎各1个，犬荐椎3个。成年时荐椎愈合成一整体，称为荐骨（图2-1-12），可以增加荐部的牢固性。荐椎的横突相互愈合，前部宽并向两侧凸出，称为荐骨翼。第1荐椎椎头腹侧缘较凸出，称为荐骨岬。

⑤尾椎：家畜尾椎数目变化较大，牛尾椎有18～20个，马尾椎有14～21个，羊尾椎有3～24个，猪尾椎有20～23个，犬尾椎有20～

图2-1-12 马荐椎（侧面观）

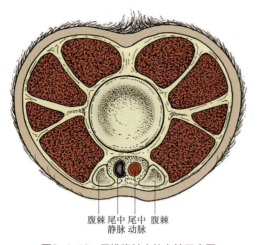

图2-1-13 尾椎腹棘内的血管示意图
【引自Dyce K M，et al，2010】

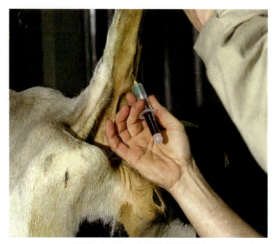

图2-1-14 牛尾中静脉采血
【引自Dyce K M，et al，2010】

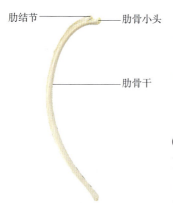

图2-1-15 马肋骨

30个。牛前几个尾椎椎体腹侧有成对腹棘，中间形成一血管沟，供尾中动脉、尾中静脉和尾神经通过（图2-1-13）。临床上，中兽医给牛诊脉就是触摸尾中动脉，而尾中静脉常作为采血血管（图2-1-14）。

2. 肋、胸骨和胸廓

（1）肋 呈弓形，左右成对，构成胸廓的侧壁。肋由肋骨（图2-1-15）和肋软骨两部分构成。肋的对数与胸椎的数目一致，牛、羊有13对，其中真肋8对，假肋5对，肋骨较宽；马有18对；猪有11～15对，其中7对为真肋，其余为假肋，最后1对有时为浮肋；犬有13对，其中9对真肋，3对假肋，1对浮肋。

（2）胸骨 位于胸廓腹侧正中，由6～8个胸骨片和软骨构成。胸骨的前部为胸骨柄；中部为胸骨体，两侧有与真肋构成关节的肋凹；后部为剑状软骨（图2-1-16）。

（3）胸廓 由胸椎、肋和胸骨组成（图2-1-17）。胸廓前部的肋较短，并与胸骨相

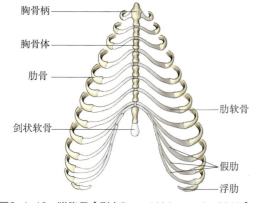

图2-1-16 猫胸骨【引自Dyce K M，et al，2010】

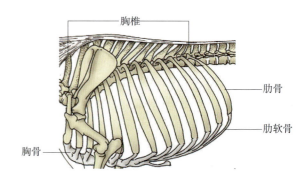

图2-1-17 牛胸廓【引自Dyce K M，et al，2010】

连接，坚固性强但活动范围小，适应于保护胸腔内脏器官和连接前肢。胸廓后部的肋长且弯曲，活动范围大，形成呼吸运动的杠杆。胸廓前口较窄，由第1胸椎、第1对肋和胸骨柄构成。胸廓后口较宽大，由最后胸椎、最后1对肋、肋弓和剑状软骨构成。

（二）头骨

头骨主要由扁骨和不规则骨构成，分颅骨和面骨两部分（图2-1-18至图2-1-20）。

1. 颅骨

颅骨包括位于正中线上的单骨（枕骨、顶间骨、蝶骨和筛骨）和位于正中线两侧的对骨（顶骨、额骨和颞骨）。

（1）枕骨　构成颅腔的后壁和底壁的一部分。枕骨的后上方有横向的枕嵴，枕骨的后下方有枕骨大孔通于椎管。枕骨大孔的两侧有枕骨髁，与寰椎构成寰枕关节。

（2）顶间骨　位于枕骨和顶骨间，常与相邻骨结合，故外观不明显。

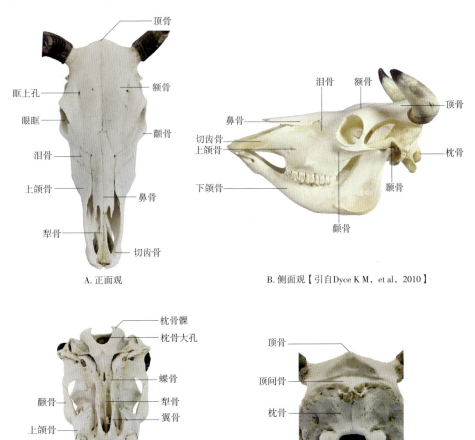

图2-1-18　牛头骨

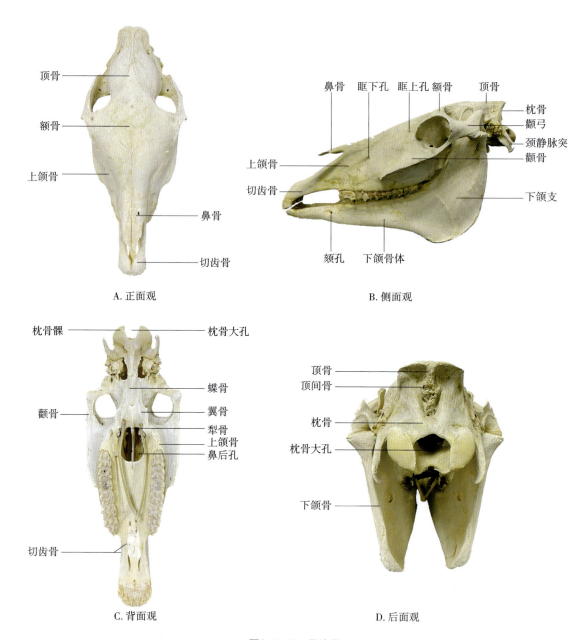

图2-1-19 马头骨

（3）蝶骨 构成颅腔底壁。由蝶骨体、2对翼以及1对翼突组成，形如蝴蝶，故而得名。

（4）筛骨 位于颅腔和鼻腔之间，构成颅腔的前壁。

（5）顶骨 构成颅腔的顶壁（牛除外），其后面与枕骨相连，前面与额骨相接，两侧为颞骨。

（6）额骨 位于顶骨的前方、鼻骨的后上方，构成颅腔的顶壁。额骨的外部有凸出的眶上突，眶上突的基部有眶上孔，眶上突的后方为颞窝；眶上突的前方为眶窝，容纳眼球。

（7）颞骨 位于颅腔的侧壁，在外侧面有颧突伸出，并转而向前与颧骨的突起合成颧弓。颧突根部有髁状关节面，与下颌髁形成颞下颌关节。

2. 面骨

面骨包括位于正中线两侧的对骨[鼻骨、上颌骨、泪骨、颧骨、切齿骨（颌前骨）、腭骨、翼骨和鼻甲骨]和位于正中线上的单骨[下颌骨、犁骨和舌骨]。

（1）鼻骨　位于额骨的前方，构成鼻腔顶壁。

（2）上颌骨　构成鼻腔的侧壁、底壁和口腔的上壁。它向内侧伸出水平的腭突，将鼻腔与口腔分隔开。齿槽缘上具有臼齿齿槽，前方无齿槽的部分称齿槽间缘。上颌骨的外面有面嵴和眶下孔。

（3）泪骨　位于眼眶的前部、上颌骨后背侧，构成眼眶的前部。

（4）颧骨　位于泪骨腹侧。下部有面嵴，并向后方伸出颞突，延伸形成颧弓。

（5）颌前骨　位于上颌骨前方，构成鼻腔的侧壁及口腔顶壁的前部。

（6）腭骨　位于上颌骨内侧的后方，形成鼻后孔的侧壁与硬腭的后部。

（7）翼骨　是成对的狭窄薄骨片，位于鼻后孔的两侧。

（8）鼻甲骨　是两对卷曲的薄骨片，附着在鼻腔的两侧壁上。

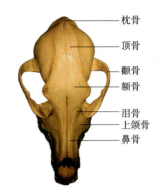

A. 正面观

B. 侧面观

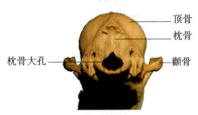

C. 背面观

图2-1-20　犬头骨【引自Tomas C and Bassert J M，2015】

（9）下颌骨　是面骨中最大的一块骨，分为下颌骨体和下颌支两部分。下颌骨体位于前方，骨体厚，前缘上方有切齿齿槽，后方有臼齿齿槽，切齿齿槽和臼齿齿槽之间的平滑区为齿槽间缘。下颌支位于后方，呈上下垂直的板状。两侧下颌骨体及下颌支间的空隙为下颌间隙。下颌骨体与下颌支交界的腹侧略凹的部位为下颌骨血管切迹，供颌外动、静脉通过。

（10）犁骨　位于鼻腔底面的正中，背侧呈沟状，接鼻中隔软骨和筛骨垂直板。

（11）舌骨　位于下颌间隙后部，由几个小骨片组成。

（三）四肢骨

四肢骨包括前肢骨和后肢骨。

1. 前肢骨

前肢骨由肩胛骨、肱骨、前臂骨和前脚骨组成（图2-1-21）。

（1）肩胛骨　为三角形的扁骨，位于胸廓两侧的前上部，由后上方斜向前下方（图2-1-22、图2-1-23）。其背缘附有肩胛软骨。外侧面有一条纵行的隆起，称为肩胛冈。肩胛冈的前上方为冈上窝，后下方为冈下窝。远端较粗大，有一浅关节窝，称为关节盂（肩臼），与肱骨头构成关节。

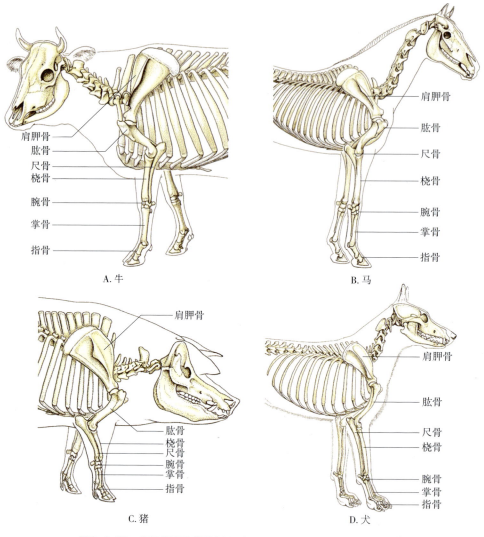

图2-1-21 家畜前肢骨【引自König H E and Liebich H G, 2004】

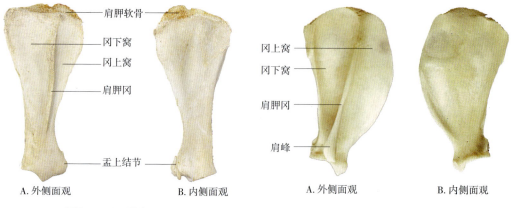

图2-1-22 马肩胛骨

图2-1-23 犬肩胛骨
【引自König H E and Liebich H G, 2004】

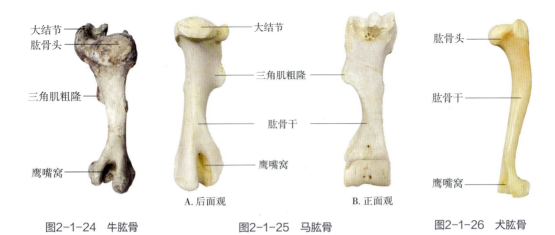

图2-1-24 牛肱骨　　图2-1-25 马肱骨　　图2-1-26 犬肱骨

（2）肱骨　又称为臂骨，为长骨，位于胸部两侧的前下部，由前上方斜向后下方。近端的前方有肱二头肌沟；后方为肱骨头，与肩胛骨的关节盂构成关节；两侧有内、外结节，内结节又称为小结节，外结节又称为大结节。骨干呈扭曲的圆柱状，外侧有三角肌粗隆，内侧有大圆肌粗隆。远端有髁状关节面，与桡骨构成关节。髁的后面有一深的鹰嘴窝（图2-1-24至图2-1-26）。

（3）前臂骨　由桡骨和尺骨组成（图2-1-27、图2-1-28）。桡骨位于前内侧，近端与肱骨构成关节，远端与近列腕骨构成关节。尺骨位于后外侧，近端特别发达，向后上方凸出形成肘突，骨干和远端的发育程度因动物种类而异。桡骨和尺骨之间的间隙称为前臂骨间隙。

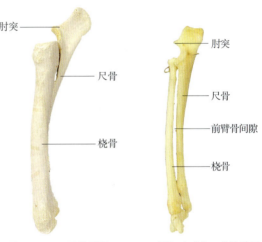

图2-1-27 马前臂骨　　图2-1-28 犬前臂骨

（4）前脚骨（图2-1-29）

①腕骨：位于前臂骨和掌骨之间，是前脚骨的近心段，分近列腕骨和远列腕骨。近列腕骨有4块，由内向外依次为桡腕骨、中间腕骨、尺腕骨和副腕骨。远列腕骨一般为4块，由内向外依次为第1腕骨、第2腕骨、第3腕骨、第4腕骨。近列腕骨的近侧面为凹凸不平的关节面，与桡骨远端构成关节。远列腕骨的远侧面与掌骨构成关节。

②掌骨：近端接腕骨，远端接指骨。有蹄动物的掌骨有不同程度的退化。

③指骨和籽骨：各种家畜指的数目不同，一般每一指都具有3个指节骨。第1指节骨称为近指节骨（系骨），第2指节骨称为中指节骨（冠骨），第3指节骨称为远指节骨（蹄骨）。此外，每一指还有2块近籽骨和1块远籽骨，它们是肌肉的辅助器官。

2. 后肢骨

后肢骨包括髋骨、股骨、髌骨、小腿骨和后脚骨（图2-1-30）。

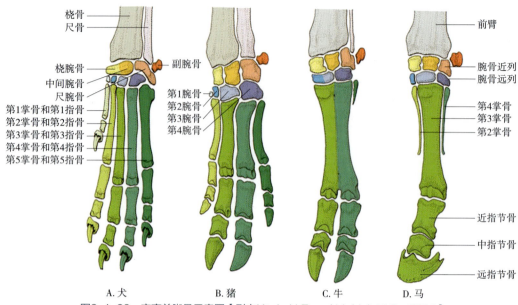

图2-1-29 家畜前脚骨示意图【引自König H E and Liebich H G, 2004】

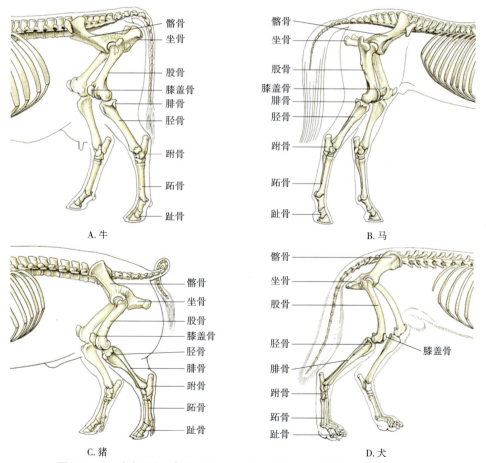

图2-1-30 家畜后肢骨【引自König H E and Liebich H G, 2004】

（1）髋骨　为不规则骨，由背侧的髂骨、腹侧的坐骨和耻骨愈合而成（图2-1-31、图2-1-32）。三骨愈合处形成深的杯状关节窝，称为髋臼，与股骨头构成关节。左、右髋骨在耻骨和坐骨处由纤维软骨连接，连接处称为骨盆联合。

①髂骨：位于髋骨背外侧。前部宽而扁，呈三角形，称为髂骨翼；后部窄，略呈三棱形，称为髂骨体。髂骨体背侧缘为高而薄的坐骨棘。髂骨翼的外侧角粗大，称为髋结节，内侧角称为荐结节。

②坐骨：为不规则的四边形，构成骨盆底的后部。两侧坐骨的后缘形成弓状，称为坐骨弓。坐骨弓的后外侧角粗大，称为坐骨结节。

③耻骨：较其他两骨小，构成骨盆底的前部，并构成闭孔的前缘。内侧部与对侧耻骨相接，形成骨盆联合的前部。

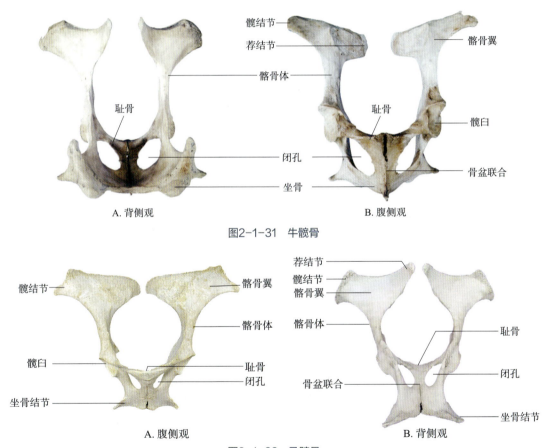

图2-1-31　牛髋骨

图2-1-32　马髋骨

小贴士

骨盆腔

骨盆腔是体内最小的体腔，可视为腹腔向后的延续部分。背侧壁为荐椎和前3~4个尾椎，侧壁为髂骨和荐结节阔韧带，底壁为耻骨和坐骨。前口由荐骨岬、髂骨体和耻骨前缘围成。后口由尾椎、荐结节阔韧带后缘和坐骨弓围成。骨盆腔内有直肠、输尿管、膀胱，母畜还有子宫（后部）、阴道，公畜有输精管、尿生殖道和副性腺等（图2-1-33）。

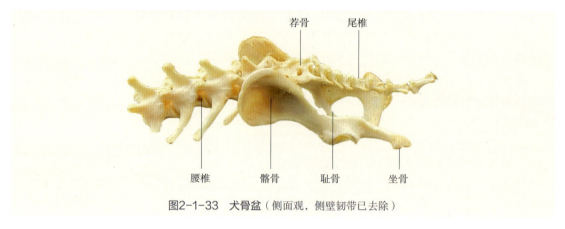

图2-1-33　犬骨盆（侧面观，侧壁韧带已去除）

（2）股骨　又称为大腿骨，为家畜最大的管状长骨（图2-1-34至图2-1-36）。近端粗大，内侧有球形的股骨头，与髋臼构成关节，股骨头的中央有一凹陷称为头窝，供圆韧带附着；外侧有粗大的突起，称为大转子。股骨远端粗大，前方为滑车关节面，与髌骨构成关节；后方有两个股骨髁，与胫骨构成关节。

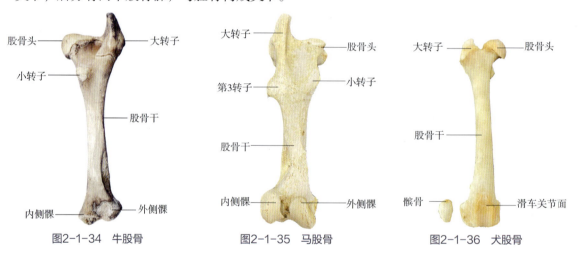

图2-1-34　牛股骨　　　图2-1-35　马股骨　　　图2-1-36　犬股骨

课程思政

将肱骨和股骨比作左膀右臂从而有了"肱股之臣"这个成语，同学们要做社会发展的肱股之臣。

（3）髌骨　又称为膝盖骨，是一大籽骨，位于股骨远端的前方，与股骨滑车关节面构成关节。膝盖骨的前面粗糙，供肌腱、韧带附着，后面为关节面，内侧附着纤维软骨，其弯曲面与滑车内嵴相适应。

（4）小腿骨　包括胫骨和腓骨。胫骨位于内侧，为管状长骨，近端有内、外两个髁状关节面，与股骨的髁构成关节，远端有滑车关节面，与胫跗骨构成关节。腓骨位于胫骨外侧，近端较大，称为腓骨头，远端细小。牛腓骨近端与胫骨愈合为一向下的小突起，骨体消失（图2-1-37）。马腓骨头扁圆，骨体逐渐变尖细。猪腓骨较发达，与胫骨等长。犬腓骨细长，近端和远端都膨大（图2-1-38）。

（5）后脚骨

①跗骨：由数块短骨构成，位于小腿骨与跖骨之间。各种家畜跗骨数目不同，一般分为3列。近列有2块，内侧的为胫跗骨，称为距骨；外侧的为腓跗骨，称为跟骨。距骨有滑车关节面，与胫骨远端构成关节。跟骨有向后上方凸出的跟结节。中列只有1块中央跗骨。远列由内侧向外侧依次为第1跗骨、第2跗骨、第3跗骨、第4跗骨（图2-1-39）。

②跖骨：与前肢的掌骨相似。

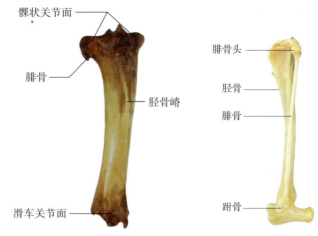

图2-1-37　牛小腿骨【引自陈耀星，2013】　　图2-1-38　犬小腿骨

牛的大跖骨（第3跖骨、第4跖骨）比前肢大掌骨细长，第2跖骨为一退化的小跖骨，呈小盘状，附着于大跖骨的后内侧。马的跖骨较前肢掌骨细而长。

③趾骨和籽骨：后肢的趾骨和籽骨分别与前肢相应的指骨和籽骨相似。犬的趾骨通常有4块。

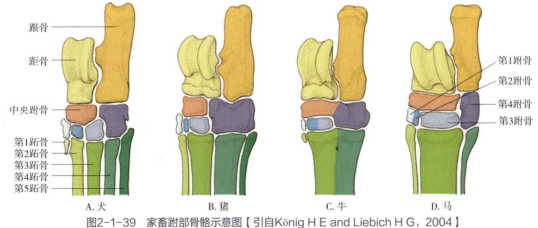

图2-1-39　家畜跗部骨骼示意图【引自König H E and Liebich H G，2004】

任务2-2　解剖骨连结

任务要求

1. 能说出家畜骨连结的类型。
2. 能阐述家畜关节的构造并绘图。
3. 能准确阐述家畜头骨连结、躯干骨连结、前肢骨连结和后肢骨连结的名称和特点。

数字资源

> 理论知识

一、骨连结概述

骨与骨之间借纤维结缔组织、软骨或骨组织相连，形成骨连结。骨连结可分为两大类，即直接连结和间接连结。

（一）直接连结

直接连结是两骨的相对面或相对缘借结缔组织直接相连，其间无腔隙，不活动或仅有小范围活动。直接连结分为纤维连结、软骨连结、骨性结合3种类型。

图2-2-1　犬椎间盘（矢状面）
【引自König H E and Liebich H G, 2004】

1. 纤维连结

纤维连结是两骨之间以纤维结缔组织相连，比较牢固，一般无活动性。如头骨缝间的缝韧带、桡骨与尺骨的韧带联合等。老龄时骨化，纤维连结变成骨性结合。

2. 软骨连结

软骨连结是两骨相对面之间借软骨相连，基本不能运动。有两种形式：一种是透明软骨连结，如蝶骨与枕骨的结合、长骨的骨干与骺之间的骺软骨等，老龄时骨化为骨性结合；另一种是纤维软骨连结，如椎体之间的椎间盘（图2-2-1）等，在正常情况下终生不骨化。

3. 骨性结合

骨性结合是两骨相对面以骨组织相连，完全不能运动。骨性结合常由软骨连结或纤维连结骨化而成。如荐椎椎体之间融合，髂骨、坐骨和耻骨之间的结合等。

（二）间接连结

间接连结又称为滑膜连结，简称关节，是两骨间借由结缔组织构成的关节囊相连，不直接相连，其间有腔隙，周围有滑膜包围，活动度较大，如四肢的关节。

1. 关节的构造

关节的基本构造包括关节面、关节囊、关节腔、血管、神经和淋巴管等（图2-2-2）。有的关节还有韧带、关节盘和关节唇等辅助结构。

（1）关节面　是骨与骨相接触的光滑面，骨质致密，形状彼此互相吻合。关节面表面覆盖的一层透明软骨为关节软骨。关节软骨表面光滑，富有弹性，有减轻冲击和缓冲震动的作用。

（2）关节囊　是围绕在关节周围的结缔组织囊，附着于关节面的周缘及其附近的骨面上。

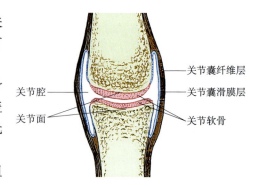

图2-2-2　关节示意图【纪昌宁　绘】

囊壁分内、外两层。外层为纤维层，厚而坚韧，有保护作用；内层是滑膜层，薄而柔润，有丰富的血管网，可分泌滑液。

（3）关节腔 是滑膜和关节软骨所围成的密闭腔隙，内有滑液。滑液是呈无色透明或浅淡黄色的黏性液体，具有润滑、缓冲震动和营养关节软骨的作用。

（4）血管、神经和淋巴管 血管主要来自附近的血管分支，在关节周围形成血管网，再分支到骨髓和关节囊。神经也来自附近的神经分支，分布于关节囊和韧带。关节囊各层均有淋巴管网分布。关节软骨内无血管、神经和淋巴管分布。

（5）关节的辅助结构

①韧带：见于多数关节，由致密结缔组织构成。位于关节囊外的称为囊外韧带，其中在关节两侧者为内、外侧副韧带。位于关节囊内纤维层和滑膜层之间的称为囊内韧带，囊内韧带均有滑膜包围，如髋关节的圆韧带等。

②关节盘：是介于两关节面之间的纤维软骨板，如椎间盘、半月板（图2-2-3）等。

③关节唇：为附着在关节窝周围的纤维软骨环，如肩臼、髋臼周围的唇软骨。

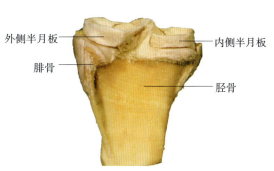

图2-2-3 半月板【引自陈耀星，2013】

2. 关节的运动

（1）屈、伸运动 沿横轴运动，屈是使关节的两骨接近，关节角度变小，伸是使关节角度变大。

（2）内收、外展运动 沿纵轴运动，内收是使骨向正中矢状面移动，外展是使骨远离正中矢状面的运动。

（3）旋转运动 骨环绕垂直轴运动时称旋转运动。家畜四肢只有髋关节能做小范围的旋转运动。寰枢关节的运动也属旋转运动。

（4）滑动运动 是沿着关节平面进行的运动，多见于平整、形态基本一致的关节，如腕骨和跗骨间关节，在其运动时，可观察到滑动。

3. 关节的类型

（1）单关节和复关节 按构成关节的骨数，关节可分为单关节和复关节两种。单关节由相邻的两骨构成，如前肢的肩关节。复关节由两块以上的骨构成，如腕关节、膝关节等。

（2）单轴关节、双轴关节和多轴关节 根据关节运动轴的数目，可将关节分为单轴关节、双轴关节和多轴关节3种。

①单轴关节：是由中间有沟或嵴的滑车关节面构成的关节。这种关节由于受沟和嵴的限制，只能沿横轴在矢状面上做屈、伸运动（如腕关节）。

②双轴关节：是可以围绕两个运动轴进行活动的关节。这种关节除了可沿横轴做屈、伸运动外，还可沿纵轴左右摆动（如寰枕关节）。

③多轴关节：是由半球形的关节头和相应的关节窝构成的关节。这种类型的关节除能做屈、伸、内收和外展运动外，还能做旋转运动（如肩关节和髋关节）。

二、头骨的连结

头骨的连结大部分为不动连结，主要形成缝隙连结；有的形成软骨连结，如枕骨和蝶骨的连结。下颌骨因适应咀嚼运动与颞骨形成下颌关节，头骨的连结中只有该关节有活动性。

三、躯干骨的连结

躯干骨的连结分为脊柱连结和胸廓连结。

（一）脊柱连结

脊柱连结可分为椎体间连结、椎弓间连结和脊柱总韧带。

1. 椎体间连结

椎体间连结是相邻两椎骨的椎头与椎窝借纤维软骨构成的椎间盘形成的连结（见图2-2-1），椎间盘的外面是纤维环，中央为柔软的髓核（脊索退化的遗迹）（图2-2-4）。

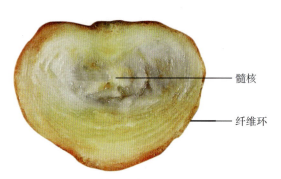

图2-2-4　犬椎间盘【引自König H E and Liebich H G, 2004】

2. 椎弓间连结

椎弓间连结是相邻椎骨的关节前、后突构成的关节，有关节囊。颈部的关节突发达，关节囊宽松，活动性较大。

3. 脊柱总韧带

脊柱总韧带为贯穿脊柱、连接大部分椎骨的韧带，包括棘上韧带、背侧纵韧带和腹侧纵韧带（图2-2-5）。

（1）棘上韧带　位于棘突顶端，由枕骨伸至荐骨。棘上韧带在颈部特别发达，形成强大的项韧带（图2-2-6）。项韧带由弹性组织构成，呈黄色。牛的项韧带很发达，项韧带板状部后部不分为两叶。猪的项韧带不发达。

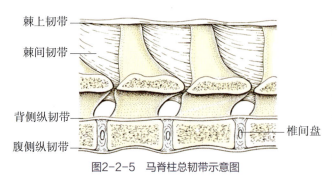

图2-2-5　马脊柱总韧带示意图

（2）背侧纵韧带　位于椎管底部、椎体的背侧，由枢椎至荐骨，在椎间盘处变宽并附着于椎间盘上。

（3）腹侧纵韧带　位于椎体和椎间盘的腹面，并紧密附着在椎间盘上，由胸椎中部开始，终止于荐骨的骨盆面。

（二）胸廓连结

胸廓连结包括肋椎关节和肋胸关节。

1. 肋椎关节

肋椎关节是肋骨与胸椎构成的关节。肋椎关节包括两种：一种是肋骨小头与相邻两胸椎肋窝形成的关节；另一种是肋结节关节面与胸椎横突肋凹构成的关节（图2-2-7）。

可分为索状部和板状部。索状部呈圆索状，起于枕外隆突，沿颈部上缘向后，附着于第3、第4胸椎的棘突，向后延续为棘上韧带。板状部起于第2、第3胸椎棘突和索状部，向前下方止于第2~6颈椎的棘突。

2. 肋胸关节

肋胸关节是真肋的肋软骨与胸骨两侧的肋窝构成的关节，具有关节囊和韧带（图2-2-8）。

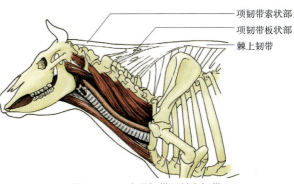

图2-2-6 牛项韧带和棘上韧带
【引自Dyce K M, et al, 2010】

四、四肢骨的连结

（一）前肢关节

前肢的肩胛骨与躯干骨间不形成关节，以肩带肌连接。前肢各骨间均形成关节，由上向下依次为肩关节、肘关节、腕关节和指关节。

1. 肩关节

肩关节由肩胛骨远端的关节盂和肱骨头构成，关节角顶向前，关节囊宽松，没有侧副韧带。肩关节虽为多轴关节，但由于两侧肌肉的限制，主要进行屈、伸运动。

2. 肘关节

肘关节由肱骨远端和前臂骨近端的关节面构成，关节角顶向后，在关节囊的两侧有内、外侧副韧带。肘关节只能做屈、伸运动。

3. 腕关节

腕关节为单轴复关节，由桡骨远端、腕骨和掌骨近端构成，包括桡腕关节、腕间关节和腕掌关节。

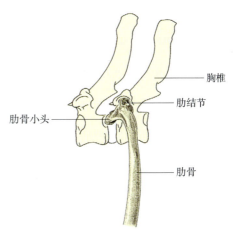

图2-2-7 犬肋椎关节示意图
【引自Dyce K M, et al, 2010】

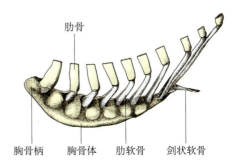

图2-2-8 马肋胸关节示意图
【引自Dyce K M, et al, 2010】

4. 指关节

指关节在正常站立时呈背屈状态或过度伸展状态，包括系关节（球节）、冠关节和蹄关节。系关节由掌骨远端、近籽骨和系骨近端构成；冠关节由系骨远端和冠骨近端构成；蹄关节由冠骨远端、远籽骨及蹄骨近端构成。这些关节主要进行屈、伸运动。

（二）后肢关节

后肢关节有荐髂关节、髋关节、膝关节、跗关节和趾关节。后肢关节除髋关节外，均有侧副韧带，故均为单轴关节。

1. 荐髂关节

荐髂关节由荐骨翼与髂骨的耳状关节构成，结合紧密，几乎不能活动。

在荐骨和髂骨之间还有一些加固的韧带，包括荐髂背侧韧带、荐髂外侧韧带和荐结节阔韧带。其中荐结节阔韧带（荐坐韧带）最大，为一四边形的宽广韧带，构成骨盆的侧壁，其前缘与髂骨之间形成坐骨大孔，下缘与坐骨之间形成坐骨小孔，供血管、神经通过（图2-2-9）。

2. 髋关节

髋关节由髋臼和股骨头构成，为多轴关节，关节角顶向后，关节囊宽松。在股骨头与髋臼之间，有一条短而强的圆韧带（图2-2-10）。髋关节能进行多种运动，但主要是屈、伸运动；在关节屈曲时常伴有外展和旋外运动，在关节伸展时伴有内收和旋内运动。

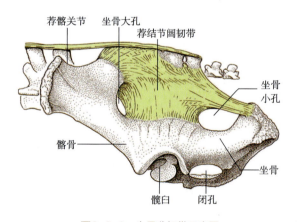

图2-2-9　牛骨盆韧带示意图
【引自König H E and Liebich H G, 2004】

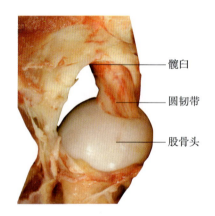

图2-2-10　猪髋关节圆韧带【引自陈耀星，2013】

3. 膝关节

膝关节包括股胫关节和股膝关节。关节角顶向前，为单轴关节。

股胫关节是由股骨远端的一对髁和胫骨近端及插入其间的2个半月板构成的复关节。除有一对侧副韧带外，关节中央还有交叉的十字韧带连接股骨与胫骨。此外，半月板还有一些短韧带，与股骨和胫骨相连（图2-2-11）。股胫关节主要是进行屈、伸运动，在屈曲时可做小范围的旋转运动。

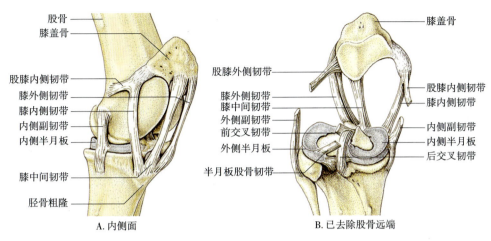

图2-2-11 马左侧膝关节韧带示意图【引自König H E and Liebich H G, 2004】

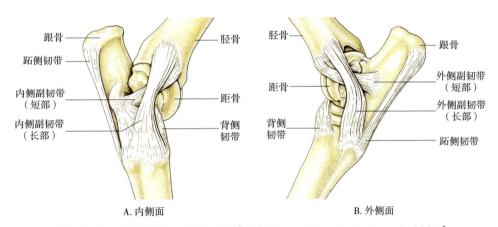

图2-2-12 马左侧跗关节韧带示意图【引自König H E and Liebich H G, 2004】

股膝关节由膝盖骨和股骨远端滑车关节构成，关节囊宽松。膝盖骨除以股膝内、外侧韧带连于股骨远端外，在其前方还有3条强大的膝直韧带，连于胫骨近端的胫骨隆起上（图2-2-11）。股膝关节的运动主要是膝盖骨在股骨滑车上滑动，通过改变股四头肌作用力的方向而伸展膝关节。

4. 跗关节

跗关节又称飞节，是由小腿骨远端、跗骨和跖骨近端构成的复关节，为单轴关节，仅能做屈、伸运动。在跗关节内、外侧有侧副韧带，在背侧和跖侧也各有韧带，限制跗关节的活动并加固连结（图2-2-12）。

5. 趾关节

趾关节包括系关节、冠关节和蹄关节，其构造与前肢指关节相同（图2-2-13）。

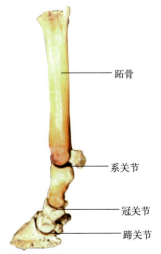

图2-2-13 牛趾关节
【引自陈耀星，2013】

任务2-3　解剖肌肉

数字资源

> **任务要求**

1. 能阐述家畜肌肉的构造、形态、起止点、命名和辅助器官。
2. 在剖解时，能准确识别并说出家畜皮肌、头部肌肉、躯干肌肉、前肢肌肉、后肢肌肉的名称、位置和作用。
3. 会描述颈静脉沟、髂肋肌沟、腹股沟管的结构组成和临床意义。
4. 明确临床肌内注射的肌肉名称和部位。

> **理论知识**

运动系统的肌肉属于横纹肌，因其附着在骨上，故又称骨骼肌。每块肌肉都是一个器官，都具有一定的形态、构造和功能。

一、肌肉概述

1. 肌器官的构造

组成运动系统的每一块肌肉都是由能收缩的肌腹和不能收缩的肌腱两个部分构成（图2-3-1）。

（1）肌腹　主要由肌纤维借结缔组织结合而成。肌纤维为肌器官的实质部分。在肌肉内部，肌纤维先组成小肌束，许多小肌束再组成较大的肌束，最后组成肌肉。每条肌纤维外包裹的结缔组织称为肌内膜，肌束外面包裹的结缔组织称为肌束膜，整块肌肉外面包裹的结缔组织称为肌外膜。血管、淋巴和神经随肌内膜伸入肌肉内（图2-3-2）。

（2）肌腱　由肌肉两端规则的致密结缔组织构成。腱纤维借肌内膜直接连接肌纤维的端部或贯穿于肌腹中。肌腱不能收缩，但具有很强的韧性和抗张力，其纤维伸入骨膜和骨质中，使肌肉牢固地附着于骨上。

图2-3-1　肌器官构造
【引自Popesko P，1985】

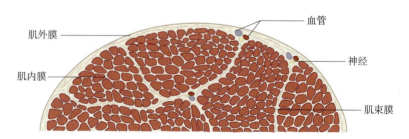

图2-3-2　肌器官构造模式图【引自Dyce K M，et al，2010】

2. 肌肉的分类

根据肌腹内腱纤维的含量和肌纤维的排列方向，肌肉可分为动力肌、静力肌和动静力肌3种。根据肌肉的形态，肌肉一般可以分为多裂肌、板状肌、环形肌、纺锤形肌等（图2-3-3）。

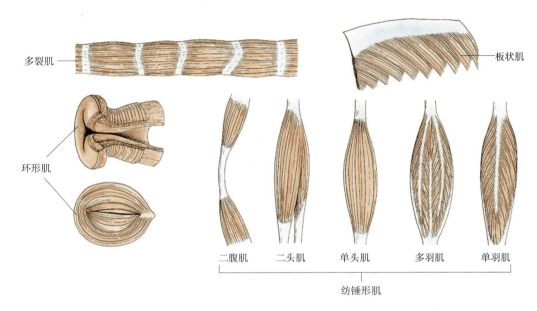

图2-3-3　肌肉的分类【引自König H E and Liebich H G, 2004】

3. 肌肉的起止点和作用

肌肉一般以两端附着于骨或软骨，中间可能越过一个或多个关节。当肌肉收缩时，肌腹变短，以关节为运动轴，牵引骨发生位移而产生运动。肌肉收缩时，固定不动的一端称为起点，活动的一端称为止点。

4. 肌肉的辅助器官

在肌肉周围，还有一些肌肉的辅助器官，如筋膜、黏液囊和腱鞘等。

（1）筋膜　为覆盖在肌肉表面的结缔组织膜，可分为浅筋膜和深筋膜。浅筋膜位于皮下，由疏松结缔组织构成，覆盖在整个肌肉表面。浅筋膜内有血管、神经、脂肪及皮肌分布，有保护、贮存营养和调节体温的作用。深筋膜由致密结缔组织构成，致密而坚韧，包围在肌群的表面，并伸入肌间，附着于骨上，有连接和支持肌肉的作用。

（2）黏液囊　是密闭的结缔组织囊，囊壁薄，内衬滑膜，囊内有少量黏液。黏液囊多位于骨的突起与肌肉、肌腱、皮肤之间，有减少摩擦的作用。关节附近的黏液囊常与关节腔相通，称为滑膜囊（图2-3-4A）。

（3）腱鞘　是卷曲成长筒状的黏液囊，分内、外两层。内层为滑膜层，又分壁层和脏层。壁层紧贴在纤维层的内面，脏层紧包在腱上，壁层与脏层之间形成空腔，内有少量滑液。外层为纤维层，由深筋膜增厚而成。腱鞘包围于腱的周围，多位于四肢关节部，有减少摩擦、保护肌腱的作用（图2-3-4B）。

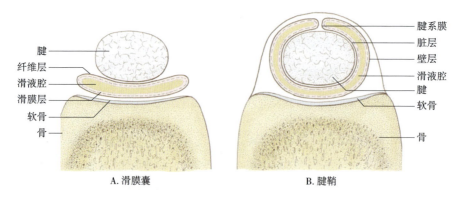

A. 滑膜囊　　　　　　　　B. 腱鞘

图2-3-4　肌肉的辅助结构示意图【引自König H E and Liebich H G, 2004】

二、全身主要肌肉分布

按所在部位，全身肌肉可分为头部肌肉、躯干肌肉、前肢肌肉和后肢肌肉。在全身浅层肌肉的表层还有皮肌分布。

（一）皮肌

皮肌为分布于浅筋膜中的薄层肌，大部分与皮肤深面紧密相连。皮肌并不覆盖全身，根据部位可分为面皮肌、颈皮肌、肩臂皮肌及躯干皮肌（图2-3-5）。皮肌的作用是颤动皮肤，以驱赶蚊、蝇及抖掉灰尘和水滴等。

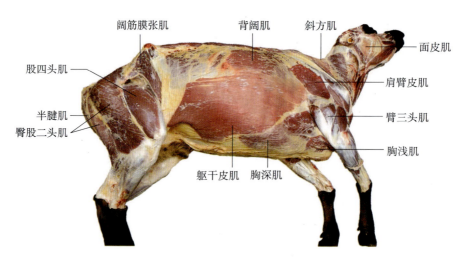

图2-3-5　牛皮肌及部分浅层肌肉

（二）头部主要肌肉

头部肌肉（图2-3-6）可分为面部肌和咀嚼肌。

面部肌是位于口腔和鼻孔等自然孔周围的肌肉，可分为开张自然孔的开肌和关闭自然孔的括约肌。面部肌包括鼻唇提肌、鼻孔外侧开肌、上唇固有提肌、下唇降肌、口轮匝肌、颊肌等。

咀嚼肌是使下颌发生运动的肌肉。草食动物的咀嚼肌很发达，分为闭口肌（咬肌、颞肌、翼肌）和开口肌（下颌肌、二腹肌）。

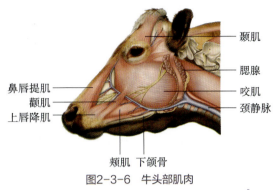

图2-3-6 牛头部肌肉
【引自Ashdown R R and Done S H，2010】

（三）前肢主要肌肉

前肢肌肉可分为肩带肌、肩部肌、臂部肌、前臂及前脚部肌4个部分（图2-3-7）。

1. 肩带肌

肩带肌是连接躯干与前肢的肌肉，大多为板状肌，一般起于躯干，止于前肢的肩胛骨和肱骨。根据位置，肩带肌可分为背侧肌群和腹侧肌群。

（1）背侧肌群 起于头骨和脊柱，从背侧连接前肢，包括斜方肌、菱形肌、背阔肌和臂头肌，牛、猪、犬还有肩胛横突肌。

①斜方肌：为扁平的三角形肌，位于肩、颈上半部的浅层，根据起点和纤维方向分为颈斜方肌和胸斜方肌。颈斜方肌起自项韧带索状部，肌纤维斜向后下方。胸斜方肌起自前10个胸椎棘突，肌纤维斜向前下方。两部均止于肩胛冈。其作用是提举、摆动和固定肩胛骨。牛的斜方肌较厚，两部之间无明显分界；马的较薄，明显地分为颈、胸两部。

②菱形肌：在斜方肌和肩胛软骨的深面，也分颈、胸两部。颈菱形肌狭长，呈三菱形，肌纤维纵行。胸菱形肌薄，近似四边形，肌纤维垂直。菱形肌两部的起点同斜方肌，止于肩胛软骨的内面。其作用为向前上方提举肩胛骨。

③背阔肌：位于胸侧壁的上部，为一块三角形大板状肌，肌纤维由后上方斜向前下方，部分被躯干皮肌和臂三头肌覆盖。

④臂头肌：呈长而宽的带状，位于颈侧部浅层，自头延伸到臂，形成颈静脉沟的上界。臂头肌的作用：牵引前肢向前，伸肩关节；提举和侧偏头、颈。

⑤肩胛横突肌：牛肩胛横突肌的前部位于臂头肌的深层，后部位于颈斜方肌和臂头肌之间。起于寰椎翼，止于肩峰部的筋膜。马无此肌。

（2）腹侧肌群 起自颈椎、肋骨和胸骨，从腹侧连接前肢，包括胸肌（又分为胸浅肌和胸深肌）和腹侧锯肌（图2-3-8）。

①胸浅肌：位于前臂与胸骨之间的皮下。分为前、后两部，前部为降胸肌，后部为横胸肌。胸浅肌的主要作用是内收前肢。

②胸深肌：位于胸浅肌的深层，大部分被胸浅肌覆盖。胸深肌的作用：内收和摆动前肢；前肢踏地时可牵引躯干向前。

③腹侧锯肌：位于颈、胸部的外侧面，为一宽大的扇形肌，下缘呈锯齿状，可分为颈、胸两部。颈腹侧锯肌全为肌质。胸腹侧锯肌较薄，表面和内部混有厚而坚韧的腱层。

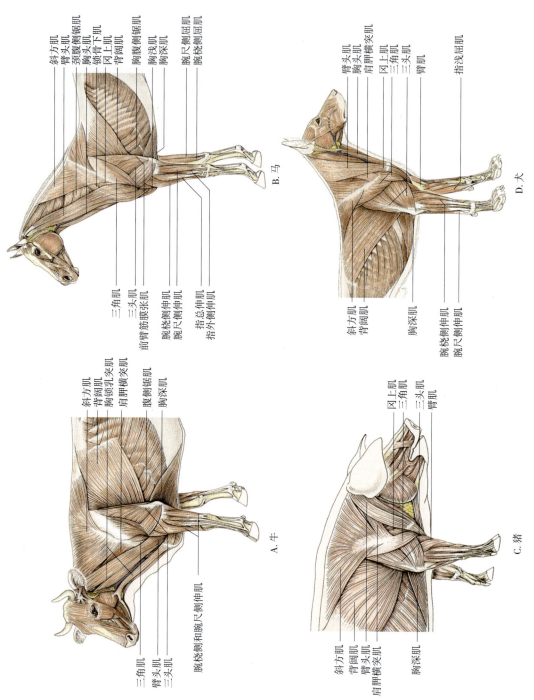

图2-3-7 前肢肌肉示意图【引自König H E and Liebich H G, 2004】

项目2 解剖家畜运动系统

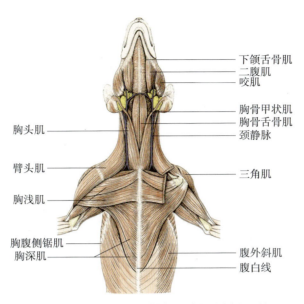

图2-3-8 犬胸肌和颈腹侧肌示意图（腹侧面观）
【引自König H E and Liebich H G, 2004】

2. 肩部肌

肩部肌（图2-3-9）分布于肩胛骨的外侧面及内侧面，起于肩胛骨，止于肱骨，跨越肩关节，可伸、屈肩关节和内收、外展前肢。肩部肌可分为外侧肌群和内侧肌群。

（1）外侧肌群

①冈上肌：位于冈上窝内。起于冈上窝和肩胛软骨，止腱分两支，分别止于臂骨内和外侧结节的前部。其作用为伸肩关节和固定肩关节。

②冈下肌：位于冈下窝内，一部分被三角肌覆盖。起于冈下窝及肩胛软骨，止于肱骨外侧结节。其作用为外展及固定肩关节。

③三角肌：呈三角形，位于冈下肌的浅层。借冈下肌腱膜起于肩胛冈和肩胛骨后角（在牛还起于肩峰的头），止于肱骨外的三角肌粗隆。其作用为屈肩关节。

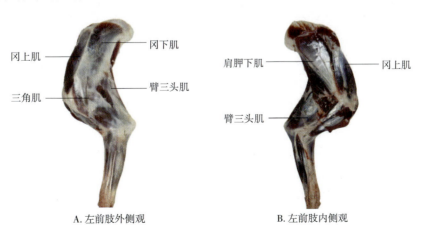

图2-3-9 肩部肌

（2）内侧肌群

①肩胛下肌：位于肩胛骨内侧面。起于肩胛下窝（在牛明显地分为3个肌束），止于肱骨的内侧结节。其作用为内收和固定肩关节。

②大圆肌：位于肩胛下肌后方，呈带状。起于肩胛骨后角，止于肱骨内面。其作用为屈肩关节。

3. 臂部肌

臂部肌（图2-3-10）分布于肱骨周围，起于肩胛骨和肱骨，跨越肩关节及肘关节，止于前臂骨。臂部肌主要对肘关节起作用，对肩关节也有作用。可分为伸肌、屈肌两组。

（1）伸肌组

①臂三头肌：呈三角形，位于肩胛骨后缘与肱骨形成的夹角内，是前肢最大的一块肌肉。分3个头：长头最大，似三角形，起于肩胛骨后缘；外侧头较厚，呈长方形，位于长头的外下方，起于肱骨的三角肌粗隆及其上部；内侧头最小，起于肱骨内侧面。3个头均止于尺骨鹰嘴。

②前臂筋膜张肌：长而薄，位于臂三头肌的内侧和后缘。起于肩胛骨后角，止于尺骨鹰嘴。

（2）屈肌组

①臂二头肌：位于臂骨前面，呈圆柱状（牛）或纺锤形（马）。主要作用是屈肘关节，也有伸肩关节的作用。

②臂肌：位于臂骨螺旋形肌沟内。作用为屈肘关节。

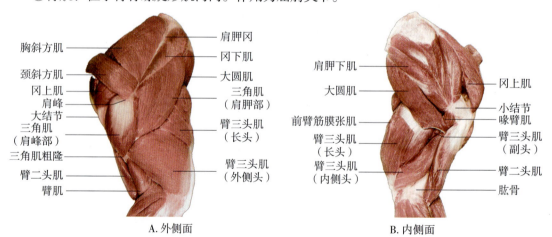

图2-3-10　犬臂部肌【引自König H E and Liebich H G, 2020】

4. 前臂及前脚部肌

前臂及前脚部肌作用于腕关节和指关节，它们的肌腹分布在前臂的背外侧面和掌侧面（前臂骨的内侧面无肌肉）。大部分为多腱质的纺锤形肌，均起于肱骨远端及前臂骨近端，在腕关节附近移行为腱，除腕尺侧屈肌肌腱外，其他均包有腱鞘。

前臂部肌可分为背外侧肌群和掌侧肌群。背外侧肌群有腕桡侧伸肌、腕斜伸肌、指总伸肌、指外侧伸肌、指内侧伸肌；掌侧肌群有腕外侧屈肌、腕尺侧屈肌、腕桡侧屈肌、指浅屈肌、指深屈肌（图2-3-11）。

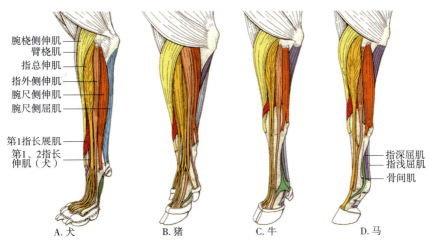

图2-3-11　家畜前臂部肌示意图【引自König H E and Liebich H G, 2004】

（四）躯干主要肌肉

躯干主要肌肉包括脊柱肌、颈腹侧肌、胸壁肌和腹壁肌。

1. 脊柱肌

脊柱肌是支配脊柱活动的肌肉，可分为背侧肌群与腹侧肌群两个部分。

（1）背侧肌群

①背腰最长肌：位于胸椎、腰椎的棘突与横突和肋骨椎骨端所形成的三棱形凹陷内，为体内最大的肌肉，表面覆盖有一层腱膜，由许多肌束综合而成。起于髂骨嵴、荐骨、腰椎和后位胸椎的棘突，止于腰椎、胸椎、最后颈椎的横突，以及肋骨外面。作用：两侧同时收缩，有很强的伸背腰作用，还有伸颈和帮助呼气的作用；一侧收缩，可使脊柱侧屈。

②髂肋肌：位于背腰最长肌的腹外侧，狭长而分节，由一系列斜向前下方的肌束组成。起于腰椎横突末端和后10个（牛）或15个（马）肋骨的前缘，向前止于所有肋骨的后缘（牛）和前12~13个肋骨的后缘及第7颈椎横突（马）。作用为向后牵引肋骨，协助呼气。

③夹肌：位于颈椎、鬐甲、项韧带索状部之间，呈三角形，其后部被斜方肌及颈下锯肌覆盖。起于棘横筋膜（前部胸椎棘突和横突之间的深筋膜）、项韧带索状部，止于枕骨、颞骨及前4~5个颈椎。作用：两侧同时收缩举头、颈，一侧收缩则偏头、颈。

④头半棘肌：位于夹肌与项韧带板状部之间，为强大的三角形肌。起于棘横筋膜及前8~9个（牛）或6~7个（马）胸椎横突及颈椎关节突，以强腱止于枕骨后面。作用同夹肌。

（2）腹侧肌群

①颈长肌：位于颈椎及前5~6个胸椎的腹侧面，由一些短的肌束构成。作用为屈颈。

②腰小肌：为狭长肌，位于腰椎腹侧面和椎体两旁。起于腰椎及最后（牛）或后3个（马）胸椎椎体腹侧面，止于髂骨中部。作用为屈腰。

2. 颈腹侧肌

颈腹侧肌位于颈部腹侧，包围于颈部气管、食管和大血管的腹面及两侧，包括胸头肌、肩胛舌骨肌和胸骨甲状舌骨肌。

（1）胸头肌　位于颈部腹外侧皮下，臂头肌的下缘。胸头肌与臂头肌之间的沟称为颈静脉沟，内有颈静脉，为牛、羊采血和输液的常用部位。

（2）肩胛舌骨肌　位于颈侧部，臂头肌的深面。此肌有下降舌骨和喉的作用。

（3）胸骨甲状舌骨肌　位于气管腹侧。作用为向后牵引喉和舌骨，助吞咽。

3. 胸壁肌

胸壁肌分布于胸腔的侧壁和后壁。胸壁肌收缩可改变胸腔的容积，参与呼吸运动，也称为呼吸肌。主要包括吸气肌组的肋间外肌、膈和呼气肌组的肋间内肌等。

（1）肋间外肌　位于所有肋间隙的表层。起于肋骨的后缘，肌纤维斜向后下方，止于后一肋骨的前缘。作用为向前外方牵引肋骨，使胸廓扩大，引起吸气。

（2）膈　为一大圆形板状肌，位于胸与腹腔之间，又称为横膈膜。膈由周围的肌质部（肉质缘）和中央的腱质部（中心腱）构成。肌质部分腰部、肋部和胸骨部。腰部形成肌质的左、右膈脚，附着在前4个腰椎的腹面；肋部附着于肋骨内面；胸骨部附着于剑状软骨的背侧面。腱质部由强韧的腱膜构成，凸向胸腔。收缩时，膈顶后移，扩大胸腔纵径，助吸气；舒张时，膈顶回位，助呼气。膈上有3个裂孔：上方是主动脉裂孔，位于左、右膈脚之间；中间是食管裂孔，位于右膈脚肌束间，接近中心腱；下方是后腔静脉裂孔，位于中心腱上，稍偏中线右侧（图2-3-12）。3个裂孔分别有主动脉、食管和后腔静脉通过。

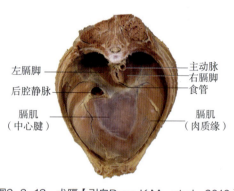

图2-3-12　犬膈【引自Dyce K M，et al，2010】

> **小贴士**
>
> **胸腔和腹腔**
>
> 胸腔由胸廓的骨骼、肌肉和皮肤构成，呈截顶的圆锥形。其锥顶向前，称为胸廓前口，由第1胸椎、第1对肋和胸骨柄组成。锥底向后，称为胸腔后口，呈倾斜的卵圆形，由最后胸椎、肋弓和胸骨的剑状突围成，由膈与腹腔分隔开。胸腔内有心、肺、气管、食管、大血管及淋巴管等。
>
> 腹腔是家畜体内最大的体腔，位于胸腔之后。前壁为膈，凸向胸腔；背侧壁为腰椎、腰肌和膈脚等；侧壁和底壁为腹肌，侧壁还有假肋的肋骨下部和肋软骨及肋间肌；后端与骨盆腔相通。腹腔容纳胃、肠、肝、胰等大部分消化器官，以及输尿管、卵巢、输卵管、子宫和大血管等。

（3）肋间内肌　位于肋间外肌的深面。起于肋骨前缘，肌纤维斜向前下，止于前一骨的后缘。作用为向后方牵引肋骨，使胸廓变小，帮助呼气。

4. 腹壁肌

腹壁肌构成腹腔的侧壁和底壁，由4层纤维方向不同的板状肌构成，分别为腹外斜肌、腹内斜肌、腹直肌和腹横肌，其表面覆盖有腹壁筋膜（图2-3-13、图2-3-14）。牛的腹壁筋膜由弹力纤维构成，呈黄色，称为腹黄膜。腹黄膜强韧而有弹性，可协助腹壁肌支持内脏。

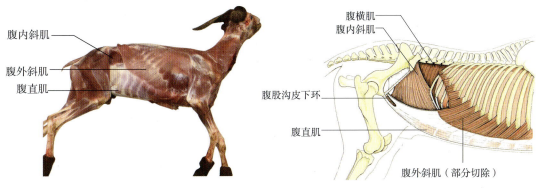

图2-3-13　羊腹壁肌　　　　图2-3-14　马腹壁肌【引自König H E and Liebich H G, 2004】

（1）腹外斜肌　为腹壁肌的最外层，位于腹黄膜的深面。以锯齿起于第5至最后肋骨的外面，起始部为肌质，肌纤维斜向后下方，在肋弓下约一掌处变为腱膜，止于腹白线（图2-3-15A）。

（2）腹内斜肌　为腹壁肌的第二层，位于腹外斜肌深面。其肌质部较厚，起于髋结节（在牛还起于腰椎横突），呈扇形，向前下方扩展，逐渐变为腱膜，止于腹白线（在牛止于最后肋骨）（图2-3-15B）。

小贴士

腹股沟管位于腹股沟部，是斜行穿过腹外斜肌和腹内斜肌之间的楔形缝隙，为胎儿时期睾丸从腹腔下降到阴囊的通道。腹股沟管有内、外两个口：外口通皮下，称腹股沟皮下环，为腹外斜肌腱膜上的裂隙；内口通腹腔，为腹内斜肌与腹股沟韧带之间的裂隙。公畜的腹股沟管明显，内有精索和血管、神经通过。母畜的腹股沟管仅供血管、神经通过。

（3）腹直肌　呈宽带状，位于腹白线两侧腹下壁的腹直肌鞘内。起于胸骨两侧和肋软骨，肌纤维纵行，最后以耻前腱止于耻骨前缘（图2-3-15C）。

（4）腹横肌　在腹壁肌的最内层，较薄，起于腰椎横突与弓肋下端的内面，肌纤维垂直向下内方，以腱膜止于腹白线（图2-3-15C）。

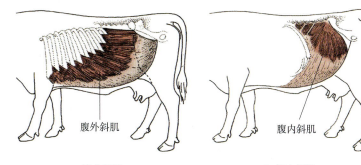

A. 腹外斜肌　　　　B. 腹内斜肌　　　　C. 腹直肌和腹横肌

图2-3-15　牛腹壁肌肉模式图【引自Dyce K M, et al, 2010】

腹壁肌的作用：形成坚韧的腹壁，容纳和支持腹腔脏器；当腹壁肌收缩时，可增大腹压，协助呼气、排粪、分娩等。

（五）后肢主要肌肉

家畜的后肢肌肉较前肢肌肉发达，是推动身体前进的主要动力，包括臀部肌、股部肌、小腿和后脚部肌（图2-3-16）。

1. 臀部肌

臀部肌位于髂骨的臀肌面上，包括臀浅肌、臀中肌、臀深肌，内面为髂肌。

（1）臀浅肌　牛无臀浅肌。马的臀浅肌位于臀部浅层，呈三角形，以臀筋膜起于髋结节和荐结节，止于股骨外面的第3转子。作用为屈髋关节和外展髋关节。

（2）臀中肌　大而厚，是臀部的主要肌肉，决定臀部的轮廓。起于髂骨翼和荐结节阔韧带，前部还起于腰部背腰最长肌筋膜，止于股骨的大转子。主要作用为伸髋关节和旋外后肢。由于与背腰最长肌结合，还参与竖立、蹴踢和推进躯干等动作。

（3）臀深肌　位于最深层，被臀中肌覆盖，起于坐骨棘，止于大转子前部（马）或大转子前下方（牛）。牛的臀深肌较宽而薄，马的臀深肌短而厚。作用为外展髋关节和旋外后肢。

（4）髂肌　位于髂骨内侧面，由髂肌和腰大肌组成。起于髂骨翼的腹侧面，腰大肌起于腰椎横突的腹侧面，均止于股骨内面。作用为屈髋关节和旋外后肢。

2. 股部肌

股部肌（图2-3-17）分布于股骨周围，根据部位分为股前肌群、股后肌群和股内侧肌群。

（1）股前肌群

①阔筋膜张肌：位于股前外侧浅层。起于髋结节，向下呈扇形扩展，延续为阔筋膜，并借阔筋膜止于髌骨和胫骨近端。作用为紧张阔筋膜，屈髋关节和伸膝关节。

②股四头肌：大而厚，位于股骨前面及两侧。被阔筋膜张肌覆盖。有4个头，即直头、内侧头、外侧头和中间头。直头起于髂骨体，其余3个头分别起于股骨的外侧、内侧及前面。共同止于髌骨。作用为伸膝关节。

（2）股后肌群

①臀股二头肌：位于股骨后外侧，是一块长而宽大的肌肉。有两个头，其中椎骨头起于荐骨（在牛还起于荐结节阔韧带），坐骨头起于坐骨结节，两个头合并后下行逐渐变宽，牛的分前、后两部，马的明显地分为前、中、后三部，分别以腱膜止于髌骨、胫骨嵴和跟结节。作用：伸髋关节、膝关节和跗关节；在推进躯干、蹴踢和竖立等动作中起伸展后肢的作用；在提举后肢时可屈膝关节。

②半腱肌：为一块大长肌，起于臀股二头肌的后方，向下构成股部的后缘，止端转到内侧。在牛无椎骨头。下端以腱膜止于胫骨嵴的内侧、小腿筋膜和跟结节。在马有两个头：椎骨头起于前两尾椎和荐结节阔韧带；坐骨头起于坐骨结节。作用同臀股二头肌。

③半膜肌：呈三棱形，位于股骨后内侧。在牛起于坐骨结节。在马有两个头：椎骨头

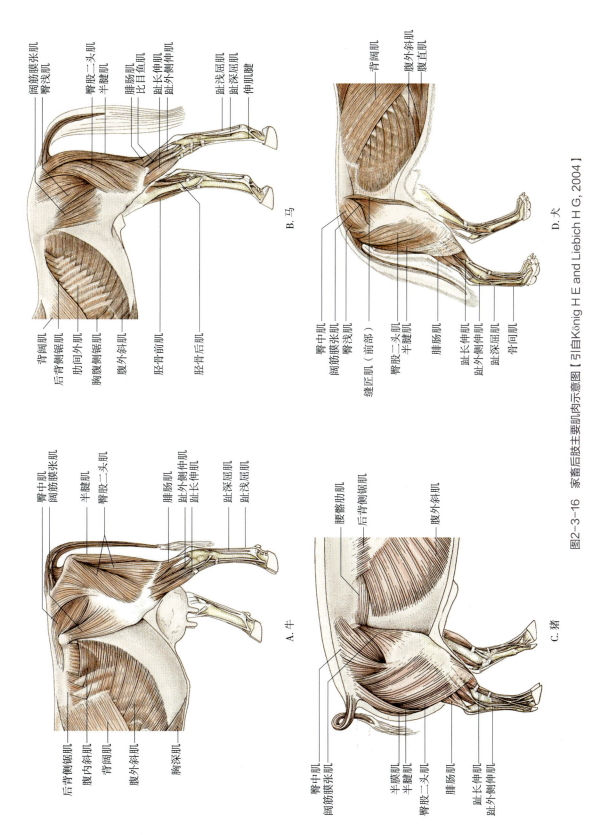

图2-3-16 家畜后肢主要肌肉示意图【引自König H E and Liebich H G, 2004】

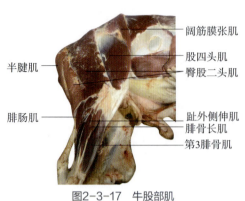

图2-3-17　牛股部肌

起于荐结节阔韧带后缘，形成臀部的后缘；坐骨头起于坐骨结节腹侧面。止于股骨远端内侧，在牛还止于胫骨近端内侧。作用为伸髋关节和内收后肢。

（3）股内侧肌群

①股薄肌：呈四边形，薄而宽，位于缝匠肌后方。

②耻骨肌：位于耻骨前下方。

③内收肌：呈三棱形，位于耻骨肌后方，半膜肌前，股薄肌深面。

④缝匠肌：呈狭长带状，位于股内侧前部。

3. 小腿和后脚部肌

小腿和后脚部肌的肌腹位于小腿周围，在跗关节处均变为腱（包含腓肠肌腱、趾浅屈肌腱、臀股二头肌腱、半腱肌腱），形成一腱索，连于跟结节上，故又称跟总腱。可分为背外侧肌群和跖侧肌群。背外侧肌群包括趾长伸肌、趾内侧伸肌、趾外侧伸肌、第3腓骨肌、胫骨前肌和腓骨长肌，跖侧肌群包括腓肠肌、趾浅屈肌、趾深屈肌和腘肌。由于跗关节的关节角顶向后，背外侧肌群有屈跗、伸趾的作用；跖侧肌群有伸跗、屈趾的作用（图2-3-18）。

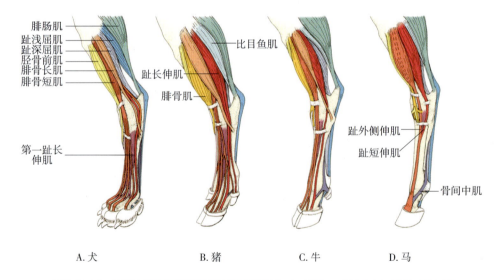

A. 犬　　　　B. 猪　　　　C. 牛　　　　D. 马

图2-3-18　家畜小腿和后脚部肌示意图【引自König H E and Liebich H G, 2004】

> **课程思政**
>
> 　　运动系统由骨、骨连结和肌肉组成，全身大大小小的骨、骨连结和肌肉有机结合，才能使机体活动自如。同学们在日常工作和生活中要培养团队精神，团结协作，才能共同成长、共同进步。

项目小结

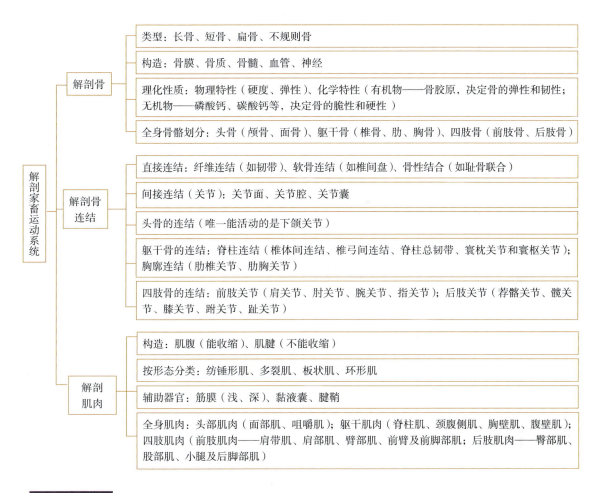

技能实训

解剖运动系统

【目的与要求】

能在标本、活体上识别家畜主要的骨、关节、肌肉、肌性标志和骨性标志。

【材料与用品】

1. 牛、马、猪、犬的整体骨骼标本。
2. 牛、犬的整体肌肉标本。
3. 健康牛、猪、犬活体。

【方法和步骤】

1. 在骨骼标本和活体上观察并识别头部、躯干部和四肢部的主要骨、骨性标志,以及前、后肢的主要关节。

2. 在肌肉标本和活体上观察并识别全身的主要肌肉、肌沟（颈静脉沟、髂肋肌沟等）。

【实训报告】

1. 绘制关节构造图并准确标注。
2. 填图。

① _____ ; ② _____ ;
③ _____ ; ④ _____ ;
⑤ _____ ; ⑥ _____ ;
⑦ _____ ; ⑧ _____ ;
⑨ _____ ; ⑩ _____ ;
⑪ _____ ; ⑫ _____ ;
⑬ _____ ; ⑭ _____ ;
⑮ _____ ; ⑯ _____ ;
⑰ _____ ; ⑱ _____ 。

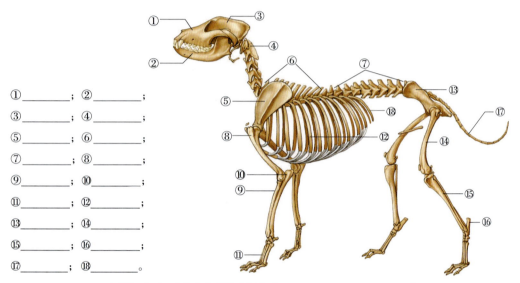

实训2-0-1　犬的全身骨骼【引自Thomas M O，et al，2008】

① _____ ; ② _____ ;
③ _____ ; ④ _____ ;
⑤ _____ ; ⑥ _____ ;
⑦ _____ ; ⑧ _____ ;
⑨ _____ ; ⑩ _____ ;
⑪ _____ ; ⑫ _____ ;
⑬ _____ ; ⑭ _____ ;
⑮ _____ ; ⑯ _____ ;
⑰ _____ ; ⑱ _____ 。

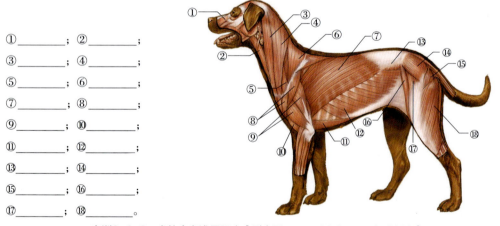

实训2-0-2　犬的全身浅层肌肉【引自Thomas M O，et al，2008】

双证融通

一、名词解释

胸廓　肋弓　脊柱　骨盆腔　腹股沟管　荐骨岬　枢椎　椎间盘　颈静脉沟

二、填空题

1. 头部唯一能活动的关节是_____，由_____骨和_____骨构成。

2. 家畜的前肢骨自上而下包括_____、_____、_____、_____、_____、_____和_____。
3. 家畜的髋骨包括_____、_____、_____。
4. 家畜的前肢关节自上而下包括_____、_____、_____和指关节。
5. 家畜的后肢关节自上而下包括_____、_____、_____、_____和趾关节。
6. 膈上有3个裂孔：上方为_____裂孔，中间为_____裂孔，下方为_____裂孔。

三、选择题

1. 肩胛骨属于（   ）。
 A. 长骨　　　B. 短骨　　　C. 扁骨　　　D. 不规则骨
2. 成年家畜的红骨髓存在于（   ）。
 A. 长骨骨髓腔内　　　　B. 短骨骨松质
 C. 扁骨骨松质　　　　　D. 不规则骨骨松质内
3. 前肢最大的一块肌肉是（   ）。
 A. 臂二头肌　B. 臂三头肌　C. 斜方肌　　D. 大圆肌
4. 下列只参与吸气的肌肉是（   ）。
 A. 肋间外肌　B. 肋间内肌　C. 膈肌　　　D. 腹肌
5. 2009年真题 关节的基本构造包括（   ）。
 A. 关节囊、关节腔、关节韧带、籽骨
 B. 关节囊、关节腔、关节软骨、籽骨
 C. 关节囊、关节面、关节软骨、籽骨
 D. 关节囊、关节腔、关节盘、关节软骨
 E. 关节囊、关节腔、关节面、关节软骨

6. 2009年、2013年真题 组成家畜颈静脉沟的肌肉是（   ）。
 A. 胸肌和斜角肌　　　　B. 胸头肌和臂头肌　　　　C. 肋间肌和胸头肌
 D. 斜角肌和臂头肌　　　E. 背腰最长肌和胸头肌

7. 2010年真题 组成胸廓的骨骼包括（   ）。
 A. 胸椎、肋和胸骨　　　B. 胸椎、肋和肱骨　　　　C. 胸椎、肋和腰椎
 D. 胸椎、肋和肩胛骨　　E. 胸骨、肋和肩胛骨

8. 2010年真题 关节中分泌滑液的部位是（   ）。
 A. 韧带　　　B. 黏液囊　　C. 滑膜层　　D. 纤维层　　E. 关节软骨

9. 2010年真题 组成腹股沟管的肌肉是（   ）。
 A. 腹直肌与腹横肌　　　B. 腹内斜肌与腹直肌　　　C. 腹外斜肌与腹直肌
 D. 腹横肌与腹内斜肌　　E. 腹内斜肌与腹外斜肌

10. 2011年真题 头骨中最大的骨是（   ）。

A. 上颌骨　　B. 下颌骨　　C. 鼻甲　　D. 颌前骨　　E. 腭骨

11. 2011年真题 动物全身最长的肌肉是（　　）。
A. 髂肋肌　　B. 夹肌　　C. 头半棘肌　　D. 颈多裂肌　　E. 背腰最长肌

12. 2012年真题 牛胸椎的椎弓和锥体围成（　　）。
A. 椎管　　B. 锥孔　　C. 椎间孔　　D. 横突孔　　E. 椎骨切迹

13. 2012年真题 牛股膝关节前方具有（　　）。
A. 3条膝直韧带　　　　B. 2条膝直韧带　　　　C. 1条膝直韧带
D. 十字韧带　　　　　E. 圆韧带

14. 2012年真题 草食家畜腹壁肌外面被覆的深筋膜含有大量的弹性纤维，称为（　　）。
A. 腹白膜　　B. 腹黄膜　　C. 腹横筋膜　　D. 腹膜壁层　　E. 腹膜脏层

15. 2013年真题 骨质内含量最多的无机盐是（　　）。
A. 碳酸钙　　B. 磷酸钙　　C. 磷酸镁　　D. 碳酸镁　　E. 磷酸钠

16. 2013年真题 肋软骨不与其他肋骨相连接的肋骨称为（　　）。
A. 假肋　　B. 浮肋　　C. 肋弓　　D. 真肋　　E. 剑状软骨

17. 2015年真题 牛肩关节的特点是（　　）。
A. 有十字韧带　　　　B. 有悬韧带　　　　C. 有侧（副）韧带
D. 无侧（副）韧带　　E. 无关节囊

18. 2015年真题 组成髂肋肌沟的肌肉是（　　）。
A. 头半棘肌与髂肋肌　　B. 头寰最长肌与髂肋肌　　C. 髂肋肌与夹肌
D. 背腰最长肌与髂肋肌　E. 髂肋肌与颈多裂肌

19. 2016年真题 马胸骨的形态特点是（　　）。
A. 胸骨体上压下扁，有胸骨嵴
B. 胸骨体上压下扁，无胸骨嵴
C. 胸骨体前部左右压扁，后部上下压扁，有胸骨嵴
D. 胸骨体前部上下压扁，后部左右压扁
E. 胸骨体左右压扁，无胸骨嵴

20. 2016年真题 构成牛肘关节的骨骼是（　　）。
A. 肱骨和前臂骨　　　　B. 肱骨和肩胛骨　　　　C. 前臂骨、腕骨和掌骨
D. 掌骨、近指节骨和近籽骨　E. 前臂骨和腕骨

21. 2016年真题 牛腓肠肌腱、趾浅屈肌腱、臀股二头肌腱和半腱肌腱合成一粗而坚硬的腱索称（　　）。
A. 跟（总）腱　　B. 中心腱　　C. 悬韧带　　D. 侧韧带　　E. 耻前腱

22. 2017年真题 关于牛髋骨的描述，错误的是（　　）。
A. 由髂骨、坐骨和耻骨组成　　　　B. 耻骨和坐骨共同组成闭孔
C. 坐骨后外侧角粗大称坐骨结节　　D. 髂骨内侧角称荐结节
E. 髂骨翼外侧角称髂骨结节

23. 2017年真题 寰枕关节的类型属于（　　）。
A. 单轴单关节　　　　B. 单轴复关节　　　　C. 双轴关节

D. 多轴单关节　　　　　　　E. 多轴复关节

24. 2017年真题 与臂头肌共同组成家畜颈静脉沟的肌肉是（　　）。
A. 肩胛横突肌　　　　　　B. 肩胛舌骨肌　　　　　　C. 胸骨甲状肌
D. 胸骨舌骨肌　　　　　　E. 胸头肌

25. 2018年真题 犬膝（直）韧带有（　　）条。
A. 1　　B. 2　　C. 3　　D. 4　　E. 5

26. 2018年真题 犬，起于肩胛冈上部、腰背筋膜及最后两肋骨，止于大圆肌粗隆的肌肉是（　　）。
A. 斜方肌　　　　　　　　B. 背阔肌　　　　　　　　C. 臂三头肌
D. 肩胛横突肌　　　　　　E. 臂头肌

27. 2018年真题 犬，起于寰椎翼，止于肩胛冈下部的肌肉是（　　）。
A. 斜方肌　　　　　　　　B. 背阔肌　　　　　　　　C. 臂三头肌
D. 肩胛横突肌　　　　　　E. 臂头肌

28. 2018年真题 犬，起于锁骨，止于颈部中线、乳突和肱骨的肌肉是（　　）。
A. 斜方肌　　　　　　　　B. 背阔肌　　　　　　　　C. 臂三头肌
D. 肩胛横突肌　　　　　　E. 臂头肌

29. 2019年真题 肩胛骨的冈上肌附着部称为（　　）。
A. 盂上结节　B. 冈结节　C. 关节盂　D. 冈上窝　E. 冈下窝

30. 2019年真题 家畜后肢关节中活动性最小的关节是（　　）。
A. 荐髂关节　B. 髋关节　C. 膝关节　D. 跗关节　E. 趾关节

31. 2019年真题 荐骨翼与髂骨耳状关节面构成的关节称为（　　）。
A. 腰荐关节　B. 髋关节　C. 荐髂关节　D. 耻骨联合　E. 坐骨联合

32. 2019年真题 马小腿后脚部背外侧肌群中不包括（　　）。
A. 趾长伸肌　　　　　　　B. 趾外侧伸肌　　　　　　C. 腓骨长肌
D. 腓骨第三肌　　　　　　E. 胫骨前肌

33. 2019年真题 围成关节腔的结构是关节囊滑膜层和（　　）。
A. 关节盘　　　　　　　　B. 韧带　　　　　　　　　C. 关节软骨
D. 关节囊纤维层　　　　　E. 关节唇

四、简答题

1. 简述骨的类型、构造和理化性质。
2. 以牛为例，说出全身骨的划分和名称。
3. 举例描述骨连结的类型。
4. 简述关节的构造。
5. 说出家畜颈椎、胸椎、腰椎和荐椎的数量。
6. 说出家畜前肢和后肢的主要关节名称。
7. 动物的腹壁肌从外向内可分为几层？说出各层肌肉的名称、起止点和肌纤维走向。
8. 什么是颈静脉沟？是由哪两块肌肉围成的？颈静脉沟内有哪些主要的血管和神经？

项目 3
解剖家畜被皮系统

项目导入

被皮系统由皮肤及其衍生物构成（图3-0-1）。皮肤被覆于动物的体表，直接与外界接触，是天然屏障，具有保护内部器官、防止异物侵害和机械损伤的作用。在动物机体的某些部位，皮肤演变成特殊的器官，如家畜的蹄、角、毛、乳腺、皮脂腺、汗腺及犬、猫的枕和爪等，称为皮肤衍生物。在皮肤中还含有感受各种刺激的感受器。因此，皮肤又具有感受外部刺激、调节体温、分泌汗液、排出代谢物及贮藏营养物质的作用。

图3-0-1　牛被皮系统【引自https://pixabay.com/zh/】

项目目标

一、认知目标

1. 掌握家畜被皮系统的组成和功能。
2. 掌握家畜皮肤的分层。

3. 掌握家畜皮肤衍生物的概念、组成和功能。

二、技能目标

能在家畜活体上准确识别皮肤及皮肤衍生物，并能说出临床意义和应用价值。

课前预习

1. 皮肤由浅入深可分为几层？
2. 皮肤衍生物有哪些？
3. 什么是皮肤腺？包括哪几种类型？
4. 不同家畜的乳房有什么特点？各有多少对？
5. 哪些家畜的蹄是单蹄？哪些家畜的蹄是偶蹄？

任务3-1 认识皮肤

数字资源

任务要求

1. 能说出皮肤的功能及分层。
2. 能描述临床皮内注射、皮下注射的皮肤部位。

理论知识

皮肤包裹在动物机体表面，直接与外界环境接触，具有保护、排泄、调节体温和感受外界刺激等作用，是动物机体最大的器官。皮肤由浅到深分为表皮、真皮和皮下组织（图3-1-1）。

一、表皮

表皮位于皮肤最表层，由角化的复层扁平上皮构成。其厚薄不一，长期受摩擦和压力的部位较厚，角化也明显，如鼻镜、足垫、乳头等无毛皮肤表皮较厚。表皮内有丰富的神经末梢，因此感觉敏锐，其所需要的营养物质需从真皮摄取。表皮由外到内可分为3层，即角质层、颗粒层和生发层，在鼻镜、乳头、足垫等无毛皮肤当中，角质层和颗粒层之间还有透明层。

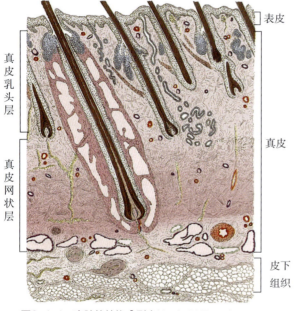

图3-1-1 皮肤的结构【引自König H E and Liebich H G, 2004】

1. 角质层

角质层是表皮最表层，由多层角化的扁平细胞构成，细胞质内角蛋白较多，细胞表面连接松散并不断脱落形成皮屑，有利于清除皮肤污垢及寄生虫。足垫等常磨损的区域角质层较厚。

2. 颗粒层

颗粒层位于生发层上方，是角质层和生发层的过渡层，由1~5层梭形细胞构成，细胞核逐渐退化消失，细胞质内含有大量呈嗜碱性的透明角质颗粒。

3. 生发层

生发层位于表皮最深层，又可分为基底层和棘层，由一层矮柱状基底细胞和数层多角形细胞组成。生发层细胞增殖能力很强，可以不断分裂产生新的细胞，从而替代不断死亡脱落的细胞。

二、真皮

真皮位于表皮下，是皮肤中最厚的一层，由致密结缔组织构成，含有大量胶原蛋白和纤维蛋白，具有较强的弹性和韧性，皮革便是由此层鞣制而形成。真皮内具有丰富的血管、神经、淋巴管及汗腺和皮脂腺，分为乳头层和网状层两层。临床中皮内注射便是注入此层。

1. 乳头层

乳头层位于真皮浅层，与表皮相连接，呈凹凸状，称为真皮乳头，其扩大与表皮的接触面积，利于两层紧密连接。乳头层内有丰富的毛细血管、淋巴管及神经末梢，可为表皮供应营养和感受外界刺激。

2. 网状层

网状层位于乳头层下真皮深层，较厚，由大量不规则的致密结缔组织构成，是真皮的主要组成部分。

三、皮下组织

皮下组织位于真皮下，由疏松结缔组织构成，连接皮肤与深部的肌肉或骨膜，并使皮肤具有一定的活动性。蓄积的大量脂肪构成皮下脂肪，可反映动物的营养状况，并具有保温、贮藏能量和缓冲外界压力的作用。牛、羊、犬等颈部皮下组织较发达，常作为皮下注射的部位。

任务3-2　识别皮肤衍生物

数字资源

任务要求

1. 能说出皮肤衍生物的种类。
2. 会描述毛的构造。
3. 能说出三大皮肤腺的名称、结构及功能特点。
4. 会比较常见单蹄动物及偶蹄动物蹄部构造的差异。
5. 举例说明角的构造及应用价值。

理论知识

皮肤衍生物是脊椎动物的皮肤在长期的进化过程中所产生的各种坚硬的构造及各种不同腺体的总称。常见皮肤衍生物有毛、皮肤腺（乳腺、汗腺、皮脂腺）、蹄、角等。

一、毛

毛由角化的上皮细胞构成，具有保温和保护等作用。

（一）毛的形态和分布

家畜的被毛遍布全身，分为粗毛与细毛。牛和猪的被毛多为短而直的粗毛，绵羊的被毛多为细毛。粗毛多分布于头部和四肢。在畜体的某些部位，还有一些特殊的长毛，如马、公山羊颈部的鬣，猪颈背部的猪鬃。此外，有些部位的毛在根部富有神经末梢，称为触毛，如牛、马、羊唇部的触毛。

毛在动物体表按一定方向排列，称为毛流。动物不同部位毛流的方向不同。动物毛流是否清晰是动物是否健康或者清洁的表现之一。

（二）毛的构造

毛分为毛干和毛根两部分，露在皮肤外面的部分称为毛干，埋在皮肤下面的部分称为毛根。毛根末端的膨大称为毛球，是毛发生长的位点。毛球底部向内侧凹陷，内含血管和神经，称为毛乳头，可为毛发生长提供营养。

毛根周围由毛囊（图3-2-1）包裹，在皮肤上的开口称为毛孔。毛囊一侧有一束平滑肌，称为竖毛肌，其受交感神经支配，收缩时使毛竖立。

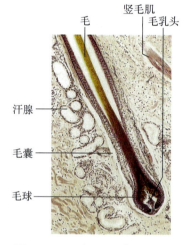

图3-2-1　毛囊和毛干【引自König H E and Liebich H G，2004】

（三）换毛

旧毛脱落被新毛所替代的过程称为换毛。换毛方式分为季节性换毛和持续性换毛两种。春、秋季换毛最为明显。不论什么类型的换毛，其过程和毛的形态变化都是相同的。当毛长到一定时期，毛乳头的血管萎缩，血流停止，毛球的细胞停止增生，并逐渐角化和萎缩，然后与毛乳头分离，毛根逐渐脱离毛囊向皮肤表面移动。由于紧靠毛乳头周围的细胞增殖形成新毛，最后旧毛被新毛推出而脱落（图3-2-2）。

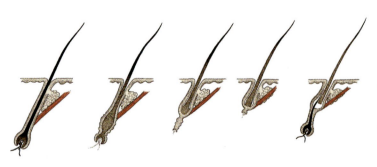

图3-2-2　换毛过程【引自Dyce K M，et al，2010】

二、皮肤腺

皮肤腺是由表皮内陷进入真皮形成的具有分泌功能的结构，包括汗腺、皮脂腺和乳腺。犬、猫还有耵聍腺、肛门腺等特殊的皮肤腺。

（一）汗腺

汗腺位于皮肤的真皮和皮下组织内，为单管状腺。主要功能是分泌汗液，起调节体温、排出代谢废物的作用。马和羊的汗腺最发达,分布于全身;猪的汗腺较发达,蹄间分布最多;牛的汗腺主要分布在面部和颈部;犬的汗腺不发达。

(二)皮脂腺

皮脂腺一般位于毛囊与竖毛肌之间,排泄管很短,多数开口于毛囊上段,无毛皮肤则开口于皮肤表面。家畜除角、蹄、爪、乳头及鼻唇镜等少数部位的皮肤无皮脂腺外,皮脂腺几乎遍布全身。马的皮脂腺最发达,牛、羊皮脂腺次之,猪的皮脂腺不甚发达。

皮脂腺分泌的皮脂能滋润皮肤和被毛,使皮肤和被毛保持柔韧而光亮,防止干燥和水分的渗入。绵羊的皮脂与汗液混合形成脂汗,影响被毛的弹性及坚固性。

(三)乳腺

乳腺是哺乳动物特有的腺体。雄性和雌性哺乳动物均有乳腺,但只有雌性动物能发育形成发达的乳房,并在分娩后发挥泌乳功能。在性成熟及泌乳间期乳腺无分泌功能,称为静止期乳腺。泌乳时期的乳腺,称为泌乳期乳腺。

1. 乳腺的构造

(1)间质 由富含血管、淋巴管和神经纤维的疏松结缔组织构成,对腺泡起支持、营养作用。静止期乳腺主要是间质组织,腺泡少,无分泌功能(图3-2-3A)。泌乳期乳腺则间质减少,腺泡增多,开始分泌乳汁(图3-2-3B)。

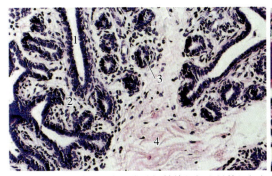

A. 静止期(乳腺含有大量小叶间结缔组织和导管组织) B. 泌乳期(分泌细胞核移位,外侧细胞界限不清)

图3-2-3 牛乳腺【引自Bacha W J and Bacha L M, 2011】
1. 小叶内导管 2. 小叶内结缔组织 3. 腺上皮 4. 小叶间结缔组织 5. 分泌物

(2)实质 由许多腺叶组成,每个腺叶都是一个复管泡状腺,分为分泌部和导管部。分泌部包括腺泡和分泌小管。分泌部周围有丰富的毛细血管网,可为合成乳汁提供营养物质。腺泡与分泌小管相连,分泌小管汇入小叶间导管而成为导管部。导管部由许多小的输乳管逐渐汇合成较大的输乳管,较大的输乳管再汇合成乳道,开口于乳头上方的乳池,最后经乳头管开口于外界(图3-2-4)。

2. 不同家畜的乳房

乳房一般分为基部、体部和乳头部。不同的家畜,乳房的数目、形态、位置均不同。

(1)母牛乳房 由4个乳房构成,位于两股之间、腹后耻骨部腹下壁(图3-2-5)。母牛乳房由纵行的乳房间沟分为左、右两半,每半又被浅的横沟分为前、后两部,每部有一

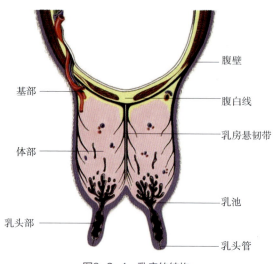

图3-2-4 乳房的结构

圆柱状或圆锥形的乳头（前列乳头较长）。每个乳头上有一个乳头管的开口。乳头管是病原体侵入的物理屏障。

母牛乳房的皮肤薄而柔软，毛稀而细，与阴门裂之间有带线状毛流的皮肤纵褶，称为乳镜。乳镜对鉴定乳牛产乳能力有重要意义，乳镜越大，产乳量越高。

（2）母羊乳房 呈圆锥形，有一对圆锥形乳头。乳头基部有较大的乳池。每个乳头上有一个乳头管的开口。

（3）母马乳房 呈扁圆形，位于两股之间，被纵沟分成左、右两部分，有一对扁平的乳头。乳池小，被隔成前、后两部分。每个乳头上有2个乳头管的开口。

（4）母猪乳房 位于胸部和腹正中部的两侧（图3-2-6）。乳房数目依品种而异，一般5~8对，有的10对。乳池小，每个乳头上有2~3个乳头管的开口。

（5）母犬、母猫的乳房 母犬有4~5对乳房，对称排列于胸、腹部正中线两侧；乳头短，每个乳头有2~4个乳头管的开口，每个乳头管的开口有6~12个小排泄孔。母猫有5对乳头，前2对位于胸部，后3对位于腹部。

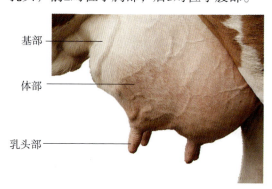

图3-2-5 母牛乳房【引自https://pixabay.com/zh/】

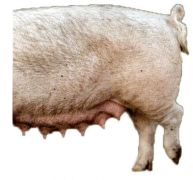

图3-2-6 母猪乳房【引自https://pixabay.com/zh/】

三、蹄

蹄由皮肤衍变而成，包括蹄匣和肉蹄两部分。蹄匣是蹄的角质层，由表皮衍生而成，又分为蹄壁、蹄底和蹄球3个部分。肉蹄位于蹄匣内表面，为蹄的真皮，可分肉壁、肉底和肉球3个部分，内含丰富的血管和神经，呈鲜红色，为蹄匣提供营养，并有感觉作用。按蹄的数目，可将动物分为单蹄动物和偶蹄动物。

1. 牛、羊蹄

牛、羊为偶蹄动物，每指（趾）端有4个蹄，其中2个蹄直接与地面接触，称为主蹄，另外2个蹄不能着地，附着于系关节掌（跖）侧面，称为悬蹄（图3-2-7）。

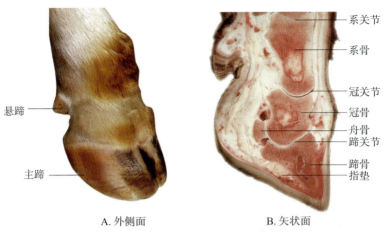

图3-2-7　牛前蹄【引自König H E and Liebich H G, 2020】

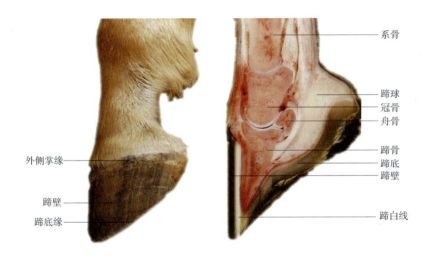

图3-2-8　马蹄外侧面及矢状面【引自König H E and Liebich H G, 2020】

2. 马蹄

马蹄蹄壁结构与牛蹄相似，蹄底略凹陷，仅马蹄有蹄叉，且蹄叉呈楔形，角质层较厚，有弹性（图3-2-8）。位于蹄壁底缘断面上的白色环状线为蹄白线，它是由角质壁冠状层的内层角小叶及填充于角小叶间的角质构成的，是装蹄铁时下钉的标识（图3-2-9）。马无悬蹄。

3. 猪蹄

猪也属于偶蹄动物，肢端有2个主蹄和2个悬蹄，其结构与牛的蹄相似。指（趾）枕很发达，蹄底较小，各蹄内均有数目完整的指（趾）节骨。

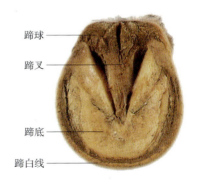

图3-2-9　马蹄底【引自König H E and Liebich H G，2020】

4. 犬、猫的枕和爪

枕是由皮肤演化而成的弹性很强的厚脚垫。包括腕枕、掌（跖）枕和指（趾）枕（图3-2-10）。

爪分为爪轴、爪冠、爪壁和爪底（图3-2-11），均由表皮、真皮和皮下组织构成。爪具有钩取、挖穴和防卫等功能。如果爪过长而弯曲，不但影响其自身行走，伤及自身皮肉，还会伤人，所以应及时修剪。修剪时不能剪得太短，以免伤及肉质部而出血。

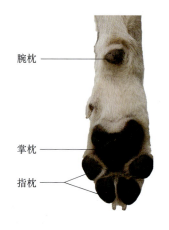

图3-2-10　犬枕（前脚）【杨晶晶　供图】

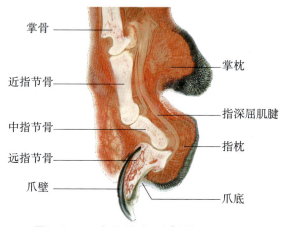

图3-2-11　犬爪（矢状面）【引自König H E and Liebich H G, 2020】

四、角

角是反刍动物额骨角突表面覆盖的皮肤衍生物，由角表皮和角真皮构成。角表皮高度角质化，形成坚硬的角质鞘；角真皮直接与角突骨膜相连，其表面有许多发达的乳头，内含血管、神经。角的表面有环状的隆起，称为角轮。母牛角轮的出现与怀孕有关，每一次产犊之后就出现新的角轮（图3-2-12）。

图3-2-12　母牛角轮【引自König H E and Liebich H G, 2004】

课程思政

1. 角、蹄、毛均是由皮肤衍生而来，结构和功能却存在巨大差异。同学们要学会用全面发展的眼光去认识事物。

2. 皮之不存，毛将焉附。有国才有家，同学们要充分认识家、国相互依存的关系，培养爱国、爱家情怀。

项目小结

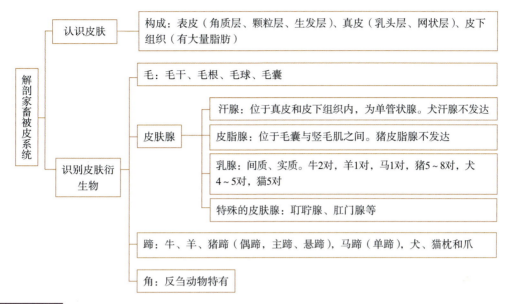

技能实训

解剖被皮系统

【目的与要求】

识别皮肤、蹄的形态和构造。

【材料与用品】

牛、马皮肤和蹄的标本或模型。

【方法和步骤】

1. 在牛、马皮肤模型上,识别表皮、真皮、皮下组织、毛和皮肤腺。
2. 在牛、马蹄标本或模型上,识别蹄壁、蹄冠、蹄缘、蹄球、蹄白线等。

【实训报告】

1. 写出皮肤、蹄的构造。
2. 填图。

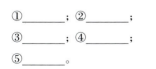
①_____;②_____;
③_____;④_____;
⑤_____。

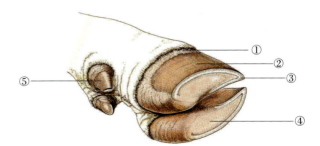

实训3-0-1 牛蹄模式图【引自König H E and Liebich H G, 2004】

双证融通

一、名词解释

皮肤衍生物　皮肤腺　蹄白线　乳镜　毛流　毛囊　毛乳头　角轮

二、填空题

1. 皮肤腺包括_____、_____和_____。
2. 毛是一种角化的_____结构，_____是它的生长点，它的生长由_____提供营养。

三、选择题

1. 表皮为皮肤最外面一层，由角化的（　　）构成。
   A. 单层立方上皮　　　　　　　　　　B. 单层柱状上皮
   C. 数层立方形细胞　　　　　　　　　D. 复层扁平上皮
2. 被皮中无血管分布的结构是（　　）。
   A. 表皮　　B. 真皮　　C. 蹄匣　　D. 肉蹄
3. 2009年真题　皮内注射是把药物注入（　　）。
   A. 表皮　　B. 真皮　　C. 基底层　　D. 网状层　　E. 皮下组织
4. 2010年真题　给马钉蹄铁的标志位置是（　　）。
   A. 蹄壁　　B. 蹄球　　C. 蹄叉　　D. 蹄白线　　E. 蹄真皮
5. 2011年真题　属于偶蹄动物的是（　　）。
   A. 犬　　B. 猫　　C. 兔　　D. 猪　　E. 马
6. 2015年真题　皮下注射是将药物注入（　　）。
   A. 表皮内　　　　　B. 真皮乳头层内　　　　C. 真皮网状层
   D. 表皮与真皮之间　E. 浅筋膜
7. 2016年真题　奶牛乳房每个乳头的乳头管数是（　　）。
   A. 5条　　B. 4条　　C. 3条　　D. 2条　　E. 1条
8. 2017年真题　皮肤的结构包括（　　）。
   A. 表皮、真皮和基底层　　　　B. 表皮、真皮和网状层
   C. 表皮、网状层和皮下组织　　D. 表皮、真皮和皮下组织
   E. 真皮、网状层和皮下组织
9. 2018年真题　奶牛乳房上，病原体侵入的物理屏障，最重要的结构是（　　）。
   A. 腺泡　　B. 分泌小管　　C. 输乳管　　D. 输乳池（乳池）　　E. 乳头管
10. 2020年真题　具有蹄叉的动物是（　　）。
    A. 犬　　B. 羊　　C. 牛　　D. 猪　　E. 马

四、简答题

1. 简述皮肤的构造和功能。
2. 简述毛的结构和换毛过程。
3. 简述牛乳腺的结构。
4. 比较牛蹄和马蹄在结构上的异同。

项目 4
解剖家畜消化系统

项目导入

消化系统由消化管和消化腺两部分组成（图4-0-1）。消化管是食物通过的管道，包括口腔、咽、食管、胃、小肠、大肠和肛门。消化腺为分泌消化液的腺体，包括壁内腺和壁外腺。壁内腺分布于消化管壁内，如胃腺、肠腺；壁外腺位于消化管外，如大唾液腺、肝和胰，其分泌物通过腺管输入消化管。消化系统的基本生理功能是摄取、转运、消化食物，吸收营养，为机体新陈代谢提供物质和能量，而未被消化吸收的食物残渣最终以粪便的形式排出体外。

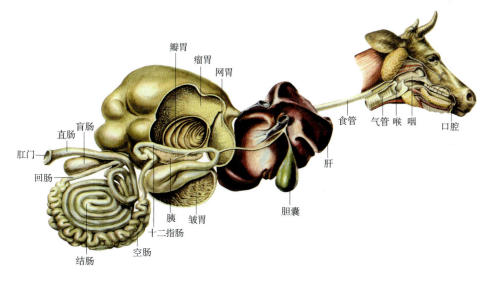

图4-0-1　牛消化系统【引自彭克美，2016】

项目目标

一、认知目标

1. 掌握家畜消化系统的组成和功能。
2. 掌握家畜消化管、消化腺的位置、形态、结构和功能。

二、技能目标

1. 能够在家畜体表找到胃、肠、肝等器官的投影位置。
2. 剖检过程中能够分辨消化管和消化腺,并能对它们的形态、结构进行准确描述。
3. 能够准确识别主要消化器官的组织切片。

课前预习

1. 什么是消化管和消化腺?分别由哪些器官构成?
2. 口腔由哪几部分构成?
3. 三大唾液腺的名称分别是什么?其位置和导管开口分别在哪里?
4. 咽包括哪3个部分?
5. 食管包括哪3段?分别有什么功能?
6. 反刍动物(牛、羊)有几个胃?各占多大比例?
7. 犊牛胃有什么特点?
8. 小肠、大肠分别分为哪几段?分别有什么功能?
9. 反刍动物(牛、羊)肠管位置在哪里?
10. 家畜肝的大体位置在哪里?有什么功能?
11. 家畜的胰在哪里?有什么功能?
12. 家畜胆管和胰管的开口在哪里?

任务4-1 解剖口腔、咽和食管

数字资源

任务要求

1. 会比较不同家畜口腔、唇、舌的结构差异。
2. 能列举家畜齿的分类、构造和不同家畜的齿式。
3. 能说出家畜三大唾液腺的名称，并能在解剖时准确找到其位置和导管开口的部位。
4. 能描述家畜咽的构造及咽与周边其他脏器之间的联系。
5. 能说出家畜食管的分段及各段的位置，并能在解剖时准确识别。

理论知识

一、口腔

口腔是消化管的起始部，具有采食、吸吮、泌涎、辨味、咀嚼和吞咽等功能。口腔的前壁为唇，两侧壁为颊，顶壁为硬腭，后壁为软腭，底壁为下颌骨和舌。口腔前由口裂与外界相通，后以咽峡与咽腔相通。齿镶嵌于上、下颌骨的齿槽内，呈弓形排列成上、下两排，故分别称为上齿弓和下齿弓。唇、颊与齿弓之间的腔隙为口腔前庭，齿弓以内的部分为固有口腔。口腔有大、小两种唾液腺。大唾液腺是位于口腔周围独立的器官，导管开口于口腔黏膜。小唾液腺分散存在于口腔黏膜内。

（一）唇

唇分上唇与下唇，上唇与下唇的游离缘共同围成口裂，口裂两端汇合成口角。

1. 牛唇

牛的唇短而厚，不灵活，上唇中部两鼻孔之间无毛区为鼻唇镜（图4-1-1）。鼻唇镜内有鼻唇腺，常分泌水一样的液体，使鼻唇镜保持湿润状态，常作为牛是否健康的判定标准之一。

2. 羊唇

羊的唇薄而灵活，是采食的重要器官，上唇中间有明显的纵沟（图4-1-2）。

图4-1-1 牛鼻唇镜【引自https://pixabay.com/zh/】

图4-1-2 羊鼻唇镜【引自https://pixabay.com/zh/】

3. 马唇

马的唇灵活，是采食的主要器官。上唇长而薄。下唇较短厚，其腹侧有一明显的丘形隆起，称为颏，由肌肉、脂肪和结缔组织构成（图4-1-3）。

4. 猪唇

猪的口裂大，唇活动性小。上唇与鼻连在一起构成吻突，有掘地觅食的作用。下唇尖小，随下颌运动而活动（图4-1-4）。

5. 犬唇

犬的唇薄而灵活，人中明显，口裂大（图4-1-5）。

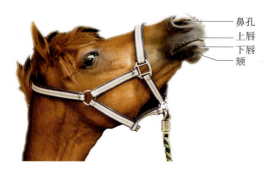

图4-1-3 马唇【引自https://pixabay.com/zh/】

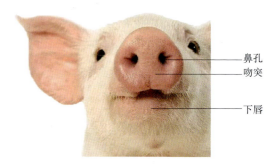

图4-1-4 猪唇【引自https://pixabay.com/zh/】

图4-1-5 犬唇【引自https://pixabay.com/zh/】

图4-1-6 牛颊黏膜上的锥状乳头

（二）颊

颊位于口腔两侧，主要由肌肉构成，外覆皮肤，内衬黏膜，在成年牛、羊的颊黏膜上有许多尖端向后的锥状乳头（图4-1-6），在颊肌的上、下缘有颊腺，腺管直接开口于颊黏膜的表面。

（三）硬腭

硬腭构成固有口腔的顶壁，向后与软腭相延续。牛、羊的硬腭前端无切齿，由该处黏膜形成厚而坚实致密的角质层——齿垫。在硬腭的正中有一条缝，称为腭缝。腭缝的两侧有许多条横行的腭褶。牛腭褶呈锯齿状，在腭缝的前端有一突起，称为切齿乳头（图4-1-7）。羊、马、猪腭褶的游离缘光滑。

（四）软腭

软腭是从硬腭延续向后并略向下垂的黏膜褶，内含肌肉和腺体，位于鼻咽部和口咽部之间。软腭在吞咽过程中起活瓣作用。吞咽时，软腭提起，会厌翻转盖住喉口，食物由口腔经咽入食管。呼吸时软腭下垂，空气经咽到喉腔或鼻腔。

牛的软腭较短厚。马的软腭长，后缘伸达会厌基部，将口咽部与鼻咽部隔开，故马不能用口呼吸，病理情况下逆呕时逆呕物从鼻腔流出。猪的软腭也短而厚，几乎位于水平位。

（五）舌

舌附着于舌骨上，占据固有口腔的绝大部分。舌分为舌尖、舌体和舌根3个部分（图4-1-8）。舌尖向前呈游离状态，舌尖与舌体交界处的腹侧面有黏膜褶与口腔底相连，称为舌系带。舌系带的两侧各有一突起，称为舌下肉阜（又称卧蚕），是颌下腺的开口处。舌根为舌体后部附着于舌骨上的部分，其背侧黏膜内含有大量的淋巴组织，称为舌扁桃体。舌背面的黏膜表面有许多大小不一的突起，称舌乳头。

1. 牛舌

牛舌宽而厚，舌尖灵活，是采食的主要器官。舌背后部有一隆起，称为舌圆枕（图4-1-9）。牛的舌乳头可分为3种：锥状乳头、菌状乳头、轮廓状乳头。锥状乳头为尖端向后的角质化乳头，呈圆锥形，分布于舌尖和舌体的背面；菌状乳头呈大头针帽状，数量较多，散布于舌背和舌尖的边缘；轮廓状乳头排列于舌背和舌尖的两侧，每侧有8~17个。后两种舌乳头的黏膜上皮内分布有味蕾，为味觉器官。

2. 马舌

马舌较长，舌尖扁平，舌体较大，舌背上有4种舌乳头，分别为丝状乳头、菌状乳头、轮廓状乳头和叶状乳头。丝状乳头为机械性乳头，后3种为味觉乳头。

3. 猪舌

猪舌没有舌圆枕，口腔底也无舌下肉阜。除具有与马相似的4种舌乳头外，在舌根处还具有长而软的锥状乳头。

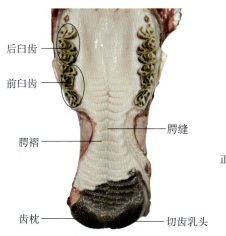

图4-1-7 牛硬腭

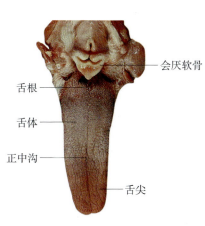

图4-1-8 犬舌【引自König H E and Liebich H G, 2004】

图4-1-9 牛舌

4. 犬舌

犬舌前部宽而薄，后部较厚，灵活，舌背正中沟明显（见图4-1-8）。舌背有丝状乳头，舌根处有锥状乳头，舌背的前部及两侧有菌状乳头散布。舌背后部两侧通常各有2~3个轮廓状乳头。

（六）齿和齿龈

齿是家畜体内最坚硬的器官，有切断、撕裂和磨损食物的作用。

1. 齿式

根据位置和结构特征，齿可分为切齿、犬齿和臼齿。臼齿又分为前臼齿和后臼齿。齿在家畜出生前和出生后逐个长出，除后臼齿和猪的第1前臼齿外，其余齿到一定年龄时按一定顺序更换一次。更换前的齿称为乳齿，更换后的齿称为恒齿或永久齿。乳齿一般较小，颜色乳白，磨损较快；恒齿相对较大，坚硬，颜色较白。齿的排列方式称为齿式。

$$齿式: 2\left(\frac{切齿（I）\quad 犬齿（C）\quad 前臼齿（P）\quad 后臼齿（M）}{切齿（I）\quad 犬齿（C）\quad 前臼齿（P）\quad 后臼齿（M）}\right)$$

牛的恒齿式：$2\left(\frac{0\ 0\ 3\ 3}{4\ 0\ 3\ 3}\right)=32$ 　　牛的乳齿式：$2\left(\frac{0\ 0\ 3\ 0}{4\ 0\ 3\ 0}\right)=20$

公马的恒齿式：$2\left(\frac{3\ 1\ 3\text{-}4\ 3}{3\ 1\ 3\text{-}4\ 3}\right)=40\text{~}42(44)$ 　　母马的恒齿式：$2\left(\frac{3\ 0\ 3\ 3}{3\ 0\ 3\ 3}\right)=36$

马的乳齿式：$2\left(\frac{3\ 1\ 3\ 0}{3\ 1\ 3\ 0}\right)=28$ 　　猪的乳齿式：$2\left(\frac{3\ 1\ 3\ 0}{3\ 1\ 3\ 0}\right)=28$

猪的恒齿式：$2\left(\frac{3\ 1\ 4\ 3}{3\ 1\ 4\ 3}\right)=44$ 　　犬的乳齿式：$2\left(\frac{3\ 1\ 3\ 0}{3\ 1\ 3\ 0}\right)=28$

犬的恒齿式：$2\left(\frac{3\ 1\ 4\ 2}{3\ 1\ 4\ 3}\right)=42$ 　　猫的乳齿式：$2\left(\frac{3\ 1\ 3\ 0}{3\ 1\ 2\ 0}\right)=26$

猫的恒齿式：$2\left(\frac{3\ 1\ 3\ 1}{3\ 1\ 2\ 1}\right)=30$

2. 齿的形态、结构

齿在外形上可分为齿冠、齿颈和齿根3个部分（图4-1-10）。齿冠为露在齿龈以外凸出于口腔的部分，齿根为镶嵌在齿槽内的部分，介于两者之间被齿龈覆盖的部分为齿颈。齿由齿质、釉质和黏合质构成。齿质位于内层，在齿髓腔周围，呈淡黄色，是构成齿的主体；釉质包在齿冠的齿质外面，光滑而呈乳白色，为家畜体内最坚硬的组织，对齿起保护作用，只有当釉质被破坏时，微生物才容易侵入，使齿发生蛀孔；黏合质又称齿骨质，包含于齿根或整个齿的齿质外面，表面粗糙，略呈黄色。齿的中心部有齿髓腔，开口于齿根末端的齿根尖孔。齿髓腔内含有齿髓，齿髓富含血管和神经，为齿组织提供营养，主司痛觉。

3. 齿龈

齿龈包在齿颈周围，与邻近骨上的黏膜和口腔黏膜相连接（图4-1-11）。正常情况下齿龈呈淡粉色，临床上常将齿龈色泽变化作为诊断疾病的依据之一。

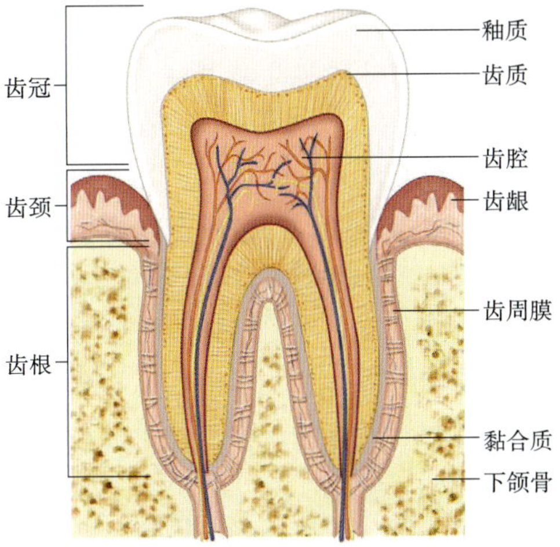

（七）唾液腺

唾液腺是指向口腔分泌唾液的腺体，除一些小的壁内腺（如唇腺、颊腺、舌腺和腭腺等）外，还有腮腺、颌下腺、舌下腺3对大的唾液腺（图4-1-12）。肉食动物还有颧腺。唾液具有浸润食物、利于咀嚼、便于吞咽、清洁口腔和参与消化等作用。

1. 腮腺

牛的腮腺位于下颌骨后方，呈狭长倒三角形，颜色为淡红褐色，导管开口于第5上白齿相对的颊黏膜上。羊的腮腺导管在第3、第4上白齿相对的颊黏膜上开口。猪的腮腺位于下颌骨的后方，淡黄色，呈三角形，导管开口于第4、第5上白齿相对的颊黏膜上。犬的腮腺呈不规则三角形，导管开口于第3上白齿相对的颊黏膜上。

2. 颌下腺

牛的颌下腺位于腮腺深面、寰椎翼与下颌间隙之间，呈淡黄色，长而弯曲。牛、羊的颌下腺开口于舌下肉阜紧外侧。猪的颌下腺位于腮腺深面、下颌支内侧，为淡红色，呈扁圆形，开口于舌系带附近。犬的颌下腺呈淡黄色，导管开口于舌下肉阜。

3. 舌下腺

牛的舌下腺位于下颌骨内侧与舌体之间，呈淡黄色，开口于舌下隐窝和舌下肉阜。猪的舌下腺呈淡红色，开口于舌体两侧的口腔底黏膜上和颌下腺开口附近。犬的舌下腺也是淡红色，开口于舌下肉阜。

4. 颧腺

颧腺为肉食动物特有的唾液腺，位于眼球腹侧、颧骨颞突的深面，相当于其他动物的上颊腺。有4~5条腺管开口于最后前白齿附近，在腮腺开口处后方。

图4-1-10 齿的构造示意图【引自Thibodeau G A and Patton K T，2012】

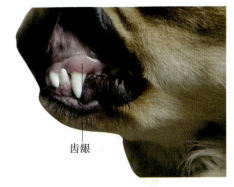

图4-1-11 犬齿龈

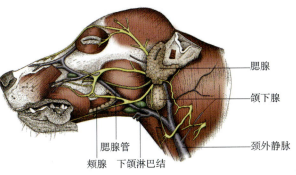

图4-1-12 犬唾液腺示意图
【引自Dyce K M，et al，2010】

二、咽

咽为漏斗形肌性囊，是消化系统和呼吸系统的共有通道，位于口腔和鼻腔的后方、喉和食管的前方，可分为鼻咽部、口咽部、喉咽部3个部分（图4-1-13）。

1. 鼻咽部

顶壁呈拱形，位于软腭背侧，为鼻腔向后的直接延续。鼻咽部的前方有两个鼻后孔与鼻腔相通，两侧壁上各有一个咽鼓管口与中耳相通。

马的咽鼓管在颅底和咽后壁之间膨大，形成咽鼓管囊（又称喉囊）。

2. 口咽部

口咽部又称为咽峡，位于软腭与舌之间，前方由软腭、舌腭弓（由软腭到舌两侧的黏膜褶）和舌根构成咽口，与口腔相通，后方与喉咽部相接。其侧壁的黏膜上有扁桃体窦，容纳腭扁桃体。

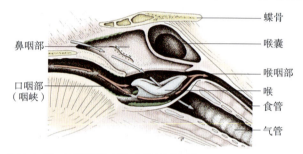

图4-1-13 马咽部纵切面示意图【引自陈耀星和刘为民，2009】
注：蓝箭头示气体经过咽进入气管；红箭头示食物经过咽进入食管。

3. 喉咽部

喉咽部为咽的后部，位于喉口背侧，较狭窄，上有食管口通食管，下有喉口通喉腔。

三、食管

食管是食物通过的管道，连接咽和胃，可分为颈、胸、腹3段。颈段起始于喉和气管的背侧，至颈中部渐移至气管的左侧，经胸前口进入胸腔。胸段位于胸纵隔内，转至气管的背侧继续向后伸延，再通过膈的食管裂孔（约在第9肋骨相对处）进入腹腔（图4-1-14）。腹段很短，开口于瘤胃的贲门。

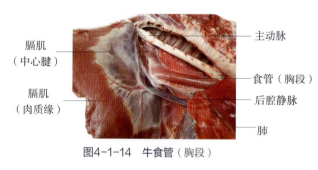

图4-1-14 牛食管（胸段）

任务4-2 解剖胃

任务要求

1. 能说出马胃、猪胃、犬胃的形态、结构和位置，并能在体表准确找到胃的投影位置。
2. 能在牛、羊体表准确找出瘤胃、网胃、瓣胃和皱胃的投影位置。

数字资源

3. 能在剖检牛、羊尸体时，准确描述瘤胃、网胃、瓣胃和皱胃的形态、内部结构及硬度。

4. 能根据解剖学特点解释牛易患创伤性心包炎的原因。

5. 能识别食管沟并阐述其生理功能。

理论知识

胃位于腹腔内，在膈和肝的后方，是消化管的膨大部，具有暂时贮存食物、进行初步消化和推送食物进入十二指肠的作用。家畜的胃可分为单室胃和多室胃两大类。

一、单室胃

单室胃一般呈弯曲的"U"形囊状，凸缘称为胃大弯，凹缘称为胃小弯。前端以贲门口（贲门）与食管相接，后端以幽门口与十二指肠相连。前面为壁面，与肝和膈相贴；后面为脏面，与胰和肠相邻。胃壁由黏膜层、黏膜下层、肌层和浆膜构成。黏膜层可分为无腺部和有腺部。无腺部位于贲门周围，与食管黏膜相连，衬以复层扁平上皮，无胃腺分布，食肉家畜没有无腺部；有腺部衬以单层柱状上皮，根据所含腺体不同又可分为贲门腺区、胃底腺区和幽门腺区。

1. 马胃

马胃为单胃，容积5~8L，大的可达12L甚至15L。胃的大部位于左季肋部，小部位于右季肋部，在膈和肝之后、上大结肠的背侧。马胃呈扁平弯曲的囊状，胃大弯凸，朝向左下方；胃小弯凹，朝向右上方。壁面向前左上方，与膈、肝接触；脏面向后右下方，与大结肠、小结肠、小肠及胰等接触（图4-2-1）。

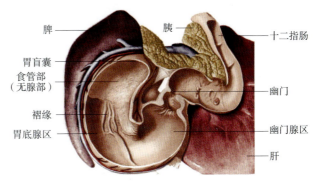

图4-2-1 马胃纵切面【引自Dyce K M, et al, 2010】

马胃的黏膜被一明显的褶缘分为两部。褶缘以上的部分厚而苍白，为无腺部（图4-2-1）。褶缘以下和右侧的黏膜软而皱，为有腺部。幽门处的黏膜形成一环形褶，为幽门瓣。马胃在腹腔内由于有网膜和韧带与其他器官相连，因而位置较为固定。

2. 猪胃

猪胃容积很大，为5~8L，位于季肋部和剑状软骨部。饱食时，胃大弯可伸达剑状软骨与脐之间的腹腔底壁。胃的壁面朝前，与膈、肝接触；脏面朝后，与大网膜、肠、肠系膜及胰等接触。胃的左端大而圆，近贲门处有一盲突，称为胃憩室；右端幽门部小而急转向上，与十二指肠相连（图4-2-2）。在幽门处有自小弯一侧向内凸出的一个纵长鞍形隆起，称为幽门圆枕，与其对侧的唇形隆起相对，有关闭幽门的作用。

猪胃黏膜的无腺部很小，仅位于贲门周围，呈苍白色。贲门腺区很大，由胃的左端达胃的中部，黏膜薄，呈淡灰色；胃底腺区较小，位于贲门腺区的右侧，沿胃大弯分布，黏膜

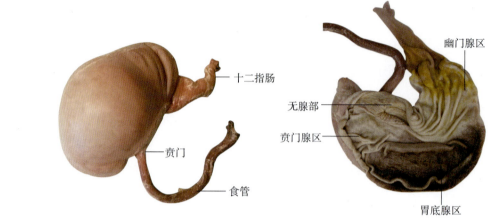

图4-2-2 猪胃　　　　　　图4-2-3 猪胃纵切面

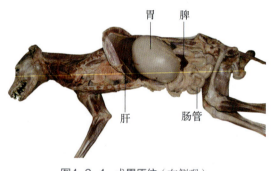

图4-2-4 犬胃原位（左侧观）

较厚，呈棕红色；幽门腺区位于幽门部，黏膜薄，呈灰色，且有不规则的皱褶（图4-2-3）。

3. 犬胃

犬胃属单室有腺胃，呈梨形囊状，左端膨大，位于左季肋部，最高点可达第11、第12肋骨椎骨端。犬胃容量较大，中等体型的犬胃容量约为2.5L。犬胃幽门部在右季肋部（图4-2-4）。贲门腺区很小；胃底腺区黏膜较厚，呈红褐色，占全胃面积的2/3；幽门腺区黏膜较薄，色苍白。

二、多室胃

牛、羊的胃为多室胃（复胃），分瘤胃、网胃、瓣胃和皱胃（图4-2-5、图4-2-6）。前3个胃的黏膜内无腺体（图4-2-7、图4-2-8），主要起贮存食物和发酵的作用，常称为前胃。皱胃的黏膜内有消化腺，具有真正的消化作用，所以又称为真胃。网膜是联系胃的浆膜褶，分为大网膜和小网膜。

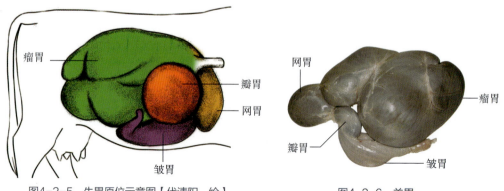

图4-2-5 牛胃原位示意图【代清阳　绘】　　　　　图4-2-6 羊胃

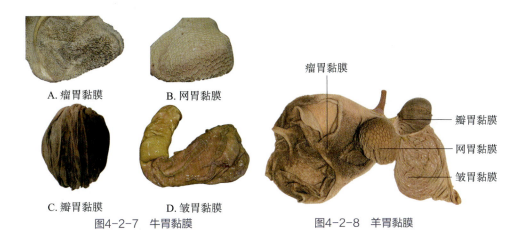

图4-2-7 牛胃黏膜　　　　图4-2-8 羊胃黏膜

（一）多室胃各部分的位置、结构和作用

1. 瘤胃

瘤胃的前、后两端分别有较深的前沟和后沟，左、右两侧面分别有较浅的左纵沟和右纵沟。在瘤胃壁的内面，有与上述各沟相对应的肉柱。沟和肉柱共同围成环状，把瘤胃分成瘤胃背囊和瘤胃腹囊两部分，其中瘤胃背囊较长。由于瘤胃前、后沟较深，在瘤胃背囊和腹囊的前、后两端，分别形成前背盲囊（瘤胃房）、后背盲囊、前腹盲囊（瘤胃隐窝）和后腹盲囊（图4-2-9）。

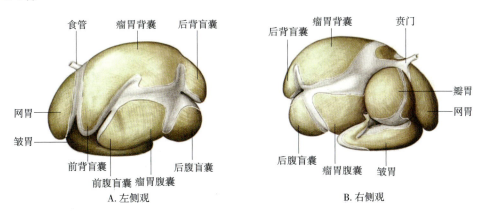

图4-2-9 牛瘤胃示意图【引自Popesko P，1985】

瘤胃的前端有连通网胃的瘤网口。瘤网口大，其腹侧和两侧有瘤网褶。瘤胃的入口为贲门，在贲门附近，瘤胃和网胃无明显分界，形成一个穹窿，称为瘤胃前庭。

羊瘤胃的形态构造与牛的基本相似，但腹囊较大，且大部分位于腹腔右侧（图4-2-10）。由于腹囊位置偏后，所以后腹盲囊很大，而后背盲囊则不明显。黏膜乳头较短。

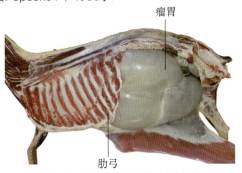

图4-2-10 羊瘤胃原位（左侧观）

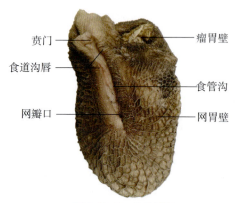

图4-2-11 牛食管沟

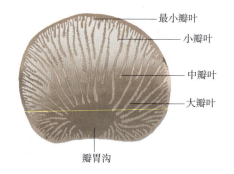

图4-2-12 牛瓣胃沟及黏膜模式图
【纪昌宁 绘】

2. 网胃

牛的网胃在4个胃中最小。网胃上端有瘤网口,与瘤胃背囊相通。瘤网口的右下方有网瓣口,与瓣胃相通。

网胃的位置较低,因此金属异物(如铁钉、铁丝等)被吞入胃内时,易留存于网胃。由于胃壁肌肉的强力收缩,金属异物常刺穿胃壁,引起创伤性网胃炎。牛网胃前面紧贴膈,而膈与心包的距离又很近,严重时,金属异物还可穿过膈刺入心包,继发创伤性心包炎。因此,在饲养管理上要特别注意,严防金属异物混入饲料。

食管沟起自贲门,沿瘤胃前庭和网胃右侧壁向下延伸到网瓣口。食管沟两侧隆起的黏膜褶称为食道沟唇。食管沟呈螺旋状扭转(图4-2-11)。未断奶的犊牛食管沟功能完善,吮乳时可闭合成管,乳汁可直接由贲门经食管沟和瓣胃沟达皱胃。成年牛的食管沟闭合不严。

羊的网胃比瓣胃大,下部向后弯曲与皱胃相接触。

3. 瓣胃

在小弯的上、下端,有网瓣口和瓣皱口,分别连通网胃和瓣胃。两个口之间有沿小弯腔面伸延的瓣胃沟(图4-2-12),液体和细粒饲料可由网胃经此沟直接进入皱胃。

羊的瓣胃比网胃小,呈卵圆形,位于右季肋部,约与第9、第10肋骨相对,位置比牛的瓣胃高一些,不与腹壁接触。

4. 皱胃

皱胃的前部粗大,位于底部,与瓣胃相连;后部较细,为幽门部,以幽门和十二指肠相接。幽门部在接近幽门处明显变细,壁内的环行肌增厚,在小弯侧形成一幽门圆枕。皱胃小弯凹而向上,与瓣胃接触;大弯凸而向下,与腔底壁接触。羊的皱胃在比例上较牛的大而长。

成年牛4个胃所占比例、形状、位置及内部结构见表4-2-1所列。

表4-2-1 成年牛4个胃所占比例、形状、位置及内部结构

名称	所占比例	形状	位置	内部结构
瘤胃	80%	呈椭圆形,前后稍长,左右略扁	占据腹腔的左半部,下半部伸到腹腔的右半部。前方约与第7、第8肋间隙相对,后端达骨盆前口。左侧面(壁面)与脾、膈及左侧腹壁相接触,右侧面(脏面)与瓣胃、皱胃、肠、肝、胰等接触。背侧缘隆凸,以结缔组织与腰肌、膈脚相连;腹侧缘亦隆凸,与腹腔底壁接触	黏膜一般呈棕黑色或棕黄色(肉柱颜色较浅),表面有无数密集的乳头。肉柱和前庭的黏膜无乳头(见图4-2-7A、图4-2-8)

（续）

名称	所占比例	形状	位置	内部结构
网胃	5%	略呈梨形，前、后稍扁	大部分位于体中线的左侧，瘤胃背囊的前下方，与第6~8（9）肋骨相对。壁面（前面）凸，与膈、肝接触；脏面（后面）平，与瘤胃背囊贴连。网胃底与膈的胸骨部接触	黏膜形成许多多边形网格状皱褶，形似蜂房。每个蜂房内密布细小的角质乳头。在网胃壁的内面有食管沟（见图4-2-7B、图4-2-8）
瓣胃	7%或8%	呈球形，两侧稍扁	位于右季肋部，在瘤胃与网胃交界处的右侧，与第7~11或第12肋骨相对。壁面（右面）主要与肝、膈接触，脏面（左面）与网胃、瘤胃及皱胃等接触。大弯凸，朝向右后方；小弯凹，朝向左前方	黏膜形成100余片瓣叶，呈新月形。瓣叶按宽窄可分大、中、小和最小4级，呈有规律的相间排列，将瓣胃腔分为许多狭窄而整齐的叶间间隙。瓣叶上密布粗糙角质乳头（见图4-2-7C、图4-2-8、图4-2-12）
皱胃	7%或8%	呈梨形长囊状，前端粗，后端细	位于右季肋部和剑状软骨部，在网胃和瘤胃腹囊的右侧、瓣胃的腹侧和后方，大部分与腹腔底壁紧贴，与第8~12肋骨相对	黏膜光滑、柔软，在底部形成12~14片螺旋形大皱褶。黏膜内有腺体分布（见图4-2-7D、图4-2-8）

小贴士

犊牛胃的特点

初生犊牛因吃奶，皱胃特别发达，瘤胃和网胃的总容积约等于皱胃的1/2。8周龄时，瘤胃和网胃总容积约等于皱胃的容积。12周龄时，瘤胃和瓣胃的总容积超过皱胃1倍，这时瓣胃发育很慢。4个月后，随着消化植物性饲料的能力出现，前3个胃迅速增大，瘤胃和网胃的总容积约达皱胃的4倍。到一岁半时，瓣胃和皱胃的容积几乎相等，这时4个胃的容积达到成年时的比例。应当注意，4个胃容积变化的速度受食物的影响，在提前和大量饲喂植物性饲料的情况下，前3个胃的发育要比喂乳汁时迅速。当幼畜靠喂液体食物为主时，前胃尤其是瓣胃会处于不发达的状态。

知识拓展

腹腔分区

为了准确地表明腹腔内各器官的位置，将腹腔划分为10个部分（图4-2-13）。首先，通过最后肋骨后缘的最凸出点和髋结节前缘各做一个横断面，将腹腔划分为腹前部、腹中部、腹后部3个部分。其次，腹前部以肋弓为界，背侧部称季肋部，又以正中矢状面为界分为左、右季肋部，腹侧部称剑状软骨部；沿腰椎横突两侧顶点各做一个侧矢状面，将腹中部分为左、右髂部和中间部，中间部又可分为背侧的腰下部和腹侧的脐部；把腹中部的两个侧矢状面平行后移，将腹后部分为左、右腹股沟部和中间的耻骨部。

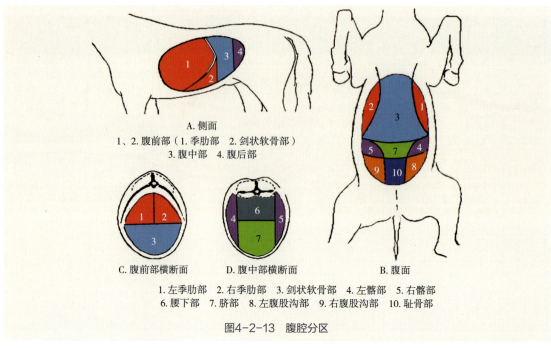

A. 侧面
1、2. 腹前部（1. 季肋部　2. 剑状软骨部）
3. 腹中部　4. 腹后部

C. 腹前部横断面　　D. 腹中部横断面　　B. 腹面

1. 左季肋部　2. 右季肋部　3. 剑状软骨部　4. 左髂部　5. 右髂部
6. 腰下部　7. 脐部　8. 左腹股沟部　9. 右腹股沟部　10. 耻骨部

图4-2-13　腹腔分区

（二）牛、羊的网膜

1. 大网膜

大网膜很发达，覆盖在肠管右侧面的大部分和瘤胃腹囊的表面，可分浅、深两层。浅层起自瘤胃左纵沟，向下绕过腹囊到腹腔右侧，继续沿右腹侧壁向上延伸，止于十二指肠和皱胃大弯（图4-2-14）。浅层由瘤胃后沟折转到右纵沟转为深层。深层向下绕过肠管到肠管右侧面，沿浅层向上也止于十二指肠（有时浅、深两层先行合并再止于十二指肠）。浅、深两层网膜形成一个大的网膜囊，瘤胃腹囊就被包在其中。在两层网膜和瘤胃右侧壁之间，形成一个似兜袋的网膜囊隐窝，兜着大部分肠管（图4-2-15）。

大网膜常沉积有大量的脂肪，营养良好的个体更明显。由于大网膜内含有大量巨噬细胞，因此大网膜又是腹腔内重要的防御器官。

2. 小网膜

小网膜较小，起自肝的脏面，经过瓣胃的壁面，止于皱胃幽门部和十二指肠起始部。

图4-2-14　牛大网膜浅层（右侧观）

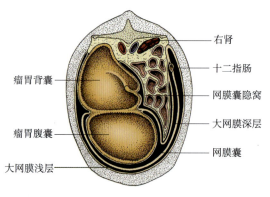

图4-2-15　牛大网膜【引自Dyce K M，et al，2010】

任务4-3 解剖肠和肛门

数字资源

任务要求

1. 能正确描述牛、羊、猪、犬小肠和大肠的组成、形态特点和功能。
2. 能在常见家畜体表准确找出小肠和大肠的投影位置。
3. 剖检过程中能正确识别各段肠管。
4. 会比较不同家畜肠管和肛门的形态和结构差异。

理论知识

一、肠

肠起自幽门，止于肛门，可分小肠和大肠两部分。小肠又分十二指肠、空肠和回肠3段，是对食物进行消化和吸收的主要部位。大肠又分盲肠、结肠和直肠3段，其主要功能是消化纤维素、吸收水分、形成和排出粪便等。

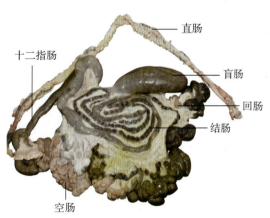

图4-3-1 羊肠管

（一）牛、羊肠（图4-3-1、图4-3-2）

牛的肠长约相当于体长的20倍（羊约25倍），几乎全部位于体中线的右侧，借总肠系膜悬挂于腹腔顶壁，并在总肠系膜中盘转成一圆形肠盘，其中央为大肠，周围为小肠。

1. 小肠

牛、羊的小肠较长，牛小肠为27～49m（平均40m），羊小肠为17～34m（平均约25m）。

（1）十二指肠 牛十二指肠长约1m（羊约0.5m），位于右季肋部和腰部。自皱胃幽门起，向前上方伸延，至肝的脏面形成"乙"状弯曲。由此再向上、向后伸延至髋结节前方，然后折转向左并向前形成一后曲（髂曲）。由此继续向前（与结肠末端平行）伸延至右肾腹侧与空肠相接。

（2）空肠 大部分位于腹腔右侧，形成无数肠圈，环绕在结肠盘的周围，似花环状。其外侧和腹侧隔着大网膜，与右侧腹壁相邻，背侧为大肠，前方为瓣胃和皱胃，少部分空肠往往绕过瘤胃后端而至左侧。

（3）回肠 较短（牛约50cm，羊约30cm），自空肠的最后肠圈起，几乎呈直线向前上方伸延至盲肠腹侧，开口于回盲结口，此处黏膜形成一回盲结瓣。

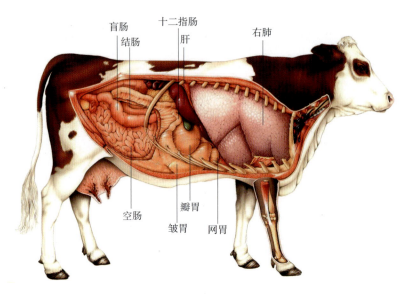

图4-3-2 牛肠原位示意图（右侧观）【引自Kieran G M and O' Farrelly C, 2018】

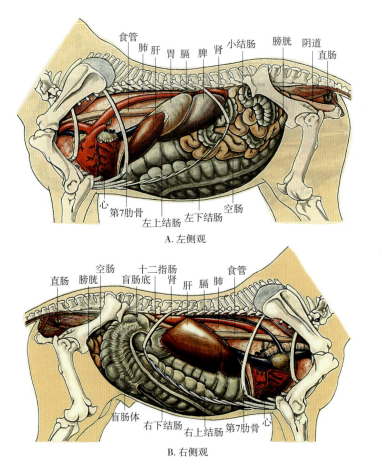

图4-3-3 马肠原位示意图【引自西北农学院，1978】

2. 大肠

牛的大肠长6.4~10m（羊7.8~10m），管径比小肠略粗，管壁的外纵行肌不形成纵肌带，因而亦无肠袋。

（1）盲肠　牛盲肠长50~70cm（羊约37cm），呈圆筒状，位于右髂部。其前端与结肠相连，两者以回盲口为界；盲端游离，向后伸达骨盆前口（羊则常伸入骨盆腔内）。

（2）结肠　牛结肠长6~9m（羊7.5~9m），借总肠系膜附着于腹腔顶壁。起始部的管径与盲肠相似，向后逐渐变细，顺次分为升结肠、横结肠和降结肠。升结肠可分初袢、旋袢和终袢。初袢在腰下形成"乙"状弯曲，达第2、第3腰椎腹侧转为旋袢。旋袢可分为向心回和离心回，通常为1.5~2圈（羊3~4圈）。终袢向后延伸到盆腔前口处，然后折转向前、向左延续为横结肠。横结肠很短，为经肠系膜前动脉前方由右侧转为左侧的一段肠管。降结肠则从左侧向后行至盆腔前口处形成"S"状弯曲，然后转为直肠。

（3）直肠　牛直肠位于盆腔内，短而直，长约40cm（羊约20cm），粗细较均匀。

（二）马肠（图4-3-3、图4-3-4）

1. 小肠

（1）十二指肠　长约1m，位于右季肋部和腰部，起始部在肝的脏面形成"乙"状弯曲，然后沿右上大结肠的背侧向上、向后伸延，至右肾后方转而向左，越过体中线再向前伸延，在左肾腹侧移行为空肠。

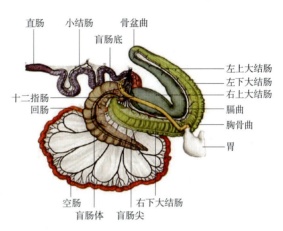

图4-3-4　马肠示意图【引自Popesko P，1985】

（2）空肠　长约22m，常位于腹腔左侧，活动范围较大。

（3）回肠　长约1m，位于左髂部，从空肠向右、向上延伸，开口于盲肠底小弯内侧的回盲口。

2. 大肠

马的大肠特别发达，大肠壁由外纵行肌集中形成的纵肌带有加固肠壁的作用，并有利于肠管的活动。

（1）盲肠　很发达，外形似逗点状，长约1m，容积比胃约大1倍，位于腹腔右侧，可分盲肠底、盲肠体和盲肠尖3个部分。

①盲肠底：为盲肠最弯曲的部分，位于腹腔右后上部，前端伸达第14、第15肋骨，后端在髋结节附近与盲肠体相连。

②盲肠体：从盲肠底起，沿腹右侧壁和底壁向前、向下伸达脐部。背侧凹，在右侧肋弓下10~15cm，且与之平行；腹侧及右侧与腹壁接触。

③盲肠尖：为盲肠前端的游离部，向前延伸达脐部和剑状软骨部。

（2）结肠

①升结肠：通常称大结肠，特别发达，长3.0~3.7m，占据腹腔的大部分，主要在腹

腔下半部，排列成双层马蹄铁形肠袢。可分4段和3个曲，顺次为：右下大结肠→胸骨曲→左下大结肠→骨盆曲→左上大结肠→膈曲→右上大结肠。右下大结肠位于腹腔右下部。起始于盲肠底小弯的盲结口，与右侧肋弓平行，沿右腹壁向下、向前伸达剑状软骨部，在此处向左转，形成胸骨曲。左下大结肠位于腹腔左下部。由胸骨曲起，转而向后，在右下大结肠和盲肠的左侧沿腹腔底壁向后延伸到骨盆前口，在此折转向上、向前形成骨盆曲。左上大结肠位于左下大结肠的背侧。由骨盆曲向前延伸到膈和肝的后方，在此处向右转形成膈曲。右上大结肠位于右下大结肠的背侧。由膈曲向后延伸到盲肠底内侧，转而向左，移行为横结肠。

升结肠的管径变化很大，左下大结肠除起始部外均较粗，直径20～25cm；至骨盆曲处突然变细，直径8～9cm；左上大结肠自骨盆曲向前逐渐增粗，直径9～12cm；膈曲和右上大结肠的管径也较粗，而以右上大结肠的后部为最粗，直径35～40cm，又称胃状膨大部；胃状膨大部向后又突然变细，延续为横结肠。当饲养管理不善，大结肠蠕动不正常时，结症常发生在肠管口径粗细相交的部分。

在上、下大结肠之间有短的结肠系膜相连，右下大结肠与盲肠之间有盲结韧带相连，右上大结肠末端的背侧和右侧借结缔组织及浆膜与胰、盲肠底、膈及十二指肠等相连。除此之外，升结肠的各部都是游离的，与腹壁及相邻器官均无联系。因此，在解剖时，用手抓住骨盆曲，很容易把大部分升结肠拉出腹腔外，这也是升结肠变位的解剖学因素。

②横结肠：为升结肠末端的延续，短而细，在肠系膜前动脉之前由右向左横过正中面至左肾腹侧，继而延续为降结肠。

③降结肠：通常称为小结肠，长3.0～3.5m，管径7.0～10.0cm。降结肠也有宽的系膜（即后肠系膜），将其悬吊于腹腔顶壁前肠系膜之后。降结肠活动范围也较大，通常与空肠混在一起，位于腹腔左上部。降结肠向后延伸到骨盆前口与直肠相连。降结肠也是结症常发生的部位。

（3）直肠　长30～40cm，前部与降结肠相似，称为狭窄部，由直肠系膜连于骨盆腔顶壁。后部膨大，形成直肠壶腹。

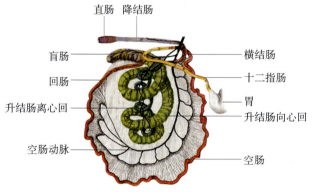

图4-3-5　猪肠示意图【引自Popesko P, 1985】

（三）猪肠（图4-3-5）

1. 小肠

猪的小肠全长15～20m。

（1）十二指肠　较短，长40～90cm，其位置、形态和行程与牛的相似。起始部在肝的脏面形成"乙"状弯曲，然后沿右季肋部向上、向后延伸至右侧，在肾后端转而向左再向前延伸（与结肠末端接触）移行为空肠。

（2）空肠　卷成无数肠圈，以较宽（15～20cm）的空肠系膜与总肠系膜相连。空肠大部分位于腹腔右半部，在结肠圆锥的右侧，小部分位于腹腔左侧后部。

（3）回肠　短而直，以回肠口开口于盲肠与结肠交界处，末端斜向凸入盲肠腔内，形成发达的回肠乳头。

2. 大肠

猪的大肠全长4.0~4.5m。

（1）盲肠　短而粗，呈圆锥状，长20~30cm，一般位于左髂部，盲端向后、向下延伸到结肠圆锥之后，达骨盆前口与脐之间的腹腔底壁。

图4-3-6　猪结肠

（2）结肠（图4-3-6）　升结肠从回盲结口起，管径与盲肠相似，向后逐渐缩小，在肠系膜中盘曲形成螺旋形的结肠圆锥或结肠旋襻。结肠圆锥位于胃的后方，偏于腹腔左侧。结肠圆锥由向心回和离心回盘曲而组成。向心回位于圆锥外周，肠管较粗。离心回肠管较细，大部分位于圆锥内心。

横结肠位于腰下部，向前伸达胃的后方，然后向左绕过肠系膜前动脉，再向后伸到两肾之间，转为降结肠。降结肠斜经横结肠起始部的背侧，继续向后伸至骨盆前口，与直肠相连。

（3）直肠　在肛门前方也形成直肠壶腹，周围有大量脂肪。

（四）犬肠（图4-3-7）

1. 小肠

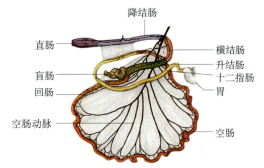

图4-3-7　犬肠示意图【引自Popesko P, 1985】

犬的小肠较短，平均长4m，位于肝、胃的后方，占据腹腔的大部分。

（1）十二指肠　犬的十二指肠最短，自幽门起，前部在肝的脏面，约与第9肋间隙相对，形成十二指肠前曲。在右肾后端至第5、第6腰椎，形成十二指肠后曲。

（2）空肠　为小肠的最长部分，由6~8个肠襻组成，位于肝、胃和骨盆前口之间。

（3）回肠　为小肠终末部，在腰下沿盲肠内侧面向前以回肠口开口于结肠起始处。

2. 大肠

犬的大肠平均长60~75cm，其管径与小肠相似，无纵肌带和肠袋。

（1）盲肠　长12.5~15cm，较弯曲。常位于右髂部稍下方，十二指肠降部和胰右叶的腹侧。

（2）结肠　升结肠很短，沿十二指肠降部和胰右叶的内侧面向前至胃幽门部。然后向左，并越过正中矢状面，为横结肠。降结肠沿左肾内侧缘（或腹侧面）向后行，后斜向正中矢状面，并延续为直肠。

（3）直肠　犬的直肠很短，在盆腔内，以直肠系膜附着于荐骨下面。直肠后部略显膨大，为直肠壶腹。

二、肛门

肛管是消化管的末段，后口为肛门。肛门外为皮肤，内为黏膜。黏膜衬以复层扁平上皮。皮肤与黏膜之间有平滑肌形成的内括约肌和横纹肌形成的外括约肌，控制肛门的开闭。

牛、羊和猪的肛门平时不凸出于体表，而马的肛门凸出于体表。

犬肛管的皮区两侧各有一小口通入肛旁窦（肛门腺）。肛旁窦通常为榛子大小，含灰褐色脂肪分泌物，有难闻的异味。由于分泌物的蓄积，肛旁窦经常肿大，还会发生脓肿，引发疼痛，导致排便困难（图4-3-8）。

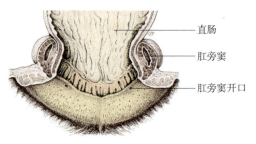

图4-3-8　犬肛门剖面示意图
【引自陈耀星和刘为民，2009】

任务4-4　解剖肝和胰

数字资源

任务要求

1. 能准确描述家畜肝的一般构造和功能，比较不同家畜肝的形态特点并在体表找到投影位置。
2. 能准确描述家畜胰的形态、位置和功能，并能在十二指肠上找到胰管的开口位置。

理论知识

一、肝

（一）肝的一般形态和构造

家畜的肝都位于腹前部，在膈之后，偏右侧。肝呈扁平状，一般为红褐色，可分两面、两缘和三叶。

1. 两面

两面即壁面和脏面。壁面（前面）凸，与膈接触；脏面（后面）凹，与胃、肠等接触，并显有这些器官的压迹。在脏面中央有一肝门，为门静脉、肝动脉、肝神经以及淋巴管和肝管等进入肝的部位。此外，在多数家畜（除马和骆驼外），肝的脏面还有一个胆囊。

2. 两缘

两缘即背侧缘和腹侧缘。背侧缘厚，其左侧有一食管切迹，食管由此通过；右侧有一斜向壁面的后腔静脉窝，静脉壁与肝组织连在一起，有数条肝静脉直接开口于后腔静脉（图4-4-1）。腹侧缘较薄，上有深浅不同的切迹，将肝分为大小不等的肝叶。

3. 三叶

肝腹侧缘的两个叶间切迹将肝分成左、中、右三叶。左侧叶间切迹称为脐切迹，为肝圆韧带通过处。右侧叶间切迹为胆囊所在处。中叶又被肝门分为背侧的尾叶和腹侧的方叶。尾叶向右凸出的部分称为尾状突，与右肾接触，常形成一较深的右肾压迹。

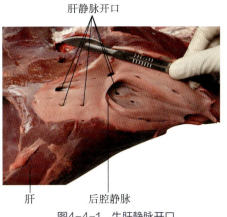

图4-4-1 牛肝静脉开口

> **课程思政**
>
> 解剖上，胆囊附在肝上，二者关系密切。与肝和胆相关的成语有肝胆相照和披肝沥胆，比喻以真心相见，互相之间坦诚交往和共事，披肝沥胆还用于形容非常忠诚。在日常生活和工作中，同学们对人要真诚相待，肝胆相照；对集体、对党、对国家要赤胆忠心，披肝沥胆。

（二）常见家畜肝的形态和位置

1. 牛、羊肝

牛、羊肝略呈长方形，较厚实，全部位于右季肋部，从第6、第7肋骨到第2、第3腰椎的腹侧（图4-4-2）。牛、羊的肝分叶不明显，可由胆囊和脐切迹将肝分为左、中、右三叶（图4-4-3、图4-4-4）。牛的胆囊很大，呈梨状，位于肝的脏面，在右叶与中叶之间，有贮存和浓缩胆汁的作用，肝管由肝门穿出与胆囊管汇合成输胆管。羊的肝管与胰管合成一胆管开口于十二指肠"乙"状弯曲的第二曲处。

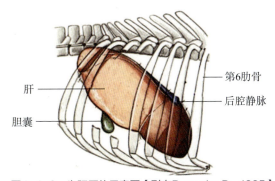

图4-4-2 牛肝原位示意图【引自Popesko P，1985】

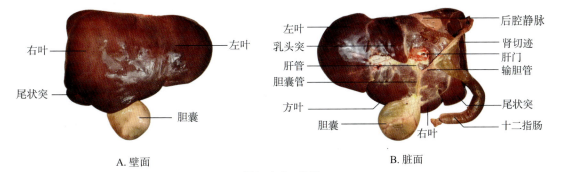

图4-4-3 牛肝

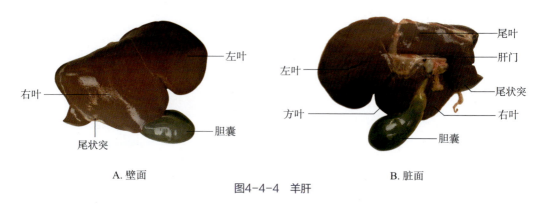

A. 壁面　　　　　　　　　　　　　　B. 脏面

图4-4-4　羊肝

2. 马肝

马肝重约为体重的1.2%，位于膈的后方，大部分在右季肋部，小部分在左季肋部。背侧缘钝；腹侧缘锐，叶间切迹较深，可明显地分为左、中、右三叶（图4-4-5）。右叶的后上方最高，与右肾接触，有较深的右肾压迹；左叶的前下方最低，约与第7、第8肋骨的胸骨端相对。马无胆囊，肝管自肝门出肝后，直接在十二指肠"乙"状弯曲第二曲的凹缘与胰管一起开口于十二指肠憩室。

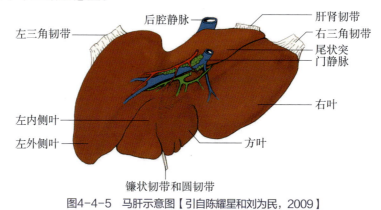

图4-4-5　马肝示意图【引自陈耀星和刘为民，2009】

3. 猪肝

猪肝比牛肝发达，其重量约为体重的2.5%，位于季肋部和剑状软骨部，略偏右侧。肝的中央部分厚而周缘薄，分叶明显，其腹侧缘有3条深的叶间切迹，将肝分为左外、左内、右外及右内4叶（图4-4-6）。方叶不大，呈楔形，位于肝门和胆囊之间。肝门上方为尾叶，尾状突向右突出，没有肾压迹。胆囊管与肝管汇合成胆管，开口于距幽门2~5cm处的十二指肠憩室。

4. 犬肝

犬的肝较大，其重量约占体重的3%，棕红色，位于腹前部。肝圆韧带切迹左侧为左叶，深的叶间切迹将左叶分为左外侧叶和左内侧叶。左外侧叶最大，卵圆形；左内侧叶较小，棱柱状（图4-4-7）。胆囊右侧为右叶，同样以深的叶间切迹分为右外侧叶和右内侧叶。胆囊与圆韧带切迹之间的部分同样以肝门为界，腹侧为方叶，背侧为尾叶。胆囊管与肝管汇合成胆总管，开口于十二指肠。

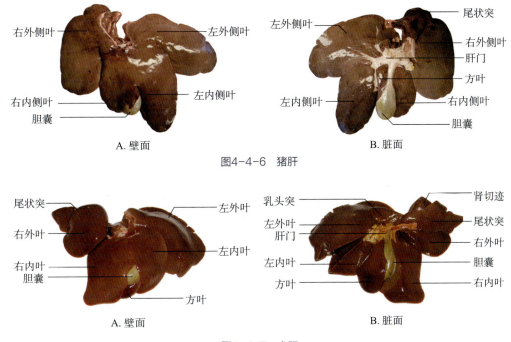

图4-4-6 猪肝

图4-4-7 犬肝

（三）肝的组织结构

肝的表面被覆一层浆膜，浆膜下有一层富含弹性纤维的结缔组织。结缔组织随血管、神经、淋巴管等进入肝的实质，构成肝的支架，并把肝分成许多肝小叶。肝小叶是肝的基本结构单位，呈不规则的多边棱柱状（图4-4-8、图4-4-9）。其中轴贯穿一条静脉，称中央静脉。在肝小叶的横断面上，可见肝细胞排列成索状，以中央静脉为轴心，向四周呈放射状排列。肝细胞索有分支，彼此吻合成网，网眼间有窦状隙，即血窦。血窦实际上是不规则膨大的毛细血管，窦壁由内皮细胞构成，窦腔内有许多形状不规则的星形细胞（又称枯否氏细胞），可吞噬细菌和异物。

图4-4-8 肝小叶（HE，40×）【引自陈耀星和刘为民，2009】

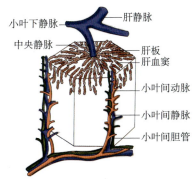

图4-4-9 肝小叶示意图【纪昌宁 绘】

从立体结构上看，肝细胞的排列并不呈索状，而是呈不规则的互相连接的板状，称为肝板。细胞之间有胆小管。胆小管以盲端起始于中央静脉周围的肝板内，呈放射状，并互相交织成网。肝细胞分泌的胆汁经胆小管流向位于小叶边缘的小叶间胆管，肝各叶间的小叶间胆管合并成肝管出肝。没有胆囊的家畜，肝管和胰管一起开口于十二指肠；有胆囊的家畜，胆囊管和肝管合并形成胆总管，开口于十二指肠。

肝细胞呈多面形，胞体较大，界限清楚。细胞核有1~2个，大而圆，位于细胞中央。

（四）肝的血液循环

肝的血液供应有两个来源：一是门静脉；二是肝动脉。

1. 门静脉

门静脉由胃、肠、脾、胰的静脉汇合而成，经肝门入肝，在肝小叶间分支形成小叶间静脉，与肝小叶的窦状隙相通。窦状隙的血液再汇入中央静脉，中央静脉汇合成小叶下静脉，最后汇成数支肝静脉出肝，入后腔静脉。门静脉的血液含有从胃、肠吸收的丰富的营养物质，同时也有消化过程中产生的毒素和胃肠中的细菌。当血液流经窦状隙时，营养物质被肝细胞吸收，经肝细胞的进一步加工，或贮存于肝细胞中，或再排入血液中，以供机体利用；代谢产物中的有毒、有害物质则被肝细胞结合或转化为无毒、无害物质；细菌、异物可被枯否氏细胞吞噬。因此，门静脉属于肝的功能血管。

2. 肝动脉

肝动脉经肝门入肝后，在肝小叶间分支形成小叶间动脉，并伴随小叶间静脉的分支进入窦状隙与门静脉汇合。肝动脉来自主动脉，含有丰富的氧气和营养物质，可供肝细胞物质代谢使用，是肝的营养血管。

肝的血液循环如图4-4-10所示。

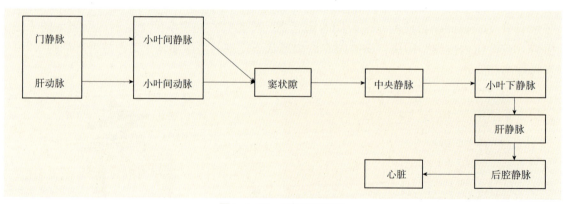

图4-4-10　肝的血液循环

二、胰

胰是由外分泌部和内分泌部组成的消化腺体。外分泌部占腺体的大部分，分泌胰液，内含多种消化酶，经胰管注入十二指肠，对蛋白质、脂肪和糖的消化有重要作用。内分泌部称为胰岛，分泌胰岛素和胰高血糖素，经毛细血管直接进入血液，有调节血糖代谢的作用。胰通常呈淡红灰色，或带黄色，柔软，具有明显的小叶结构，位于十二指肠肠袢内。其导管通常有一条或两条，其中一条称为胰管，另一条称为副胰管，直接开口于十二指肠。

胰可分3个部分：胰体，紧贴十二指肠前部；胰左叶，向左侧延伸，达脾的上端；胰右叶，沿十二指肠降部向后延伸。

1. 牛、羊胰

牛、羊胰呈不正四边形，灰黄色稍带粉红色，位于右季肋部和腰下部，从第12肋骨到第2~4腰椎之间，肝门的正后方（图4-4-11）。

牛的胰管相当于副胰管，由胰右叶走出，开口于十二指肠降部。羊的胰管属于主胰管，从胰体走出，汇合于胆总管，开口于十二指肠憩室。

2. 马胰

马胰呈不正三角形，淡红黄色，位于季肋部，在第16~18胸椎腹侧，大部分在体中线右侧。胰管从胰头穿出，与肝管一起开口于十二指肠憩室。副胰管开口于十二指肠憩室对侧的黏膜上（图4-4-12）。

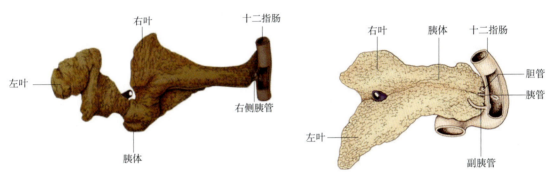

图4-4-11　牛胰示意图【引自陈耀星和刘为民，2009】　　图4-4-12　马胰示意图【引自陈耀星和刘为民，2009】

3. 猪胰

猪胰呈灰黄色，位于最后两个胸椎和前两个腰椎的腹侧，略呈三角形（图4-4-13）。胰管由右叶末端穿出，开口在胆管开口之后，距幽门10~12cm处的十二指肠内。

4. 犬胰

犬胰呈"V"形，左、右叶均狭长，两叶在幽门后方呈锐角相连，连接处为胰体（图4-4-14）。胰管与胆总管一起或紧密相伴而行，开口于十二指肠。副胰管较粗，开口于胰管入口处后方3~5cm处。

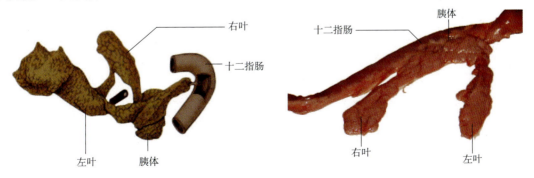

图4-4-13　猪胰示意图【引自陈耀星和刘为民，2009】　　图4-4-14　犬胰

项目小结

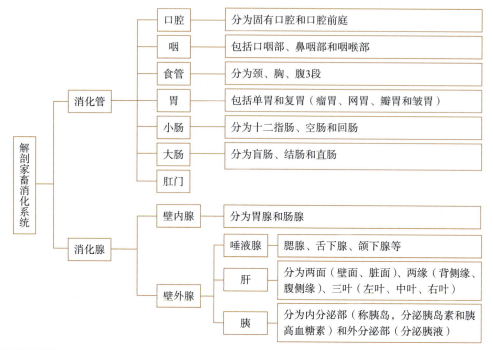

技能实训

解剖消化系统

【目的与要求】

1. 能在实体家畜体表准确找到胃、肠、肝的投影位置。
2. 能准确识别标本或模型上家畜消化系统各器官的形态、结构和位置关系,并能对不同家畜的相同器官进行比较。
3. 能在显微镜下识别肝的组织学结构,并能准确绘图。

【材料与用品】

1. 健康牛、羊、马、猪、犬活体。
2. 显示牛、羊、马、猪、犬消化器官位置的挂图、模型或标本。
3. 显微镜及猪肝的正常组织切片。

【方法和步骤】

1. 在挂图上观察家畜消化系统组成

观察消化管和消化腺,并依次说出各组成器官的名称。

2. 在家畜活体上观察消化管两端及重要消化器官的体表投影位置

观察家畜口腔（唇、颊、齿、舌等）和肛门的形态、结构，并找到唾液腺（腮腺、颌下腺、舌下腺）、咽、食管（颈段）、胃、小肠、大肠、肝等器官的体表投影位置。

3. 在标本或模型上观察胃

（1）观察马、猪、犬的胃及牛、羊的瘤胃、网胃、瓣胃和皱胃的形态和位置。

（2）在切开的胃标本上，观察各胃黏膜的形态特点。

（3）观察牛、羊的贲门、瘤网口、网瓣口、瓣胃沟、瓣皱口、幽门、食管沟的形态和位置，注意各胃间的关系。

4. 在标本或模型上观察肠

（1）观察十二指肠、空肠和回肠的形态、位置及其与胃和大肠的关系。

（2）观察十二指肠上胆管和胰管开口的位置。

（3）观察盲肠、结肠和直肠的形态、位置及其与腹腔其他器官的关系。

5. 在标本或模型上观察肝和胰

（1）观察肝的形态、位置及构造（两面、两缘、三叶）。

（2）观察肝门（门静脉、肝动脉、胆管）和胆囊的形态、位置及肝壁面上肝静脉开口于后腔静脉的情况。

（3）观察胰的形态、位置及构造（胰体、左叶、右叶）。

6. 观察肝的组织学结构

在显微镜下观察肝的组织学结构（肝小叶、肝小梁、中央静脉、肝细胞索、肝血窦、小叶间胆管等）。

【实训报告】

1. 绘制牛、犬、猪肠管组成图。
2. 绘制肝的组织切片图。
3. 填图。

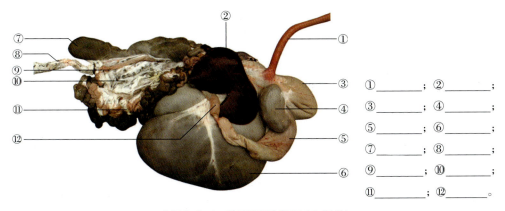

实训4-0-1 羊部分消化器官（右侧观）

①_____；②_____；
③_____；④_____；
⑤_____；⑥_____；
⑦_____；⑧_____；
⑨_____；⑩_____；
⑪_____；⑫_____。

① _____ ；② _____ ；
③ _____ ；④ _____ ；
⑤ _____ ；⑥ _____ ；
⑦ _____ ；⑧ _____ ；
⑨ _____ ；⑩ _____ ；
⑪ _____ ；⑫ _____ ；⑬ _____ ；
⑭ _____ ；⑮ _____ ；⑯ _____ ；
⑰ _____ ；⑱ _____ ；⑲ _____ ；⑳ _____ ；
㉑ _____ ；㉒ _____ ；㉓ _____ ；㉔ _____ 。

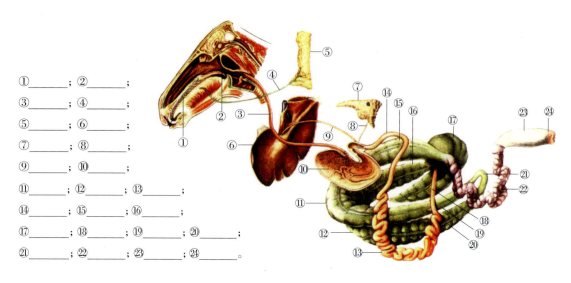

实训4-0-2　马消化系统【引自彭克美，2009】

双证融通

一、名词解释

鼻唇镜　贲门　幽门　食管沟　瘤胃房　瘤胃隐窝　回盲口　肝小叶　胰岛

二、填空题

1. 家畜的小肠从前到后依次为_____、_____和_____。
2. 牛、羊的结肠可分为_____、_____和_____3段。
3. 肝血窦窦壁由_____细胞构成，窦腔内有_____细胞，可吞噬细菌、异物。

三、选择题

1. 牛肝位于（　　）。
   A. 左季肋部　　B. 右季肋部　　C. 剑状软骨部　　D. 右髂部
2. 下列无胆囊的家畜是（　　）。
   A. 牛　　B. 猪　　C. 马　　D. 羊
3. [2011年真题] 动物体内最大的消化腺是（　　）。
   A. 食管　　B. 肝脏　　C. 口腔　　D. 小肠　　E. 胰腺
4. [2011年真题] 犬的胰脏呈（　　）。
   A. 不正三角形　　B. 不正四边形　　C. 不规则三角形
   D. V形　　E. U形
5. [2011年真题] 反刍动物与单胃动物的主要区别在于（　　）。
   A. 瘤胃　　B. 网胃　　C. 瓣胃　　D. 皱胃　　E. 前胃
6. [2013年真题] 下面哪一种不是马属动物的舌乳头？（　　）
   A. 轮廓乳头　　B. 叶状乳头　　C. 丝状乳头

D. 菌状乳头　　　　　　　　E. 圆锥状乳头

7. 2012年真题　在下列消化器官中，以物理消化为主的器官是（　　）。
A. 口腔　　　B. 胃　　　C. 十二指肠　　　D. 直肠　　　E. 结肠

8. 2013年真题　肝脏的基本结构和功能单位是（　　）。
A. 肝板　　　B. 肝细胞　　　C. 肝血窦　　　D. 肝小管　　　E. 肝小叶

9. 2013年真题　家畜胰脏分泌胰液，由胰管排入（　　）。
A. 十二指肠　　　B. 空肠　　　C. 回肠　　　D. 大肠　　　E. 结肠

10. 2014年真题　创伤性网胃心包炎是金属异物刺穿（伤）了哪些结构？（　　）
A. 瘤胃、网胃、心包　　　　B. 网胃、心包　　　　C. 网胃、膈肌、心包
D. 瘤胃、膈肌、网胃、心包　　E. 网胃、心包、心壁

11. 2015年真题　盲肠呈螺旋状弯曲的动物是（　　）。
A. 马　　　B. 牛　　　C. 猪　　　D. 犬　　　E. 兔

12. 2015年真题　回肠与盲肠交界处有圆小囊的动物是（　　）。
A. 马　　　B. 牛　　　C. 猪　　　D. 犬　　　E. 兔

13. 2016年真题　羊肠的黏膜下层有腺体的肠段是（　　）。
A. 十二指肠　　　B. 空肠　　　C. 回肠　　　D. 盲肠　　　E. 结肠

14. 2016年真题　牛小肠中最长、弯曲最多的一段是（　　）。
A. 十二指肠　　　B. 空肠　　　C. 回肠　　　D. 盲肠　　　E. 结肠

15. 2017年真题　牛有4个胃，顺序依次为（　　）。
A. 瘤胃、瓣胃、皱胃、网胃　　　　B. 网胃、瓣胃、皱胃、瘤胃
C. 瓣胃、瘤胃、网胃、皱胃　　　　D. 皱胃、瓣胃、瘤胃、网胃
E. 瘤胃、网胃、瓣胃、皱胃

16. 2017年真题　盲肠发达、外形似逗号，盲肠尖位于剑状软骨部的家畜是（　　）。
A. 马　　　B. 牛　　　C. 羊　　　D. 猪　　　E. 犬

17. 2018年真题　成年牛瘤胃的体表投影位于（　　）。
A. 左侧腹壁　　　　B. 右侧5～7肋　　　　C. 左侧前下方6～8肋
D. 右侧7～11肋　　　E. 右侧8～12肋

18. 2018年真题　成年牛皱胃体表投影位于（　　）。
A. 左侧腹壁　　　　B. 右侧5～7肋　　　　C. 左侧前下方6～8肋
D. 右侧7～11肋　　　E. 右侧8～12肋

19. 2018年真题　成年牛网胃体表投影位于（　　）。
A. 左侧腹壁　　　　B. 右侧5～7肋　　　　C. 左侧前下方6～8肋
D. 右侧7～11肋　　　E. 右侧8～12肋

20. 2019年真题　舌上具有舌圆枕的动物是（　　）。
A. 马　　　B. 驴　　　C. 牛　　　D. 猪　　　E. 骡

21. 2019年真题　舌下肉阜小，位于舌系带处的动物是（　　）。
A. 马　　　B. 驴　　　C. 牛　　　D. 猪　　　E. 骡

22. 2019年真题 上切齿缺失的动物是（　　）。
A. 马　　　B. 驴　　　C. 牛　　　D. 猪　　　E. 骡

四、简答题

1. 从口腔开始，依次说出家畜消化系统的组成和功能。

2. 咽是消化道和呼吸道的共同通道，但进食时为什么食物不会通过咽进入气管，而是进入食管？

3. 多室胃动物和单室胃动物胃的位置和结构各有哪些特点？

4. 家畜肝、胰的位置及形态结构如何？比较不同家畜肝的分叶情况。

5. 牛为什么易患创伤性心包炎？

6. 在活体上指出牛、羊4个胃及肠、肝的体表投影位置。

7. 什么是食管沟？犊牛为什么不能用桶直接进行喂乳？

8. 牛、羊、马、猪、犬的肠各有什么特点？

9. 马大结肠可分为"四段三曲"，"四段"分别指哪4段？"三曲"分别指哪3个曲？

10. 试述肝的组织学构造。

项目 5
解剖家畜呼吸系统

项目导入

动物在新陈代谢过程中不断地吸入氧气，呼出二氧化碳，这个气体交换的过程称为呼吸。呼吸主要靠呼吸系统来实现。呼吸系统由鼻、咽、喉、气管、支气管和肺组成（图5-0-1）。鼻、咽、喉、气管和支气管是气体出入肺的通道，称为呼吸道。肺是呼吸的实质器官，是完成气体交换的场所。呼吸系统从外界吸入的氧气，由红细胞携带沿心血管系统运送到全身的组织和细胞，氧化体内的营养物质，产生各种生命活动所需要的能量并形成二氧化碳等代谢产物；二氧化碳又与红细胞结合，通过心血管系统运送至呼吸系统，然后排出体外，以此维持机体正常生命活动的进行。

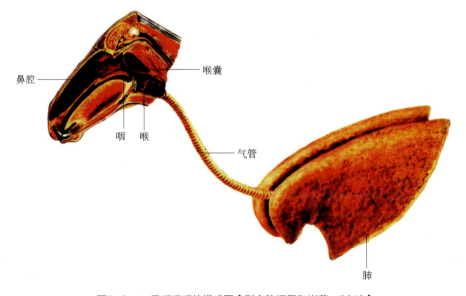

图5-0-1　马呼吸系统模式图【引自陈耀星和崔燕，2018】

项目目标

一、认知目标

1. 掌握家畜呼吸系统的组成和功能。
2. 掌握家畜呼吸道和肺的形态、结构和位置。

二、技能目标

1. 能在家畜体表指出鼻、咽、喉、气管的具体位置,并能在胸壁上找到肺的体表投影位置。
2. 在剖解过程中,能正确识别呼吸系统各组成器官,并能比较不同家畜相同呼吸器官的形态差异。
3. 根据解剖学特点,会解释家畜易患呼吸系统疾病的原因。

课前预习

1. 呼吸系统由哪些器官组成?分别有什么功能?
2. 鼻腔可分为几部分?
3. 什么是鼻旁窦?有什么功能?
4. 喉软骨由几块软骨构成?
5. 气管在家畜体表能摸到吗?其在结构方面有什么特点?
6. 肺的位置在哪里?左肺大还是右肺大?
7. 什么是胸膜?什么是纵隔?左、右胸腔相通吗?

任务5-1 解剖呼吸道

数字资源

任务要求

1. 能描述鼻腔的组成、结构和位置，并会比较、归纳不同家畜鼻的特点。
2. 能说出鼻旁窦的结构、位置及功能。
3. 能识别组成喉的4种软骨。
4. 能描述家畜气管和支气管的形态、位置和构造，并会比较不同家畜气管的形态特征。

理论知识

一、鼻

（一）鼻腔

鼻腔是呼吸道的起始部，呈长圆筒状，位于面部的上半部，由面骨构成骨性支架，内衬黏膜。鼻腔的腹侧由硬腭与口腔隔开，前端经鼻孔与外界相通，后端经鼻后孔与咽相通。鼻腔正中有鼻中隔（图5-1-1），将鼻腔分为左、右互不相通的两半，每半鼻腔可分鼻孔、鼻前庭和固有鼻腔3个部分。

图5-1-1 犬鼻外侧（暴露右侧鼻软骨）
【引自 König H E and Liebich H G，2020】

1. 鼻孔

鼻孔为鼻腔的入口，由内、外侧鼻翼构成。鼻翼为包有鼻翼软骨和肌肉的皮肤褶，有一定弹性。牛的鼻孔小，呈不规则椭圆形，鼻翼厚而不灵活，两鼻孔间与上唇间形成鼻唇镜（见图4-1-1）。马的鼻孔大，呈逗点状，鼻翼灵活（见图4-1-3）。猪的鼻孔小，呈卵圆形，鼻尖与上唇之间形成吻镜（见图4-1-4）。羊、犬的鼻孔呈"S"形缝状，两鼻孔之间形成鼻镜（见图4-1-2、图4-1-5）。

2. 鼻前庭

图5-1-2 犬鼻泪管【引自Thomas M O，et al，2008】

鼻前庭位于鼻孔与固有鼻腔之间，为鼻腔前部衬着皮肤部分，即鼻翼所围成的空间。牛鼻泪管口位于鼻前庭的侧壁，被下鼻甲的延长部所覆盖，不易见到。马鼻泪管口位于鼻前庭外侧下部距固有鼻腔黏膜0.5cm处，鼻前庭背侧皮下有一盲囊，称为鼻憩室。猪鼻泪管

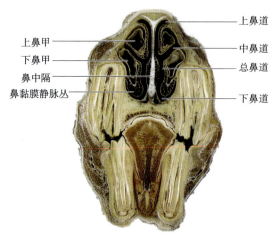

图5-1-3 马头部横断面
【引自Dyce K M, et al, 2010】

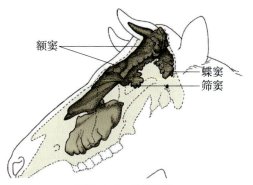

图5-1-4 牛鼻旁窦
【引自Dyce K M, et al, 2010】

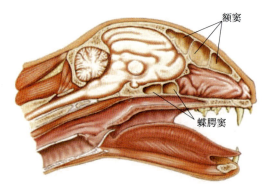

图5-1-5 犬头部正中矢状面示意图
【引自Thomas M O, et al, 2008】

口位于下鼻道的后面。犬鼻泪管口位于鼻前庭的侧壁（图5-1-2）。

3. 固有鼻腔

固有鼻腔位于鼻前庭之后，由骨性鼻腔覆以黏膜构成。在每半鼻腔的侧壁上，附着上、下两个纵行的鼻甲（由上、下鼻甲骨覆以黏膜构成），将鼻腔分为上、中、下3个鼻道。上鼻道较窄，位于鼻腔顶壁与上鼻甲之间，其后部主要为嗅觉的嗅区。中鼻道在上、下鼻甲之间，通鼻旁窦。下鼻道最宽，位于下鼻甲与鼻腔底壁之间，直接经鼻后孔与咽相通（图5-1-3）。此外，还有一个总鼻道，为上、下鼻甲与鼻中隔之间的间隙，与上述3个鼻道相通。

（二）鼻旁窦

鼻旁窦为鼻腔周围头骨内的含气空腔，共有4对，即上颌窦、额窦、蝶腭窦和筛窦，均直接或间接与鼻腔相通（图5-1-4、图5-1-5）。鼻旁窦有减轻头骨重量、温暖和湿润吸入的空气以及对发声起共鸣等作用。

二、咽

参见项目4，即解剖家畜消化系统相关内容。

三、喉

喉位于下颌间隙的后方，头颈交界处的腹侧，悬于两个舌骨大角之间。前端以喉口与咽相通，后端与气管相通。喉由喉软骨、喉肌、喉腔和喉黏膜构成。

（一）喉软骨

喉软骨彼此借软骨、韧带和纤维膜相连，构成喉的支架。喉软骨共有4种、5块，包括不成对的会厌软骨、甲状软骨、环状软骨和成对的勺状软骨（图5-1-6）。此外，犬还有楔状软骨。

1. 会厌软骨

会厌软骨位于喉的前部，较短，呈叶片状；基部较厚，借弹性纤维与甲状软骨相连，尖端向舌根翻转（图5-1-7）。表面覆盖着黏膜，合称会厌。当吞咽时，会厌翻转关闭喉口，可防止食物误入气管。

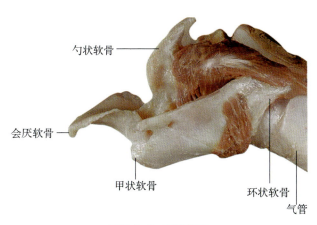

图5-1-6 马喉软骨
【引自König H E and Liebich H G, 2004】

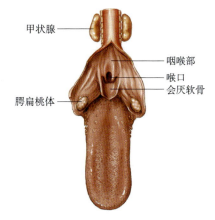

图5-1-7 犬喉口（正视图）
【引自Thomas M O, et al, 2008】

2. 甲状软骨

甲状软骨是喉软骨中最大的一块，位于会厌软骨和环状软骨之间，呈弯曲的板状，可分为体和两侧板。体连于两侧板之间，构成喉腔的底壁；两侧板呈四边形（牛），从软骨体的两侧伸出，构成喉腔左、右两侧壁的大部分。

3. 环状软骨

环状软骨位于甲状软骨之后，呈指环状，背部宽，其余部分窄。其前缘和后缘以弹性纤维分别与甲状软骨及气管软骨相连。

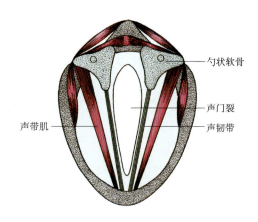

图5-1-8 马喉部横切面示意图
【引自 König H E and Liebich H G, 2004】

4. 勺状软骨

勺状软骨位于环状软骨的前缘两侧，部分在甲状软骨侧板的内侧，左、右各一，呈三面锥体形，其尖端弯向后上方，形成喉口的后侧壁。勺状软骨上部较厚，下部变薄，形成声带突，供声韧带附着。

（二）喉肌

喉肌属横纹肌，可分为外来肌和固有肌。其与吞咽、呼吸和发声等运动有关。

（三）喉腔

喉腔是由衬于喉软骨内膜的黏膜所围成的腔隙，在其中部的侧壁内有一对明显的黏膜褶，称为声带。声带由声韧带和声带肌覆以黏膜构

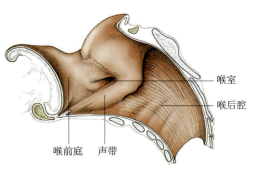

图5-1-9 马喉腔示意图
【引自Dyce K M, et al, 2010】

成，连于勺状软骨声带突和甲状软骨之间。声带将喉腔分为前、后两部分：前部为喉前庭，其两侧壁凹陷，称为喉侧室；后部为喉后腔。在两侧声带之间的狭窄缝隙称为声门裂，喉前庭与喉后腔经声门裂相通（图5-1-8、图5-1-9）。

（四）喉黏膜

喉黏膜被覆于喉腔的内面，与咽的黏膜相连续，包括上皮和固有膜。上皮有两种：被覆于喉前庭和声带的上皮为复层扁平上皮；喉后腔的黏膜上皮为假复层柱状纤毛上皮，柱状细胞之间常夹有数量不等的杯状细胞。固有膜由结缔组织构成，含喉腺，可分泌黏液和浆液，有润滑声带的作用。

四、气管和支气管

（一）气管和支气管的形态、位置和构造

气管由"U"形的气管软骨环作为支架构成，呈圆筒状，前端与喉相接，向后沿颈部腹侧正中线进入胸腔，然后经心前纵隔达心肌的背侧（在第5～6肋间隙处），分为左、右两条支气管，分别进入左、右肺。气管壁由黏膜、黏膜下组织和外膜组成。

（二）不同家畜气管的特征

1. 牛气管

牛的气管较短，垂直径大于横径（图5-1-10A）。软骨环缺口游离的两端重叠，形成向背侧凸出的气管嵴。气管在分左、右支气管之前，还分出一支较小的右尖叶支气管，进入右肺尖叶。

2. 马气管

马的气管横径大于垂直径（图5-1-10B），由50～60个软骨环连接组成。软骨环背侧两端游离，不相接触，而为弹性纤维膜所封闭。

3. 犬气管

犬的气管形态与马的气管相似（图5-1-10C），是由40～50个气管软骨环通过结缔组织连接而构成的长圆筒状管道。

4. 猪气管

猪的气管呈圆筒状，软骨环缺口游离的两端重叠或相互接触（图5-1-10D）。

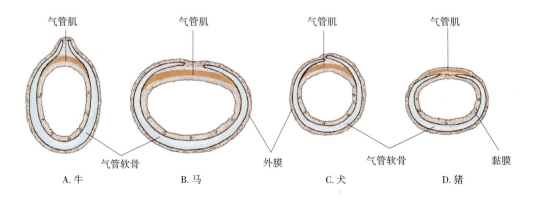

图5-1-10　不同家畜气管横切面示意图【引自König H E and Liebich H G，2020】

任务5-2 解剖肺

任务要求

1. 能描述家畜肺的形态、位置和功能。
2. 能比较不同家畜肺的分叶特点。
3. 能识别家畜肺的组织学构造。

数字资源

理论知识

一、肺的形态和位置

肺位于胸腔内、纵隔两侧，左、右各一，右肺通常较大。肺的表面覆有胸膜脏层。健康家畜的肺为粉红色，呈海绵状，质软而轻，富有弹性。肺略呈锥体形，具有三面和三缘。三面分别是肋面、纵隔面和膈面。肋面凸，与胸腔侧壁接触，固定标本上显有肋骨压迹。底面凹，与膈接触，又称为纵隔面。纵隔面与纵隔接触，并有心压迹以及食管和大血管的压迹。在心压迹的后上方有肺门，为支气管、血管、淋巴管和神经出入肺的地方。上述结构被结缔组织包成一束，称为肺根（图5-2-1）。除肋面和纵隔面，还有一个与膈相对的面，称为膈面。三缘分别是背侧缘、腹侧缘、底缘。背侧缘位于肋骨和椎骨之间的凹槽内，腹侧缘位于心脏处，向内凹陷形成心切迹。纵隔面和肋面在背侧以厚而圆的背侧缘相连，在腹侧以薄的腹侧缘相连，膈面和肋面在底缘处相连。

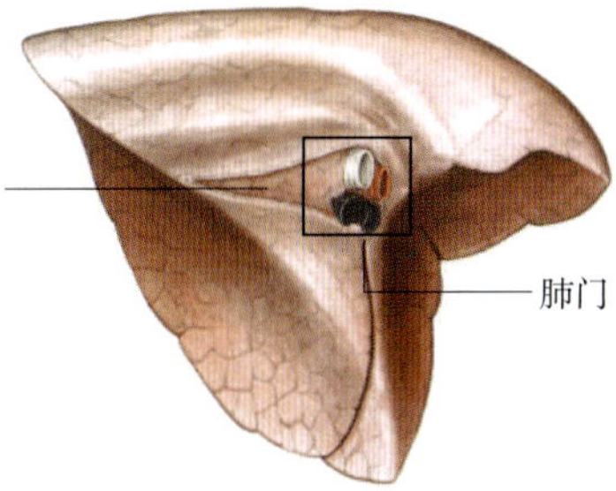

图5-2-1 肺门和肺根示意图
【引自Popsko P，1985】

牛、羊的肺分叶很明显，左肺分3叶，由前向后顺次为前叶、中叶和后叶。右肺分4叶，分别为前叶（又分前、后两部）、中叶、后叶和内侧的副叶（图5-2-2）。

马肺分叶不明显，心切迹以前的部分为前叶，心切迹以后的部分为后叶。此外，右肺还有一中叶或副叶，呈小锥体形，位于肺体内侧，在纵隔和后腔静脉之间。

猪肺的分叶情况与牛、羊相似，但右肺的前叶不分为前、后两部分。

犬肺的叶间隙深，分叶明显。左肺分前叶和后叶，前叶又分前、后两部；右肺分前叶、中叶、后叶和副叶。

二、肺的组织结构

肺的表面覆有一层浆膜，称为肺胸膜，其深部为结缔组织膜，内含弹性纤维、血管、淋巴管、神经及平滑肌纤维。肺的实质由肺内各级支气管和无数肺泡组成，可

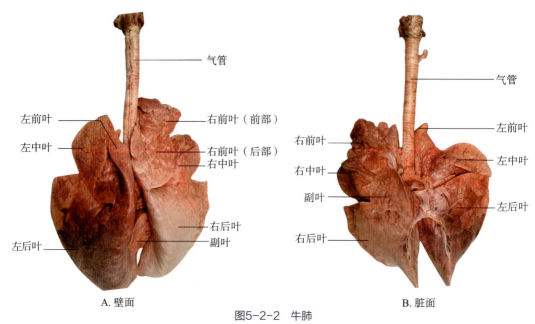

图5-2-2 牛肺

分为导气部和呼吸部。

支气管由肺门进入每个肺叶，反复分支，形成树枝状，称为支气管树（图5-2-3）。小支气管分支到管径在1mm以下时，称为细支气管。细支气管再分支，管径为0.35~0.5mm时，称为终末细支气管。终末细支气管继续分支为呼吸性细支气管，管壁上出现散在的肺泡，开始有呼吸功能。呼吸性细支气管再分支为肺泡管，肺泡管再分支为肺泡囊。肺泡管和肺泡囊的壁上有更多的肺泡。

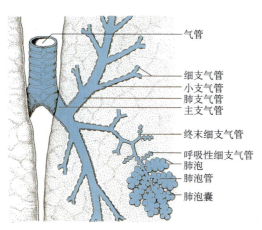

图5-2-3 支气管树示意图
【引自König H E and Liebich H G，2004】

每一细支气管所属的肺组织组成肺小叶。肺小叶呈大小不等的多面锥体形，锥顶朝向肺门，顶端的中心为细支气管；锥底向着肺表面，周围有薄层结缔组织与其他肺小叶分隔，界限一般清晰可辨。

1. 肺的导气部

肺的导气部是气体在肺内流通的管道，包括各级小支气管、细支气管和终末细支气管。其管壁的组织结构均由黏膜、黏膜下层和外膜构成。

2. 肺的呼吸部

肺的呼吸部包括呼吸性细支气管、肺泡管、肺泡囊和肺泡（图5-2-4）。

（1）呼吸性细支气管 是终末细支气管的分支，管壁结构与终末细支气管相似。

（2）肺泡管 是呼吸性细支气管的分支，末端与肺泡囊相通，因管壁布满肺泡的开

项目 5 解剖家畜呼吸系统

口，所以见不到完整的管壁，仅看到轮廓。因固有层内含平滑肌纤维和弹性纤维，所以在组织切片中可以见到相邻肺泡间的肺泡隔边缘部形成膨大。

（3）肺泡囊 是数个肺泡共同开口的通道，即由数个肺泡围成的公共腔体，囊壁就是肺泡壁。此处肺泡隔内没有平滑肌纤维和弹性纤维束，其末端不形成膨大。

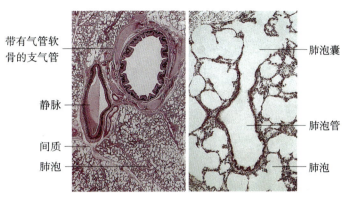

图5-2-4 肺组织切片【引自König H E and Liebich H G，2004】

（4）肺泡 是气体交换的场所，呈半球状，一面开口于肺泡囊、肺泡管或呼吸性细支气管，另一面借肺泡隔与相邻肺泡连接。肺泡隔内有丰富的毛细血管网和弹性纤维以及少量的网状纤维和胶原纤维。

任务5-3 解剖胸膜和纵隔

数字资源

任务要求

能描述家畜胸膜和纵隔的位置及解剖结构。

理论知识

胸膜是胸腔内覆盖在肺表面、胸廓内面、膈上面及纵隔侧面的一薄层浆膜。纵隔是分隔左、右胸膜腔的间隔，呈矢状位，上宽下窄，由于心脏偏左而显著偏左。二者的结构和位置如图5-3-1所示。

一、胸膜

胸膜分为两个部分，其中覆盖在肺表面的称为胸膜脏层，衬贴于胸腔壁的称为胸膜壁层。胸膜壁层按部位又分为衬贴于胸壁内面的肋胸膜、贴于膈的胸腔面的膈胸膜和参加构成纵隔的纵隔胸膜。

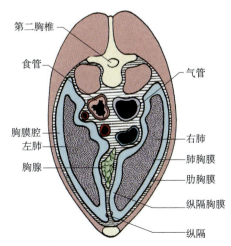

图5-3-1 犬胸膜与纵隔示意图
【引自Evans H E and de Lahunta A，2013】

二、纵隔

纵隔位于胸腔中部，左、右胸膜腔之间，由两侧的纵隔胸膜及夹在其中的心脏、心包、食管、气管、出入心脏的大血管、神经、胸导管、纵隔淋巴结和结缔组织等构成。纵隔腹侧为胸骨，背侧为脊柱胸段，前方是胸腔前口，后方是膈。包在心包外面的纵隔称为心包胸膜。纵隔在心脏所在的部位称为心纵隔，在心脏之前和之后的部位分别称为心前纵隔和心后纵隔。纵隔以肺根分为背侧纵隔和腹侧纵隔。

项目小结

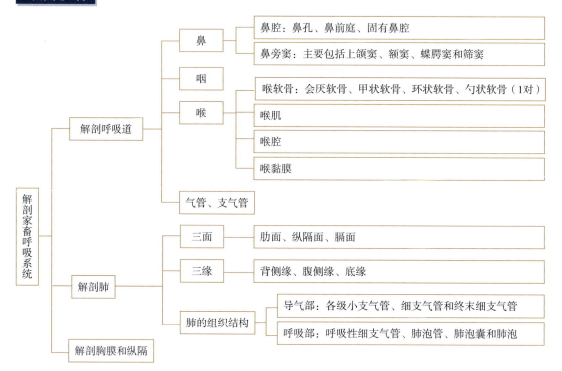

技能实训

解剖呼吸系统

【目的与要求】

1. 能在实体家畜体表准确找到肺的体表投影位置。
2. 能准确识别标本上家畜呼吸系统各器官的形态、结构和位置关系，并能对不同家畜的相同器官进行比较。
3. 能在显微镜下识别肺的组织学结构，并能准确绘图。

【材料与用品】

1. 健康牛、羊、猪、犬活体。
2. 家畜鼻腔、喉软骨、气管、肺的模型、标本或挂图。
3. 显微镜及猪肺的正常组织切片。

【方法和步骤】

1. 观察呼吸道

(1) 在家畜活体上观察鼻的形态，并找出咽、喉和气管的体表投影位置。

(2) 在标本上观察鼻腔、喉软骨（会厌软骨、甲状软骨、环状软骨、勺状软骨）、声带、气管（背侧、腹侧）和支气管树的结构和形态。

2. 观察肺

(1) 在家畜活体上找出肺的体表投影位置。

(2) 在标本和挂图上观察左、右肺的形态（肋面、膈面、纵隔面、背侧缘、腹侧缘）、分叶情况（前叶、中叶、后叶、副叶）及肺门与肺根的位置。

(3) 在显微镜下观察猪肺的组织学结构（呼吸性细支气管、肺泡管、肺泡囊、肺泡、肺毛细血管等）。

【实训报告】

1. 绘制猪肺的组织切片图。
2. 填图。

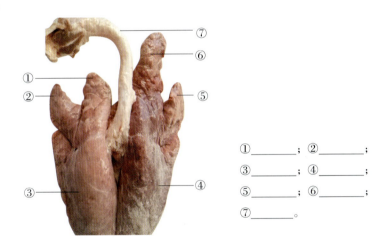

① _____ ； ② _____ ；
③ _____ ； ④ _____ ；
⑤ _____ ； ⑥ _____ ；
⑦ _____ 。

实训5-0-1　猪肺壁面

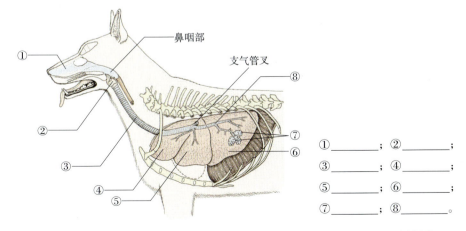

① _____ ； ② _____ ；
③ _____ ； ④ _____ ；
⑤ _____ ； ⑥ _____ ；
⑦ _____ ； ⑧ _____ 。

实训5-0-2　犬呼吸系统原位示意图【引自König H E and Liebich H G，2020】

双证融通

一、名词解释

鼻旁窦　纵隔　心切迹　声带　肺根　肺小叶　胸膜

二、填空题

1. 呼吸系统由_____、_____、_____、_____、_____和肺组成。
2. 喉软骨由1块_____、1块_____、1块_____和1对_____共4种、5块构成。
3. 肺的导气部包括_____、_____、_____。

三、选择题

1. 家畜的左、右肺都具有（　　）面（　　）缘。
A. 三　二　　B. 二　三　　C. 二　二　　D. 三　三

2. 支气管树分支中无软骨环支撑的支气管为（　　）。
A. 终末细支气管　　　　B. 细支气管
C. 呼吸性细支气管　　　D. 支气管

3. 2009年真题 鼻腔黏膜发炎常波及的腔窦是（　　）。
A. 血窦　　B. 淋巴窦　　C. 上颌窦　　D. 冠状窦　　E. 静脉窦

4. 2009年真题 肺进行气体交换的最主要场所是（　　）。
A. 肺泡　　B. 肺泡囊　　C. 肺泡管　　D. 细支气管　　E. 呼吸性细支气管

5. 2011年真题 下列哪种动物的咽鼓管在鼻咽部膨大形成喉囊（咽鼓管囊）？（　　）
A. 牛　　B. 羊　　C. 猪　　D. 鸡　　E. 马

6. 2011年真题 不能用口呼吸的动物是（　　）。
A. 犬　　B. 猫　　C. 牛　　D. 猪　　E. 马

7. 2012年真题 家畜喉软骨中，成对存在的软骨是（　　）。
A. 甲状软骨　　B. 会厌软骨　　C. 勺状软骨　　D. 环状软骨　　E. 气管软骨

8. 2012年真题 肺的呼吸部主要包括（　　）。
A. 肺泡、肺泡囊、肺泡管、细支气管
B. 肺泡、肺泡囊、肺泡管、呼吸性细支气管
C. 肺泡、肺泡囊、呼吸性细支气管、终末细支气管
D. 肺泡、肺泡囊、呼吸性细支气管、细支气管
E. 肺泡、肺泡囊、肺泡管、终末细支气管

9. 2013年真题 牛上唇中部与两鼻孔之间形成的特殊结构为（　　）。
A. 唇裂　　B. 鼻镜　　C. 吻突　　D. 鼻唇镜　　E. 人中

10. 2015年真题 家畜的肺分为左肺和右肺，而右肺（　　）。
A. 较小　　B. 较大　　C. 较圆　　D. 较钝　　E. 较尖

11. 2016年真题 肺是气体（　　）。
A. 进入的器官　　　　B. 排出的器官　　　　C. 存储的器官

D. 冷却的器官　　　　　　　　E. 交换的器官

12. 2017年真题 家畜喉软骨中，最大的是（　　）。
A. 甲状软骨　　　　　B. 会厌软骨　　　　　C. 环状软骨
D. 勺状软骨　　　　　E. 剑状软骨

13. 2018年真题 马鼻泪管开口于（　　）。
A. 鼻盲囊　　　　　　B. 上鼻道　　　　　　C. 鼻前庭
D. 下鼻道　　　　　　E. 中鼻道

14. 2019年真题 能关闭喉口的软骨是（　　）。
A. 甲状软骨　　　　　B. 会厌软骨　　　　　C. 环状软骨
D. 勺状软骨　　　　　E. 剑状软骨

15. 2020年真题 肺的呼吸部不包括（　　）。
A. 终末细支气管　　　B. 肺泡管　　　　　　C. 肺泡
D. 呼吸性细支气管　　E. 肺泡囊

四、简答题

1. 什么是呼吸道？其作用是什么？
2. 比较不同家畜气管的形态特点。
3. 在活体上指出家畜肺的体表投影位置。
4. 比较不同家畜的肺分叶情况。
5. 试述肺的组织学结构。

项目 6
解剖家畜泌尿系统

项目导入

泌尿系统包括肾、输尿管、膀胱和尿道（图6-0-1至图6-0-3）。肾是生成尿液的器官。输尿管为输送尿液至膀胱的管道。膀胱为暂时贮存尿液的器官。尿道是排出尿液的管道。机体在新陈代谢过程中产生许多代谢产物，如尿素、尿酸和多余的水分及无机盐类等，由血液带到肾，在肾内形成尿液，经排尿管道排出体外。肾除了排泄功能外，在维持机体水盐代谢、渗透压和酸碱平衡方面也起着重要作用。此外，肾还具有内分泌功能，能产生多种生物活性物质如肾素、前列腺素等，对机体的某些生理功能起调节作用。

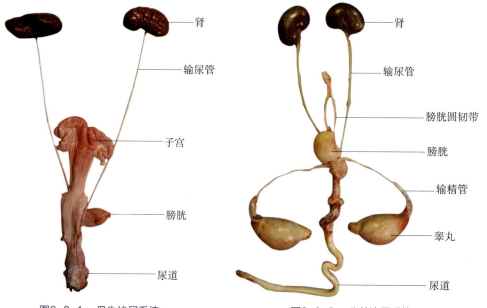

图6-0-1　母牛泌尿系统　　　　　图6-0-2　公羊泌尿系统

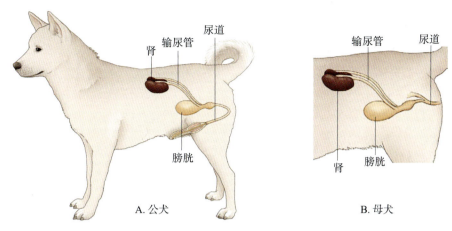

图6-0-3 犬泌尿系统原位示意图【引自Thomas C and Bassert J M，2015】

项目目标

一、认知目标

1. 掌握家畜泌尿系统的组成和功能。
2. 掌握家畜各泌尿器官的形态、结构和位置。

二、技能目标

1. 能在活体家畜体表准确找到肾的体表投影位置。
2. 在剖解过程中能辨识肾、输尿管、膀胱和尿道。
3. 能在显微镜下识别正常肾的组织切片，并绘图。

课前预习

1. 泌尿系统包括哪些器官？其主要功能分别是什么？
2. 什么是肾脂肪囊、肾盂、肾窦、肾椎体、肾乳头、肾柱、肾叶、肾盏、肾单位、肾小管、肾小球、肾小囊？
3. 哺乳动物肾的位置在哪里？可分为哪几种类型？不同类型肾的特点及代表动物分别是什么？
4. 膀胱分为哪几个部分？
5. 公畜尿道长，还是母畜尿道长？

任务6-1 解剖肾

数字资源

任务要求

1. 能描述家畜肾的一般结构。
2. 能说出各种家畜肾的位置、形态和类型。
3. 能识别家畜肾的组织结构。
4. 能根据肾的解剖结构解释尿液的形成过程。

理论知识

一、肾的一般结构

肾是成对的实质性器官，左、右各一，位于最后几个胸椎和前3个腰椎的腹侧，腹主动脉和后腔静脉的两侧。营养良好的家畜肾周围包有脂肪，称为肾脂肪囊。肾的表面包有由致密结缔组织构成的纤维膜，称为被膜。被膜在正常情况下容易被剥离。肾的内侧缘中部凹陷为肾门，是肾的血管、淋巴管、神经和输尿管进出之处。将肾从肾门纵行切开，可见肾门向内通肾窦（肾窦是由肾实质围成的腔隙）。

肾的实质由若干个肾叶组成，每个肾叶分为浅部的皮质和深部的髓质。皮质富含血管，新鲜时呈红色，内有细小红点状颗粒，为肾小体。髓质位于皮质的深部，约占肾实质的2/3，血管较少，由许多平行排列的肾小管组成，呈淡红色条纹状。每个肾叶的髓质部均呈圆锥形，称为肾锥体。肾锥体的底较宽大，并稍向外凸，与皮质相连，但与皮质分界不清。肾锥体的顶部钝圆，称为肾乳头（图6-1-1）。肾乳头突入肾窦内，与相应的肾小盏相连，几个肾小盏汇合形成肾大盏。肾大盏汇合形成两条集收管，接输尿管。皮质与髓质互相穿插，皮质伸入髓质锥体之间的部分称为肾柱，髓质伸入皮质的部分称为髓放线。

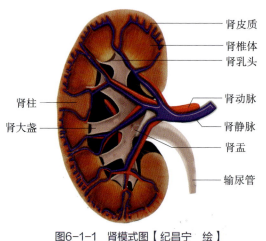

图6-1-1 肾模式图【纪昌宁 绘】

二、肾的类型

根据肾叶联合的程度不同，家畜肾的类型可分为3种：a.有沟多乳头肾，这种肾仅肾叶中间部合并，肾表面有沟，内部有分离的乳头，如牛肾；b.平滑多乳头肾，肾叶的皮质部完全合并，但内部仍有单独存在的乳头，如猪肾；c.平滑单乳头肾，肾叶的皮质部和髓质部完全合并，肾乳头连成嵴状，如羊肾、马肾、犬肾（图6-1-2）。

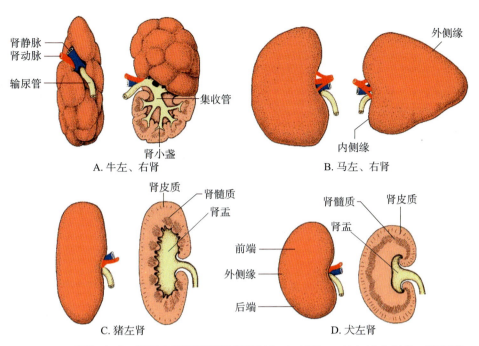

图6-1-2 不同家畜肾示意图【引自König H E and Liebich H G，2020】

知识拓展

复 肾

复肾由若干个独立的肾叶构成，每个肾叶为一个小肾。每个肾叶有多个肾锥体和肾乳头。肾叶呈锥体形，外周的皮质为泌尿部，中央的髓质为排尿部，末端形成肾乳头，肾乳头被输尿管分支形成的肾盏包住。如大象、鲸、熊、大熊猫、水獭的肾。

三、不同家畜肾的位置和形态特点

1. 牛肾

牛肾属于有沟多乳头肾（图6-1-3）。右肾呈长椭圆形，上、下稍扁，位于第12肋间隙至第2或第3腰椎横突的腹侧。前端位于肝的肾压迹内。肾门位于肾腹侧面的前部，接近内侧缘。

左肾的形状、位置都比较特殊，呈三棱形。左肾位置不固定，常受瘤胃影响。当瘤胃充满食物时，左肾横过体正中线到右侧，位于右肾的后下方；瘤胃空虚时，则左肾的一部分仍位于左侧。初生犊牛由于瘤胃不发达，左、右肾位置近于对称。

牛肾的肾叶明显，表面为皮质，内部为髓质（图6-1-4）。髓质形成较明显的肾锥体。肾乳头大部分单独存在，个别肾乳头较大，为两个肾乳头合并而成。

A. 左肾　　　B. 右肾

图6-1-3 牛肾外形（被膜已剥离）

图6-1-4 牛肾切面【引自陈耀星和刘为民，2009】

图6-1-5 牛输尿管及集收管（铸型标本）
【引自陈耀星和刘为民，2009】

输尿管的起始端在肾窦内形成前、后两条集收管，每条集收管又分出许多分支，分支的末端膨大形成肾小盏，每个肾小盏包围着一个肾乳头（图6-1-5）。

2. 马肾

马肾属于平滑单乳头肾。右肾呈钝角三角形，位于最后2~3肋骨椎骨端及第1腰椎横突的腹侧。右肾前端与肝相接，在肝上形成明显的肾压迹。左肾呈豆形，位置偏后，位于最后肋骨和前2或3个腰椎横突的腹侧（图6-1-6、图6-1-7）。

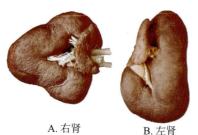

图6-1-6 马肾【引自König H E and Liebich H G，2020】

图6-1-7 马右肾切面【引自König H E and Liebich H G，2020】

3. 猪肾

猪肾属于平滑多乳头肾。左、右肾均呈豆形，较长扁（图6-1-8）。两侧肾位置对称，均在最后胸椎及前3个腰椎腹面两侧。右肾前端不与肝相接。

肾门位于肾内侧缘正中部。猪肾的皮质完全合并，而髓质则是分开的（图6-1-9）。每个肾乳头均与一个肾小盏相对，肾小盏汇入两个肾大盏，肾大盏汇于肾盂，肾盂延接输尿管。

图6-1-8 猪肾外形（被膜已剥离）　　图6-1-9 猪肾切面

4. 羊肾和犬肾

羊肾和犬肾均属于平滑单乳头肾，左、右肾均呈豆形（图6-1-10、图6-1-11）。羊的右肾位于最后肋骨至第2腰椎下；左肾在瘤胃背囊的后方，第4~5腰椎下。犬的右肾位置比较固定，位于前3个腰椎椎体的腹侧，有的前缘可达最后胸椎。左肾位置变化较大，当胃近于空虚时，左肾位于第2至第4腰椎椎体腹侧；胃内充满食物时，左肾向后移，其前端约与右肾后端相对。

5. 猫肾

猫肾属于平滑单乳头肾，呈豆形。右肾位于第2~3腰椎，左肾位于第3~4腰椎（图6-1-12）。猫肾只在腹侧面有腹膜。肾表面由被膜构成纤维囊。被膜内有丰富的静脉，这是猫肾的特点。肾乳头顶端有许多收集管开口，肾盂内有大量脂肪（图6-1-13）。

四、肾的组织学结构

肾的实质由若干肾叶组成，肾叶由肾单位、集合管系和肾小球旁器组成。

1. 肾单位

肾单位是肾的结构和功能单位，每个肾单位都是由肾小体和肾小管两个部分组成（图6-1-14）。

（1）肾小体 分布于皮质内，是肾单位的起始部，由肾小球和肾小囊两个部分组成。

①肾小球：是由一团毛细血管网盘曲而成，被包裹在肾小囊内，为一过滤装置。肾动脉在肾内反复分支形成入球小动脉。入球小动脉入肾小囊，再分成数小支，每个小支上又分出许多毛细血管祥，集合成群，使肾小球呈分叶状。毛细血管祥汇集成数支，最后汇集成出球小动脉出肾小囊。入球小动脉的管径较出球小动脉粗大，当血液流过肾小球时，毛细血管

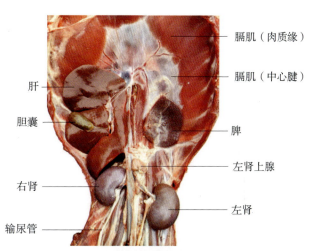

图6-1-10 羊肾原位

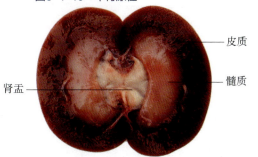

图6-1-11 羊肾切面

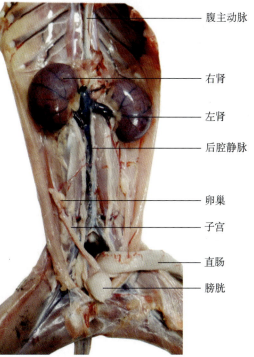

图6-1-12 猫肾原位

图6-1-13 猫肾外形及切面

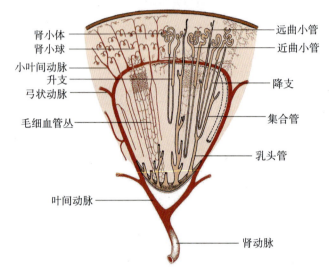

图6-1-14 肾单位示意图
【引自Dyce K M, et al, 2010】

血压较高,以利于血液中的物质从肾小球毛细血管滤出,进入肾小囊形成原尿。

②肾小囊:肾小管起始端膨大凹陷形成的杯状囊,囊内容纳肾小球。囊壁由单层扁平细胞构成,分为内、外两层,两层间狭窄的腔隙为肾小囊腔,内含原尿。

(2)肾小管 起始于肾小囊,依次分别为近曲小管、髓袢和远曲小管,末端连接集合管。

①近曲小管:连接肾小囊,是肾小管最长、最弯曲的一段,围绕在肾小体附近,末端变直沿髓放线进入髓质。近曲小管的重吸收功能非常强大,当原尿流经近曲小管时,85%以上的水分、全部的糖类和氨基酸及大部分无机盐离子都被重吸收。近曲小管上皮还可向管腔分泌一些物质,如肌酐、马尿酸等。

②髓袢:分为降支和升支。降支为近曲小管的延续,沿髓放线入髓质,为直行的上皮管。管径较细,在髓质内折转成袢,延续为升支。降支的作用主要是重吸收水分。升支在髓质沿髓放线返回皮质,到肾小体附近,延续为远曲小管。升支的作用主要是重吸收钠离子。

③远曲小管:较短,分布在肾小体附近,管径较近曲小管细,但管腔大而明显。远曲小管的作用主要是重吸收水分和钠离子,还可排钾离子。

2. 集合管系

集合管系包括集合管和乳头管。集合管由数条远曲小管汇合而成,自皮质沿髓放线直行入髓质。集合管有浓缩尿液的作用,可重吸收钠离子和水分。乳头管是位于肾乳头部较粗的排尿管,由集合管汇集而成。

3. 肾小球旁器

肾小球旁器由球旁细胞、致密斑、球外系膜细胞和极周细胞组成。

(1)球旁细胞 入球小动脉进入肾小囊处,动脉管壁中的平滑肌细胞转变为上皮样细胞,称为球旁细胞。呈立方形或多角形,细胞核为球形,细胞质内有分泌颗粒,颗粒内含肾素。

（2）致密斑　在靠近肾小体血管极一侧，远曲小管的上皮细胞由立方形变为高柱状，呈斑状隆起，称为致密斑。

（3）球外系膜细胞　因位于肾小体血管极的三角区内，又称为极垫细胞。具有吞噬功能，细胞内肌丝收缩可调节肾小球滤过面积。

（4）极周细胞　位于肾小囊壁层细胞与脏层上皮细胞的移行处。

五、肾的血液循环

肾动脉由肾门入肾后，伸向皮质，并沿途分出许多小的入球小动脉。入球小动脉进入肾小体形成血管球（肾小球），后再汇成出球小动脉。出球小动脉离开肾小体后，又分支形成毛细血管，分布于皮质和髓质内肾小管周围。这些毛细血管网又汇合成小静脉，后者在肾门处汇集成肾静脉，经肾门出肾，入后腔静脉。

肾的血液循环与尿液的形成和浓缩有密切关系，它有如下特点：

①流速快、流量大。肾动脉直接起自腹主动脉，粗而短。另外，肾内血管走行较直，血流能很快抵达肾小球。在静息状态下，每次心输出血量的20%~25%进入肾，其中90%经过肾小球完成过滤作用。

②动脉在肾内形成两次毛细血管网，即肾小球和球后毛细血管网。球后毛细血管网内的胶体渗透压较高，有利于肾小管上皮细胞的重吸收和尿液的浓缩。

③入球小动脉管径大于出球小动脉，因而肾小球内的压强较大，有利于滤过。

④髓旁肾单位发出的直血管与髓袢平行，也有助于水分重吸收和尿液浓缩。

任务6-2　解剖输尿管、膀胱和尿道

数字资源

任务要求

1. 能说出家畜输尿管的形态、位置和开口特点。
2. 能描述家畜膀胱的形态和位置。
3. 能比较公畜和母畜尿道的特点。

理论知识

一、输尿管

输尿管起于集收管（牛）或肾盂（羊、马、猪、犬），出肾门后，沿腹腔顶壁向后伸延，左侧输尿管在腹主动脉的外侧，右侧输尿管在后腔静脉的外侧，横过髂内动脉的腹侧进入骨盆腔，再斜穿膀胱壁，并沿壁内走行，最后开口于膀胱颈的背侧壁，以防止尿液自膀胱向输尿管逆流（图6-2-1）。

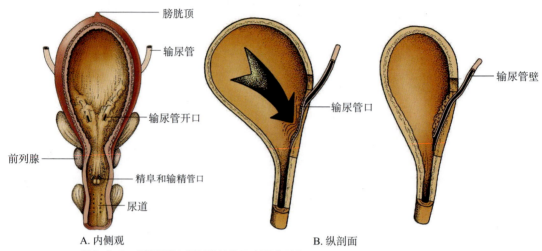

图6-2-1 犬输尿管与膀胱连接处示意图【引自Dyce K M，et al，2010】

二、膀胱

由于贮存尿液量的不同，膀胱的形状、大小和位置亦有变化。膀胱空虚时呈梨状，牛、马的膀胱约拳头大，位于骨盆腔内；充满尿液的膀胱，其前端可凸入腹腔内。公畜膀胱的背侧与直肠、尿生殖褶、输精管末端、精囊腺和前列腺相接。母畜膀胱的背侧与子宫及阴道相接。

膀胱可分为膀胱顶、膀胱体和膀胱颈。膀胱颈延接尿道。

膀胱壁由黏膜、肌层和外膜构成。黏膜形成不规则的皱褶，黏膜上皮为变移上皮。肌层为平滑肌，可分为内纵肌、中环肌和外纵肌，以中环肌最厚。在膀胱颈部环肌层形成膀胱括约肌。

三、尿道

尿道是尿液从膀胱向外排出的肌性管道，以尿道内口接膀胱颈，尿道外口通向体外。母畜的尿道很长，又称为尿生殖道（或雄性尿道），除有排尿功能外，还兼有排精的作用。它起于膀胱颈的尿道内口，开口于阴茎头的尿道外口。依其所在部位，可分为骨盆部和阴茎部。母畜的尿道很短，只是用于排尿，起于膀胱颈的尿道内口，以尿道外口开口于阴道前庭的腹侧、阴瓣的后方。猪的尿道外口下有小的尿道下憩室，牛的尿道下憩室较深。

项目小结

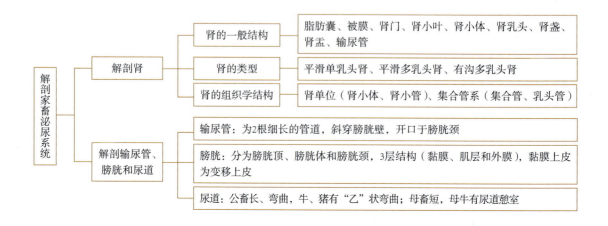

技能实训

解剖泌尿系统

【目的与要求】

1. 能在活体家畜体表准确找到肾的投影位置。
2. 能通过观察标本和实体解剖准确识别家畜泌尿系统各器官的形态、结构和位置关系，并能对不同家畜相同器官的解剖特征进行比较、归纳。
3. 能在显微镜下识别肾的组织学结构，并能准确绘图。

【材料与用品】

1. 健康牛、羊、猪、犬活体。
2. 家畜泌尿系统挂图及浸制标本。
3. 家畜肾的大体结构模式图。
4. 显微镜及猪肾的正常组织切片。

【方法和步骤】

1. **确定肾的体表投影位置**

在活体家畜体表找到两肾的投影位置。

2. **观察泌尿器官**

（1）观察肾　在肾大体结构模式图上观察肾动脉、肾静脉、肾纤维膜、肾门、肾窦、皮质、髓质、肾乳头、肾锥体、肾柱、肾盏、集收管（牛）或肾盂。

（2）观察输尿管、膀胱和尿道　在浸制标本上观察输尿管(注意起始端)、膀胱顶、膀胱体、膀胱颈、膀胱黏膜、公畜骨盆部尿道和阴茎部尿道、母畜尿道外口、尿道憩室（母牛）。

3. **观察肾组织切片**

在低倍镜下观察肾被膜、实质（皮质、髓质），在高倍镜下观察肾小球、肾小囊、肾小管等组织结构。

【实训报告】

1. 绘制肾组织结构图。
2. 填图。

①＿＿＿；②＿＿＿；
③＿＿＿；④＿＿＿；
⑤＿＿＿；⑥＿＿＿；
⑦＿＿＿；⑧＿＿＿；
⑨＿＿＿；⑩＿＿＿；
⑪＿＿＿。

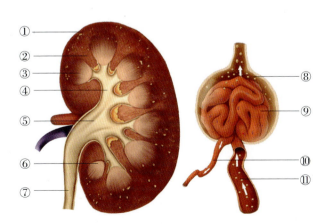

实训6-0-1　猪肾【纪昌宁　绘】

> **双证融通**

一、名词解释

肾门　肾单位　肾盂　肾叶　肾小球　肾小管　尿生殖道　有沟多乳头肾

二、填空题

1. 泌尿系统的组成有_____、_____、膀胱和_____。
2. _____是肾的基本结构和功能单位，由_____和_____构成。
3. 肾内缘中部有凹陷，称为_____，是肾动脉、_____、_____等出入肾的地方。

三、选择题

1. 2009年、2016年真题 牛肾类型属于（　　）。
   A. 复肾　　　　　　　　B. 有沟多乳头肾　　　　　C. 有沟单乳头肾
   D. 光滑多乳头肾　　　　E. 光滑单乳头肾

2. 2010年真题 肾外表面坚韧的结缔组织膜构成（　　）。
   A. 滑膜　　B. 浆膜　　C. 上皮　　D. 纤维囊　　E. 脂肪囊

3. 2012年真题 犬肾为（　　）。
   A. 复肾　　　　　　　　B. 有沟多乳头肾　　　　　C. 有沟单乳头肾
   D. 光滑多乳头肾　　　　E. 光滑单乳头肾

4. 2017年真题 肾组织结构中有肾大盏（收集管）而无肾盂的家畜是（　　）。
   A. 牛　　B. 马　　C. 羊　　D. 猪　　E. 犬

5. 2019年真题 属于有沟多乳头肾的动物是（　　）。
   A. 牛　　B. 马　　C. 羊　　D. 猪　　E. 犬

四、简答题

1. 简述牛、羊、马、猪、犬肾的形态、位置及类型。
2. 为什么当膀胱充满尿液时，尿液不能逆流进入输尿管？
3. 进行肾摘除手术时，在肾门处需结扎哪些管道？
4. 从形态学角度解释，为什么公畜容易发生尿道结石，而母畜容易发生尿路感染？
5. 原尿是在肾的哪个部位产生的？写出尿液排出体外的通道。
6. 试述肾的组织结构。

项目 7
解剖家畜生殖系统

项目导入

动物繁殖后代,保证种族延续的全部生理过程称为生殖。执行生殖功能的器官组成了生殖系统。生殖系统能产生生殖细胞(精子和卵子),还能分泌性激素,在神经系统和脑垂体的作用下调节生殖器官的功能活动。性激素对维持动物第二性征有重要作用。生殖系统有明显的性别差异,本项目分别学习公畜生殖系统和母畜生殖系统。

项目目标

一、认知目标

1. 掌握家畜生殖系统的组成和功能。
2. 掌握家畜生殖系统各器官的形态、结构、位置和功能。

二、技能目标

1. 在剖检过程中能够识别各个生殖器官,并能对它们的位置、形态、结构进行准确描述。
2. 能在显微镜下识别睾丸和卵巢的正常组织结构。

课前预习

1. 公畜生殖系统和母畜生殖系统各包含哪些器官?
2. 睾丸和附睾的位置分别在哪里?它们分别有什么功能?
3. 什么是精索?其内部有哪些组织和器官?
4. 副性腺有哪些?它们分别有什么功能?
5. 母畜有几个卵巢?它的功能是什么?
6. 输卵管包括哪几个部分?受精在哪个部位?
7. 子宫分为哪几个部分?它有什么功能?

任务7-1 解剖公畜生殖系统

数字资源

任务要求

1. 能说出公畜生殖系统的组成及各个器官的功能。
2. 会描述公畜睾丸和附睾的形态、位置,以及睾丸下降的概念和生理意义。
3. 能识别公畜输精管和精索。
4. 能说出公畜副性腺的名称、位置,并能比较不同家畜副性腺之间的解剖特征。
5. 能描述公畜阴茎的结构以及不同动物阴茎的特点。

理论知识

公畜生殖系统由睾丸、附睾、输精管、精索、尿生殖道、副性腺、阴茎、包皮和阴囊组成(图7-1-1)。睾丸是产生精子和分泌雄性激素的器官。精子产生后,进入附睾贮存并发育成熟,然后在家畜交配射精时进入输精管和尿生殖道。副性腺的分泌物也排到尿生殖道以增加精液量,尿生殖道远端为尿液和精液的共同通路。阴茎是公畜交配器官,将精液射入母畜生殖道。

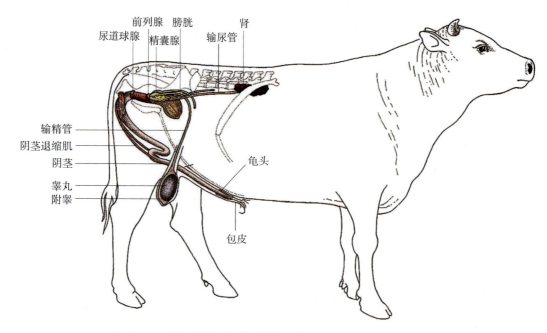

图7-1-1 公牛生殖系统原位示意图【引自Dyce K M,et al,2010】

一、睾丸和附睾

睾丸和附睾均位于阴囊中,左、右各1枚,中间由阴囊中隔隔开。

1. 睾丸

(1) 睾丸的形态和位置　睾丸是产生精子和分泌雄性激素的器官，表面光滑，呈左、右稍扁的椭圆形。外侧面稍隆凸，与阴囊外侧壁接触；内侧面平坦，与阴囊中隔相贴。睾丸可分为睾丸头、睾丸体和睾丸尾3个部分。血管和神经进入的一端为睾丸头，有附睾头附着。另一端为睾丸尾，有附睾尾附着。睾丸头与睾丸尾之间为睾丸体（图7-1-2）。

图7-1-2　猪睾丸、附睾和精索

在胚胎时期，睾丸位于腹腔内，在肾附近。出生前后，睾丸和附睾一起经腹股沟管下降至阴囊中，这一过程称为睾丸下降（图7-1-3）。如果有一侧或两侧睾丸没有下降到阴囊，称为单睾（图7-1-4）或隐睾，其生殖功能弱或无生殖功能，不宜作种畜用。

公牛、公羊的睾丸较大，呈长椭圆形，长轴与地面垂直（图7-1-5）。公马的睾丸呈椭圆形，长轴与地面平行。公猪的睾丸很大，质较软，位于会阴部，长轴斜向后上方（图7-1-6）。公犬的睾丸比较小，呈卵圆形，长轴自后上方斜向前下方。

(2) 睾丸的组织结构　睾丸表面由浆膜被覆，称为固有鞘膜。固有鞘膜下面为白膜，它是由致密结缔组织形成的一层很厚的纤维膜。白膜自睾丸头伸向睾丸尾，形成带有空隙的睾丸纵隔。睾丸纵隔发出许多睾丸间隔与周边的白膜相连。睾丸间隔将睾丸的

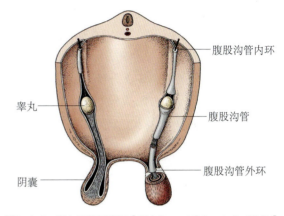

图7-1-3　睾丸下降示意图【引自Dyce K M, et al, 2010】

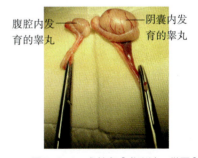

图7-1-4　犬单睾【龚兴波　供图】

图7-1-5　公牛睾丸

图7-1-6　公猪睾丸

实质分成许多睾丸小叶，每个睾丸小叶内有2~3条精小管。精小管分为精曲小管和精直小管。精曲小管在睾丸小叶顶端汇合成精直小管，精直小管进入睾丸纵隔内，相互吻合形成睾丸网。睾丸网汇合成12~25条睾丸输出小管，从睾丸头穿出，与附睾管相连（图7-1-7）。精曲小管是精子产生的场所，管壁内有两种细胞：一种是处于不同发育阶段的生精细胞，包括精原细胞、初级精母细胞、次级精母细胞、精细胞和精子；另一种是支持细胞，具有营养和支持生精细胞的作用。

2. 附睾

附睾是贮存精子和精子进一步发育成熟的场所。它附着在睾丸边缘，外面也被覆固有鞘膜和薄的白膜。附睾可分为附睾头、附睾体与附睾尾（见图7-1-2）。附睾头膨大，由10多条睾丸输出小管组成。睾丸输出小管汇合成一条很长的附睾管，迂曲并逐渐增粗，构成附睾体和附睾尾，在附睾尾处延接输精管。附睾尾借睾丸固有韧带与睾丸尾相连。

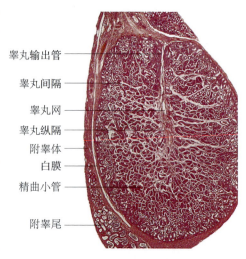

图7-1-7　公牛睾丸和附睾组织切片
【引自陈耀星和刘为民，2009】

二、输精管和精索

1. 输精管

输精管由附睾管直接延续而成，在附睾尾沿附睾体至附睾头附近，进入精索后缘内侧的输精管褶中，经腹股沟管进入腹腔，然后折向后上方进入骨盆腔，在膀胱背侧的尿生殖褶内继续向后伸延，开口于尿生殖道起始部背侧壁的精阜上（见图7-1-1）。

2. 精索

精索为一扁平的圆锥形结构，其基部附着于睾丸和附睾，上端达腹股沟管内环，由神经、血管、淋巴管、平滑肌束和输精管等组成，外表被有固有鞘膜（见图7-1-2）。去势时要结扎或截断精索。

三、尿生殖道

公畜的尿道兼有排尿和排精作用，所以称为尿生殖道。其前端接膀胱颈，沿骨盆腔底壁向后伸延，绕过坐骨弓，再沿阴茎腹侧的尿道沟向前延伸至阴茎头末端，以尿道外口开口于外界。

尿生殖道可分为骨盆部和阴茎部两个部分，以坐骨弓为界。

1. 骨盆部

骨盆部指自膀胱颈到骨盆腔后口的一段，位于骨盆腔底壁与直肠之间。在起始部背侧壁的中央有一圆形隆起，称为精阜。精阜上有一对小孔，为输精管及精囊腺排泄管的共同开口。

2. 阴茎部

阴茎部为骨盆部的直接延续，自坐骨弓起，经左、右阴茎脚之间进入阴茎的尿道沟。

四、副性腺

（一）副性腺的构成

副性腺包括前列腺、成对的精囊腺及尿道球腺，其分泌物与输精管壶腹部的分泌物以及睾丸生成的精子共同组成精液。副性腺的分泌物有稀释精子、营养精子及改善阴道环境等作用，有利于精子的生存和运动。凡是幼龄去势的家畜，副性腺不能正常发育。

1. 前列腺

前列腺位于尿生殖道起始部的背侧，一般可分体部和扩散部（壁内部），两部均以许多导管成行地开口于精阜附近的尿生殖道内。前列腺的发育程度与公畜的年龄有密切的关系，幼龄时较小，到性成熟期较大，老龄时又逐渐退化。

2. 精囊腺

精囊腺成对，位于膀胱颈背侧的尿生殖褶中，在输精管壶腹部的外侧。每侧精囊腺的导管与同侧输精管共同开口于精阜。

3. 尿道球腺

尿道球腺也为成对腺体，位于尿生殖道骨盆部末端的背面两侧，在坐骨弓附近，其导管开口于尿生殖道内。

（二）常见家畜副性腺的结构特点

1. 公牛、公羊副性腺

公牛的前列腺体部很小，位于尿生殖道起始部的背侧（公羊无体部）；扩散部发达，分布在尿生殖道骨盆部黏膜的周围。精囊腺是一对实质性的分叶性腺体，位于尿生殖褶内，在输精管壶腹的外侧。尿道球腺为圆形的实质性腺体，大小似胡桃（图7-1-8）。

2. 公马副性腺

公马的前列腺发达，由左、右两侧腺叶和中间的峡部构成，无扩散部。精囊腺呈梨形囊状，表面光滑。尿道球腺呈卵圆形，表面被覆尿道肌，每侧腺体有6~8条导管，开口于尿生殖道背侧两列小乳头上（图7-1-9）。

3. 公猪副性腺

公猪的前列腺与公牛相似。体部位于尿生殖道起始部的背侧，大部分被精囊腺覆盖；扩散部形成一腺体层，分布于尿生殖道骨盆部的壁内。精囊腺特别发达，外形似棱形三面体，由许多腺

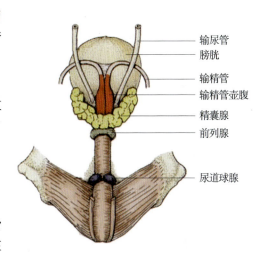

图7-1-8 公牛副性腺示意图
【引自陈耀星和刘为民，2009】

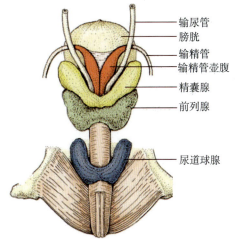

图7-1-9 公马副性腺示意图
【引自陈耀星和刘为民，2009】

小叶组成，呈淡红色，裂隙状（图7-1-10）。尿道球腺也特别发达，呈圆柱形，位于尿生殖道骨盆部后2/3的两侧和背侧，表面有球海绵体肌覆盖，其收缩有利于分泌物的排出。

4. 公犬副性腺

公犬没有精囊腺和尿道球腺，只有前列腺，大而坚实，呈球状，被一正中沟分为左、右两叶，环绕在膀胱颈及尿道起始部（图7-1-11）。有多条输出管开口于尿道骨盆部。

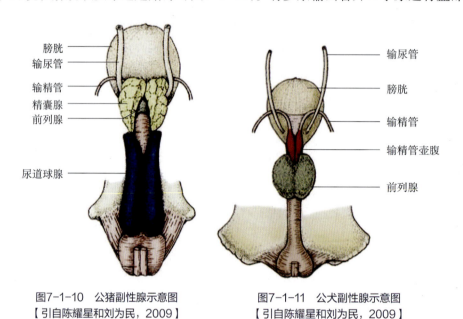

图7-1-10 公猪副性腺示意图
【引自陈耀星和刘为民，2009】

图7-1-11 公犬副性腺示意图
【引自陈耀星和刘为民，2009】

五、阴茎与包皮

（一）阴茎

1. 阴茎的功能及位置

阴茎为公畜的排尿、排精和交配器官，附着于两侧的坐骨结节，经左、右股部之间向前延伸至脐部的后方，可分阴茎根、阴茎体和阴茎头3个部分。

2. 不同家畜阴茎的形态

（1）公牛阴茎　呈圆柱状（图7-1-12），长而细，成年公牛的阴茎全长约90cm，勃起时直径约3cm。阴茎体在阴囊的后方形成"乙"状弯曲，勃起时伸直，阴茎头呈扭转状，尿生殖道开口于左侧螺旋沟中的尿道突上。

（2）公羊阴茎　与公牛的阴茎基本相似，但阴茎头构造特殊，其前端有一细而长的尿道突（图7-1-13）。公绵羊的尿道突长3~4cm，呈弯曲状，公山羊的尿道突较短而直。射精时，尿道突可迅速转动，将精液射在子宫颈外口周围。

（3）公马阴茎　粗大、平直，腹侧有阴茎退缩肌。阴茎头末端膨大形成龟头，其上有龟头窝，尿道外口开口于此（图7-1-14）。

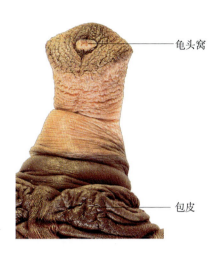

图7-1-12 公牛阴茎
【引自陈耀星和刘为民，2009】

A. 绵羊　　B. 山羊
图7-1-13 公羊阴茎
【引自陈耀星和刘为民，2009】

图7-1-14 公马阴茎
【引自陈耀星和刘为民，2009】

（4）公猪阴茎　与公牛的阴茎相似，但"乙"状弯曲部在阴囊前方。阴茎头呈螺旋状扭转，尿生殖道外口为一裂隙状口，位于阴茎头前端的腹外侧。

（5）公犬阴茎　中隔前方有一块骨，称为阴茎骨。阴茎头很长，盖在阴茎骨的表面，它的前部呈圆柱状，游离端尖。阴茎头的起始部膨大，称为龟头球。

（二）包皮

包皮为皮肤折转而形成的一管状鞘，有容纳和保护阴茎头的作用。

（1）公牛包皮　长而狭窄，完全包裹着退缩的阴茎头。包皮口位于脐的后方约5cm处。

（2）公马包皮　为双层皮肤褶，皮肤内有汗腺和包皮腺，其分泌物和脱落的上皮细胞共同形成一种黏稠而难闻的包皮垢（图7-1-15）。

（3）公猪包皮　包皮口很狭窄。包皮腔很长，前宽后窄。前部背侧壁有一卵圆形盲囊，为包皮憩室或包皮盲囊。囊腔内常聚积有余尿和腐败的脱落上皮，具有特殊的腥臭味（图7-1-16）。

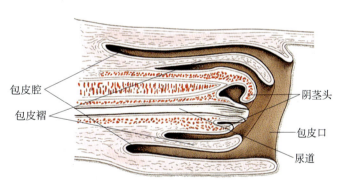

图7-1-15 公马包皮示意图
【引自陈耀星和刘为民，2009】

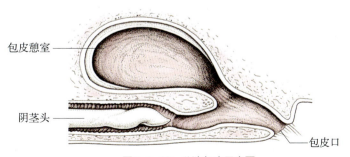

图7-1-16 公猪包皮示意图
【引自陈耀星和刘为民，2009】

> **小贴士**
>
> 畜牧生产中常根据家畜种类不同采用不同的人工采精方式。对公猪多用徒手采精法，对公牛、公羊、公马等多用假阴道法。在进行公畜采精操作前，需要对公畜进行认真清洗，去除在包皮中存留的尿液和污垢，以免对精液造成污染，影响精液的质量。

六、阴囊

阴囊为呈袋状的腹壁囊，借腹股沟管与腹腔相通，相当于腹腔的凸出部，内有睾丸、附睾及部分精索。阴囊具有保护睾丸和附睾等功能，并可调节其里面的温度略低于体腔内的温度，有利于精子的生成、发育和活动。

任务7-2 解剖母畜生殖系统

数字资源

任务要求

1. 能按次序阐述母畜生殖系统的组成以及各器官的功能。
2. 会描述母畜卵巢的形态、位置、组织学构造和不同家畜卵巢的特点。
3. 能说出母畜输卵管的位置、形态和结构。
4. 能描述母畜子宫的位置、形态和结构，并会比较、归纳不同家畜子宫的解剖特征。
5. 能说出母畜阴道、尿生殖前庭的位置和结构特点。

理论知识

母畜生殖系统由卵巢、输卵管、子宫、阴道、尿生殖前庭和阴门组成（图7-2-1）。

一、卵巢

（一）卵巢的形态和位置

卵巢是产生卵子和分泌雌性激素的器官，其形状和大小因畜种、个体、年龄及性周期而异。卵巢由卵巢系膜附着于腰下部。卵巢的子宫端借卵巢固有韧带与子宫角的末端相连。在卵巢系膜的附着缘无腹膜，血管、

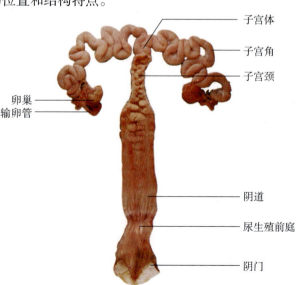

图7-2-1 **母猪生殖系统**（背侧面，沿正中线切开）
【引自陈耀星和刘为民，2009】

神经和淋巴管由此出入卵巢,此处称为卵巢门。卵巢没有排卵管道,卵细胞定期由卵巢破壁排出。排出的卵细胞经腹膜腔落入输卵管起始部。

(二)常见家畜卵巢的特点

1. 母牛、母羊卵巢

母牛的卵巢呈稍扁的椭圆形,长约3.7cm,宽约2.5cm。母羊的卵巢较圆、较小,一般位于骨盆前口的两侧附近。未经产母牛的卵巢多在骨盆腔内;经产母牛的卵巢则稍向前移,吊在腹腔内,在耻骨前缘的前下方。性成熟后,成熟的卵泡和黄体可凸出于卵巢表面。

2. 母马卵巢

母马的卵巢呈豆形,长约7.5cm,厚2.5cm。卵巢游离缘有一凹陷,称排卵窝,成熟卵泡仅由此排出卵细胞,这是马属动物的特征。

3. 母猪卵巢

母猪的卵巢一般较大,呈卵圆形,其位置、形态和大小因年龄和个体不同而有很大变化。

(1)性成熟以前 卵巢较小,约为0.4cm×0.5cm,表面光滑,呈淡红色,位于荐骨岬两侧稍靠后方,位置较为固定。

(2)接近性成熟时 卵巢体积增大,约为2cm×1.5cm,表面有凸出的卵泡,呈桑葚状,位置稍下垂前移,位于髋结节前缘横断面处的腰下部。

(3)性成熟后及经产母猪 卵巢体积更大,长3~5cm,包于发达的卵巢囊内,表面因有卵泡、黄体凸出而呈结节状,位于髋结节前缘约4cm的横断面上。

4. 母犬卵巢

母犬的卵巢较小,两侧卵巢位于距同侧肾后端1~2cm处的卵巢囊内,其长度平均约为2cm,呈长卵圆形。卵巢囊的腹侧有裂口。

5. 母猫卵巢

母猫的卵巢较母犬小,直径约为1cm(图7-2-2)。

(三)卵巢的组织结构

卵巢分为被膜和实质两个部分,实质又由外周的皮质和中央的髓质构成。马属动物卵巢皮质和髓质位置正好倒置,即髓质在外,皮质在内。

1. 被膜

被膜由生殖上皮和白膜组成。生殖上皮被覆在白膜的外表面,为单层扁平

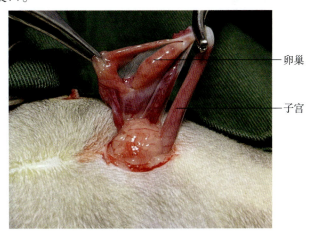

图7-2-2 母猫卵巢

或立方形,随年龄增长而趋于扁平。白膜由致密结缔组织构成。

2. 皮质

皮质位于被膜下面,由基质、处于不同发育阶段的卵泡(图7-2-3)和黄体等构成。

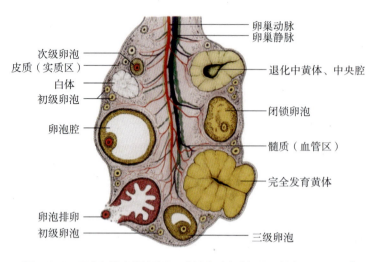

图7-2-3 母牛卵巢功能性阶段示意图【引自陈耀星和刘为民，2009】

（1）基质 皮质内的结缔组织称为基质，内含大量的网状纤维和少量弹性纤维。

（2）卵泡 由一个卵母细胞和包在其周围的卵泡细胞所构成。

①原始卵泡：位于卵巢皮质表层，数量多、体积小。每个原始卵泡一般由一个大而圆的初级卵母细胞和其周围单层扁平的卵泡细胞构成。原始卵泡到家畜性成熟才开始陆续生长发育。

②生长卵泡：卵泡开始生长的标志是原始卵泡的卵泡细胞由扁平变为立方或柱状。根据发育阶段不同，生长卵泡可分为初级卵泡和次级卵泡。初级卵泡是指从卵泡开始生长到出现卵泡腔之前的卵泡。次级卵泡是指从卵泡腔开始出现到卵泡成熟前这一阶段的卵泡。

③成熟卵泡（图7-2-4）：由于卵泡液激增，成熟卵泡的体积显著增大。随着内压升高，卵泡破裂，卵细胞及其周围的放射冠随着卵泡液一同排出的过程称为排卵。

④闭锁卵泡：在正常情况下，卵巢内绝大多数的卵泡不能发育成熟，而在各发育阶段中逐渐退化。这些退化的卵泡称为闭锁卵泡。

（3）黄体 成熟卵泡排卵后，卵泡壁塌陷形成皱褶，残留在卵泡壁的卵泡细胞和内膜细胞向内浸润，逐渐形成黄体（图7-2-5）。如果排出的卵细胞已经受精，黄体可继续发育直到妊娠后期，称为妊娠黄体或真黄体。如未受精或未妊娠，则黄体逐渐退化，称为暂时黄体或假黄体。

3. 髓质

髓质为疏松结缔组织，含有丰富的弹性纤维、血管、淋巴管和神经等。

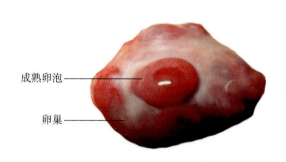

图7-2-4 母牛成熟卵泡

图7-2-5 母牛黄体

二、输卵管

输卵管是一对细长而弯曲的管道,位于卵巢和子宫角之间,有输送卵细胞的作用,同时也是卵细胞受精的场所。输卵管被输卵管系膜所固定。输卵管系膜与卵巢固有韧带之间形成卵巢囊。

输卵管可分漏斗部、壶腹部和峡部3个部分(图7-2-6)。

1. 漏斗部

漏斗部为输卵管起始膨大的部分,其大小因家畜种类和年龄而有所不同。漏斗部的边缘有许多不规则的皱褶,呈伞状,称为输卵管伞。漏斗部的中央有一个小的开口连通腹膜腔,称为输卵管腹腔口。

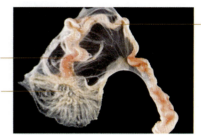

图7-2-6 输卵管【引自König H E and Liebich H G, 2004】

2. 壶腹部

壶腹部较长,为位于漏斗部和峡部之间的膨大部分,壁薄而弯曲,黏膜形成复杂的皱褶,为卵细胞完成受精的场所。

3. 峡部

峡部位于壶腹部之后,较短,细而直,管壁较厚,末端以小的输卵管子宫口与子宫角相通。

三、子宫

(一)子宫的形态和位置

子宫是一个中空的肌质器官,富于伸展性,是胎儿生长发育的场所。子宫借子宫阔韧带附着于腰下部和骨盆腔侧壁,大部分位于腹腔内,小部分位于骨盆腔内,在直肠和膀胱之间,前端与输卵管相接,后端与阴道相通。

家畜的子宫均属双角子宫,可分子宫角、子宫体和子宫颈3个部分。

1. 子宫角

子宫角成对,在子宫的前部,呈弯曲的圆筒状,位于腹腔内(未经产的母牛、母羊则位于骨盆腔内)。其前端以输卵管子宫口与输卵管相通,后端会合而成为子宫体。

2. 子宫体

子宫体呈圆筒状,向前与子宫角相连,向后延续为子宫颈。

3. 子宫颈

子宫颈为子宫后段的缩细部,位于骨盆腔内,壁很厚,黏膜形成许多纵褶,内腔狭窄,称为子宫颈管,前端以子宫颈内口与子宫体相通,向后凸入阴道内的部分称为子宫颈阴道部(图7-2-7)。子宫颈管平时闭合,发情时稍松弛,分娩时扩大。

(二)常见家畜子宫的结构特点

1. 母牛、母羊子宫(图7-2-8A)

成年母牛的子宫大部分位于腹腔内。子宫角较长,平均35~40cm(母羊10~20cm)。

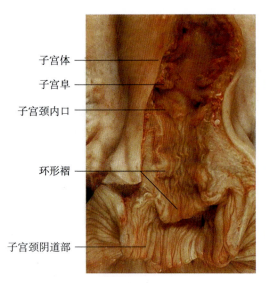

图7-2-7 母牛子宫颈（已切开）
【引自陈耀星和刘为民，2009】

子宫体短，长3~4cm（母羊约2cm）。子宫颈长约10cm（母羊约4cm），壁厚而坚实。子宫颈管由于黏膜突起的互相嵌合而呈螺旋状，平时紧闭，不易张开。子宫颈阴道部呈菊花瓣状。子宫体和子宫角的内膜上有特殊的圆形隆起，称为子宫阜（图7-2-7）。子宫阜共有4排，母牛100多个，母羊60多个，顶端略凹陷。未妊娠时，子宫阜很小，长约15mm；妊娠时子宫阜逐渐增大，最大的有握紧的拳头般大，是胎膜与子宫壁结合的部位（图7-2-9）。妊娠时子宫的位置大部分偏于腹腔的右半部。

2. 母马子宫（图7-2-8B）

母马的子宫呈"Y"形。子宫体与子宫角等长。子宫颈阴道部的黏膜褶形成花冠状，子宫颈外口位于中央。

3. 母猪子宫（图7-2-8C）

母猪的子宫角特别长，经产母猪可达1.2~1.5m；2月龄以前的小母猪，子宫角细而弯曲，似小肠，但壁较厚。子宫体短，长约5cm。子宫颈较长（成年母猪的子宫颈长10~15cm），没有子宫颈阴道部。黏膜褶形成两行半圆形隆起，交错排列，使子宫颈管呈

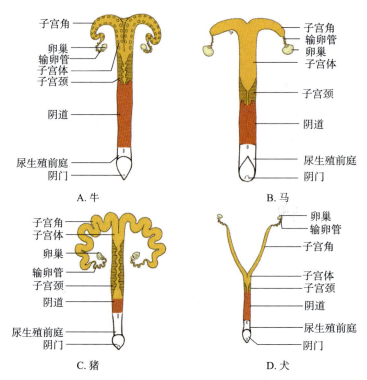

图7-2-8 母畜生殖器官示意图【引自陈耀星和刘为民，2009】

狭窄的螺旋状。

4. 母犬子宫（图7-2-8D）

母犬的子宫角细而长，中等体型母犬子宫角长12～15cm，子宫角的分歧角呈"V"形。子宫体和子宫颈都很短。

（三）子宫的组织结构

子宫壁由黏膜、肌层和浆膜构成（图7-2-10）。

1. 黏膜

黏膜又称为子宫内膜，粉红色，膜内有子宫腺，分泌物对早期胚胎有营养作用。

2. 肌层

肌层由厚的内环行肌和薄的外纵行肌构成，两层肌肉间有一血管层，含丰富的血管和神经。子宫颈的环肌层特别发达，形成子宫颈括约肌，平时紧闭，分娩时开张。

3. 浆膜

浆膜又称为子宫外膜，由腹膜延续而来，被覆于子宫的表面。

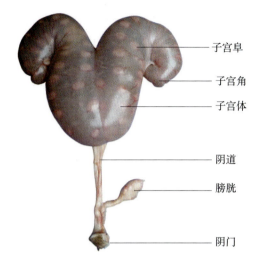

图7-2-9 妊娠山羊的生殖器官

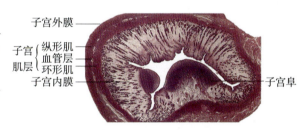

图7-2-10 绵羊子宫组织切片
【引自陈耀星和刘为民，2009】

四、阴道

阴道是母畜的交配器官，也是产道。阴道呈扁管状，位于骨盆腔内，在子宫后方，向后延接尿生殖前庭，其背侧与直肠相邻，腹侧与膀胱及尿道相邻。有些家畜的阴道前部因子宫颈阴道部凸入而形成一环状或半环状陷窝，称为阴道穹窿（图7-2-11）。

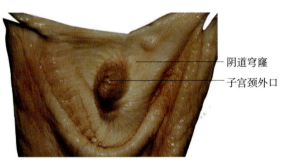

图7-2-11 母牛阴道穹窿

母牛的阴道长20～25cm。妊娠母牛的阴道可增至30cm以上。阴道壁很厚，因子宫颈阴道部的腹侧与阴道腹侧壁直接融合，所以阴道穹窿呈半环状，仅见于阴道前端的背侧和两侧。

母猪的阴道长10～12cm，肌层厚；黏膜有皱褶，不形成阴道穹窿。

五、尿生殖前庭

尿生殖前庭是母畜的交配器官和产道，也是尿液排出的经路。尿生殖前庭与阴道相似,位于骨盆腔内、直肠的腹侧,呈扁管状,前端腹侧以一横行的黏膜褶(阴瓣)与阴道为界,后端以阴门与外界相通。在尿生殖前庭的腹侧壁上,紧靠阴瓣的后方有一尿道外口。

母牛的阴瓣不明显,在尿道外口的腹侧有一个伸向前方的短盲囊(长约3cm),称为尿道下憩室,给母牛导尿时应注意不要把导尿管插入尿道下憩室内。母猪的阴瓣为一环形褶。母犬的尿道开口于一小隆起,两侧各有一个凹沟,在进行膀胱导管插入术时注意不要将其误认为阴蒂窝。

六、阴门

阴门与尿生殖前庭一同构成母畜的外生殖器官。阴门位于肛门腹侧,由左、右两片阴唇构成,两阴唇间的裂缝称为阴门裂。在阴门腹侧联合前方有一阴蒂窝,内有小而凸出的阴蒂,相当于公畜的阴茎,也由海绵体构成。

项目小结

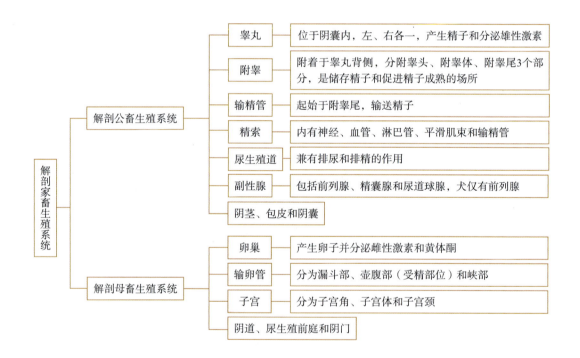

技能实训

解剖生殖系统

【目的与要求】

1. 能通过观察大体结构图和标本准确识别家畜生殖系统各器官的形态、结构和位置关系,并能对不同家畜相同器官的解剖特征进行比较、归纳。

2. 能在显微镜下识别睾丸和卵巢的组织学结构，并能准确绘图。

【材料与用品】

1. 牛、羊、马、猪、犬雌性和雄性生殖器官大体结构模式图和浸制标本。
2. 显微镜及牛、猪睾丸组织和卵巢组织切片。

【方法和步骤】

1. 观察家畜雄性生殖器官

观察阴囊、睾丸、附睾、精索、输精管、副性腺和龟头的形态、结构及它们之间的位置关系。

2. 观察家畜雌性生殖器官

观察卵巢的形状、大小及位置，输卵管的结构及其与卵巢的位置关系，以及子宫的形态和位置（重点观察母牛子宫阜、子宫颈及子宫颈外口）。

3. 观察健康家畜睾丸和卵巢组织切片

（1）观察睾丸组织切片　在低倍镜下观察被膜和实质（精小管、睾丸网和间质组织）。在高倍镜下进一步观察精小管[精曲小管(生精细胞、支持细胞)和精直小管]、睾丸网和间质组织。

（2）观察卵巢组织切片　在低倍镜下观察皮质和髓质。在高倍镜下进一步观察皮质内分布的处于不同发育阶段的卵泡（原始卵泡、初级卵泡、次级卵泡、成熟卵泡和闭锁卵泡）及黄体。

【实训报告】

1. 绘制牛、羊、马、猪雄性和雌性生殖系统组成图。
2. 绘制睾丸、卵巢组织结构图。
3. 填图。

① _____；② _____；③ _____；
④ _____；⑤ _____；⑥ _____；
⑦ _____；⑧ _____；⑨ _____；
⑩ _____；⑪ _____；⑫ _____；
⑬ _____。

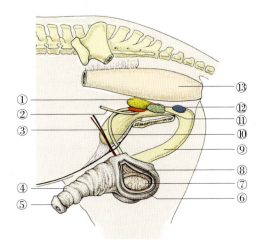

实训7-0-1　公马生殖系统原位示意图
【引自陈耀星和刘为民，2009】

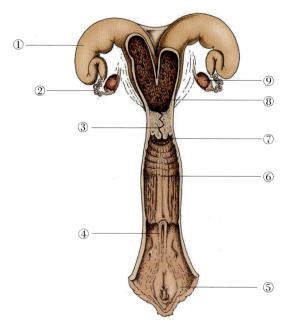

①_____；②_____；
③_____；④_____；
⑤_____；⑥_____；
⑦_____；⑧_____；
⑨_____。

实训7-0-2　母牛生殖系统示意图【引自Dyce K M，et al，2010】

双证融通

一、名词解释

睾丸下降　隐睾　副性腺　输卵管伞　子宫阜　阴道穹窿　精索

二、填空题

1. 卵泡是由中央_____细胞和围绕在其周围的_____细胞组成的。
2. 卵巢的实质可分为_____和_____两个部分。
3. 精曲小管由基膜和_____上皮构成，其中的两类细胞是_____细胞和_____细胞。
4. 输卵管包括_____、_____和_____3个部分。

三、选择题

1. 构成睾丸小叶的结构是（　　）。
   A. 精曲小管　　　　　　B. 精直小管
   C. 间质细胞　　　　　　D. 间质
2. 无子宫颈阴道部的家畜是（　　）。
   A. 牛　　　B. 羊　　　C. 猪　　　D. 马
3. 2010年真题　具有子宫阜的家畜是（　　）。
   A. 马　　　B. 牛　　　C. 猪　　　D. 犬　　　E. 兔
4. 2010年真题　与其他家畜相比，犬阴茎的特殊结构是（　　）。
   A. 阴茎骨　　B. 阴茎头　　C. 阴茎体　　D. 阴茎根　　E. "乙"状弯曲

5. 2012年真题 马的卵巢呈豆形，位于（　　）。
A. 第2～3腰椎横突腹侧　　B. 第4～5腰椎横突腹侧　　C. 第6～7腰椎横突腹侧
D. 骨盆腔内　　E. 耻骨前缘前下方
6. 2012年真题 孕育胎儿的肌质器官是（　　）。
A. 卵巢　　B. 输卵管　　C. 子宫　　D. 阴道　　E. 阴道前庭和阴门
7. 2012年真题 具有自发性排卵功能的动物是（　　）。
A. 猫　　B. 兔　　C. 骆驼　　D. 水貂　　E. 牛
8. 2013年真题 （　　）是精子发育成熟和储存的地方。
A. 精囊　　B. 输精管　　C. 附睾　　D. 睾丸　　E. 前列腺
9. 2014年真题 阴茎呈圆柱状，细而长，在阴囊前方形成"乙"状弯曲的动物是（　　）。
A. 马　　B. 牛　　C. 羊　　D. 猪　　E. 犬
10. 2015年真题 副性腺只有前列腺的雄性家畜是（　　）。
A. 马　　B. 牛　　C. 羊　　D. 猪　　E. 犬
11. 2015年真题 成熟卵泡破裂，释放出其中的卵细胞、卵泡液和一部分卵泡细胞的过程称为（　　）。
A. 受精　　B. 卵裂　　C. 囊胚形成　　D. 排卵　　E. 桑葚胚形成
12. 2015年真题 子宫角弯曲呈绵羊角状，子宫体较短的动物是（　　）。
A. 马　　B. 猪　　C. 牛　　D. 犬　　E. 猫
13. 2016年真题 雄性幼龄家畜去势后，其副性腺（　　）。
A. 发育良好　　B. 发育不良　　C. 功能亢进
D. 退化消失　　E. 更加发达
14. 2017年真题 牛、羊睾丸的长轴呈（　　）。
A. 上下垂直位　　B. 前后水平位　　C. 前下后上斜位
D. 前上后下斜位　　E. 横向水平位
15. 2017年真题 牛子宫不具有（　　）。
A. 子宫阜　　B. 子宫颈枕　　C. 伪子宫体
D. 子宫颈阴道部　　E. 子宫角间（背侧和腹侧）韧带
16. 2017年真题 猪子宫具有（　　）。
A. 子宫阜　　B. 子宫颈枕　　C. 伪子宫体
D. 子宫颈阴道部　　E. 子宫角间（背侧和腹侧）韧带
17. 2018年真题 与母畜膀胱背侧紧邻的器官是（　　）。
A. 卵巢和输卵管　　B. 卵巢和子宫　　C. 子宫和阴道
D. 阴道和阴道前庭　　E. 子宫和阴道前庭
18. 2018年真题 公犬去势时切断的精索包括（　　）。
A. 输尿管　　B. 输精管　　C. 提睾肌　　D. 肉膜　　E. 总鞘膜
19. 2019年真题 公猪精囊腺开口于（　　）。
A. 睾丸　　B. 尿道口　　C. 尿道球腺　　D. 前列腺　　E. 精阜
20. 2019年真题 卵巢上有排卵窝的家畜是（　　）。

A. 牛　　　B. 马　　　C. 羊　　　D. 猪　　　E. 犬

21. 2020年真题 牛、羊子宫阜位于（　　）。

A. 子宫角和子宫体黏膜　　　B. 子宫体和子宫颈黏膜　　　C. 子宫颈黏膜

D. 子宫体和子宫角浆膜　　　E. 子宫角和子宫颈黏膜

四、简答题

1. 简述公畜和母畜生殖系统的器官组成和功能。
2. 简述睾丸、卵巢的组织结构。
3. 简述牛、羊、马、猪、犬卵巢的形态和位置。
4. 比较牛、羊、马、猪、犬子宫的结构特点。
5. 根据母畜生殖系统解剖结构，解释为什么对母牛进行人工授精要比母猪困难？
6. 给公犬去势和母犬绝育需要切掉哪些器官？

项目 8
解剖家畜心血管系统

项目导入

心血管系统由心脏、血管（包括动脉、静脉、毛细血管）和血液组成（图8-0-1）。其中心脏是血液循环的动力器官，在神经、体液调节下，进行有节律的收缩和舒张，使血管内的血液按一定的方向流动，将营养物质和氧气运送到全身各组织的细胞以供利用，同时把细胞产生的代谢产物运送到排泄器官排出体外。血液中的一些细胞和抗体能吞噬、杀伤、灭活侵入体内的细菌、病毒，并能中和它们所产生的毒素，具有重要的防御功能。体内各种内分泌腺分泌的激素也通过血液运输到全身，对机体的生长、发育和生理功能起调节作用。

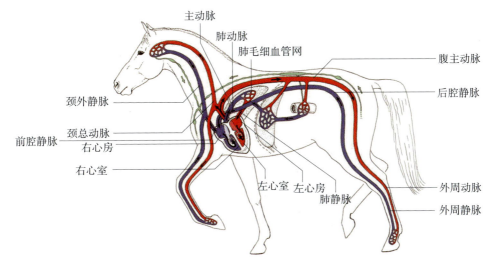

图8-0-1　马心血管系统原位示意图【引自König H E and Liebich H G，2020】

项目目标

一、认知目标

1. 掌握家畜心血管系统的组成及功能。
2. 掌握家畜心脏的形态、位置和构造。
3. 掌握家畜肺循环和体循环的路径。

二、技能目标

1. 能在活体家畜上确定心脏的体表投影位置。
2. 能准确识别家畜心脏的形态、位置和构造。
3. 能在活体家畜上找出临床常用动脉和静脉的位置。

课前预习

1. 家畜心血管系统由哪几部分组成？其主要功能是什么？
2. 心脏的位置在哪里？可分为哪4个腔？
3. 什么是二尖瓣、三尖瓣？
4. 心脏的起搏点是什么？
5. 血管可分为哪几种类型？
6. 什么是体循环、肺循环？

任务8-1 解剖心脏

数字资源

任务要求

1. 能说出家畜心脏的位置、形态及心腔、心壁的构造。
2. 会描述心脏传导系统的构成和兴奋的传导途径。
3. 能识别心包，并能阐述其结构和功能。
4. 能说出冠状循环的血管组成及循环路径。

理论知识

一、心脏的形态和位置

心脏是一中空的肌质器官，外有心包包裹。心脏呈左、右稍扁的倒立圆锥形；上部宽大，称为心基，有进出心脏的大血管，位置较固定；下部小，称为心尖，游离于心包腔中。

心脏表面有一环状的冠状沟和两条纵沟，称为左、右纵沟（图8-1-1）。冠状沟靠近心基，是心房和心室的外表分界，上部为心房，下部为心室。左纵沟位于心脏的左前方，几乎与心脏的右缘平行；右纵沟位于心脏的右后方，可伸达心尖。两条纵沟是左、右心室的外表分界，前部为右心室，后部为左心室。在冠状沟和两条纵沟内有为心脏提供营养的血管，并填充有脂肪。

心脏位于胸腔纵隔内，夹在左、右两肺间，略偏左，约在胸腔下2/3部。不同家畜心脏的位置见表8-1-1所列。

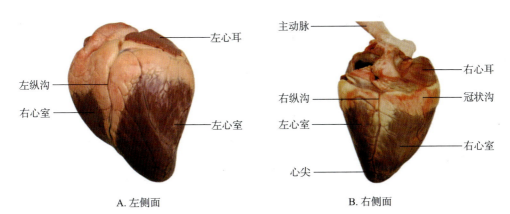

A. 左侧面　　　　　　　　　　B. 右侧面

图8-1-1　牛心脏

表8-1-1　不同家畜心脏的位置

家畜种类	心脏位置
牛	第3~6肋，心基大致位于肩关节的水平线上，心尖在第6肋骨下端，距膈2~5cm（图8-1-2）
马	第3~6肋，心基最高点位于第1肋骨中部水平线上，心尖距膈6~8cm，距胸骨约1cm（图8-1-3）
猪	第2~5肋，心尖与第7肋软骨和胸骨结合处相对，距膈较近
犬	第3~7肋，微向前倾，心基位于第4肋骨中央，心尖在第6肋间隙或第7肋软骨处
猫	第4（5）~8肋，心脏比例较小，呈卵圆形

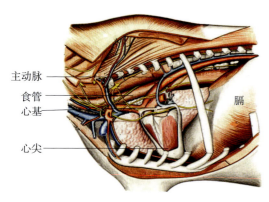

图8-1-2　牛心脏原位示意图
【引自Popesko P，1985】

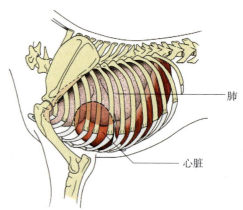

图8-1-3　马心脏原位示意图
【引自Thomas C and Bassert J M，2015】

二、心腔的构造

心腔被纵向的房间隔和室间隔分为左、右互不相通的两个部分，每个部分又分为上部的心房和下部的心室，同侧的心房和心室各以房室口相通（图8-1-4）。因此，心腔可分为右心房、右心室、左心房和左心室4个部分。

1. 右心房

右心房构成心基的右前部，由右心耳和静脉窦组成。右心耳为圆锥形盲囊，尖端向左、向后至肺动脉前方。静脉窦是体循环静脉的入口，接收全身的静脉血。前、后腔静脉分别开口于右心房的背侧壁和后壁，两开口间有一发达的肉柱称为静脉间嵴，有分流前、后腔静脉血，避免相互冲击的作用。后腔静脉口的腹侧有一冠状窦，为心大静脉和心中静脉的开口。在后腔静脉入口附近的房间隔上有卵圆窝，是胎儿时期卵圆孔的遗迹。约有20%的成年牛、羊、猪卵圆孔闭锁不全，但一般不影响心脏的功能。

右心房通过右房室口与右心室相通。

2. 右心室

右心室位于右心房之下，心脏的右前部，壁薄腔小，顶端不达心尖。入口为右房室口，出口为肺动脉口。

右房室口以致密结缔组织构成的弹性纤维环为支架，环上附着3片三角形瓣膜，称为三尖瓣或右房室瓣（图8-1-5）。犬心脏右房室口有2个大瓣和3~4个小瓣。当心房收缩时，房室口打开，血液由心房流入心室；当心室收缩时，心室内压升高，血液将瓣膜向上推使其相互合拢，关闭房室口。由于腱索的牵引，瓣膜不能翻向心房，从而可防止血液倒流。

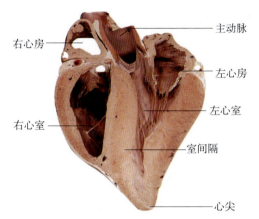

图8-1-4 马心脏内部构造（纵切面，左侧观）
【引自König H E and Liebich H G，2004】

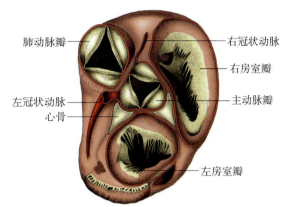

图8-1-5 牛心脏内部构造（底部背面观）
【引自Dyce K M，et al，2010】

肺动脉口位于右心室出口，也有一纤维环支持，环上附着3片半月形的瓣膜，称为半月瓣。当心室收缩时，瓣膜开放，血液进入肺动脉；当心室舒张时，心室内压降低，瓣膜关闭，防止血液倒流。

3. 左心房

左心房位于心基的左后部，构造与右心房相似，由左心耳和静脉窦组成。在左心房背侧壁后部有6~8个肺静脉入口。在左心房下方有一左房室口通左心室。

4. 左心室

左心室位于左心房的下方、心脏的左后部，室腔伸达心尖。入口为左房室口，入口的周围有纤维环，环上附着两片瓣膜，称二尖瓣，也称为左房室瓣，其结构和作用同三尖瓣。犬心脏左房室口有两片大瓣和4~5片小瓣。在房室口的前上方有主动脉出口，其周围有3片半月瓣，附着在主动脉口的纤维环上，可防止血液倒流入心室。

三、心壁的构造

心壁由外向内依次为心外膜、心肌和心内膜。

1. 心外膜

心外膜为心包浆膜脏层，表面光滑，由间皮和结缔组织构成，紧贴于心肌外面。

2. 心肌

心肌为心壁最厚的一层，主要由心肌纤维构成，内有血管、淋巴管和神经等。心肌由房室口的纤维环分为心房肌和心室肌两个独立的肌系，所以心房和心室可分别交替收缩和舒张。心房肌较薄，分深、浅两层，深层分别为左、右心房所独有，浅层为左、右心房共有。心室肌较厚，其中左心室肌最厚，可达右心室肌的2~3倍，但心尖部较薄，心室壁的肌纤维呈螺旋状排列。

3. 心内膜

心内膜薄而光滑，紧贴于心肌内表面，与血管内膜相延续。

四、心包

心包位于纵隔内，为包在心脏外面的锥形囊，囊壁由浆膜和纤维膜构成，有保护心脏的作用。浆膜分为壁层和脏层。壁层紧贴纤维膜内面，脏层紧贴心脏外面，构成心外膜。壁层与脏层之间的空隙称为心包腔，内含少量的心包液，起润滑作用，以减少心脏搏动时的摩擦。纤维膜是坚韧的结缔组织囊，在心基部与出入心脏的大血管的外膜相连，在心尖部折转而附着于胸骨背侧，与心包胸膜（即被覆于心包外面的纵隔胸膜）共同构成胸骨心包韧带，使心脏附着于胸骨。心脏大部分游离于心包腔内（图8-1-6）。

五、心脏的传导系统和神经

1. 心脏的传导系统

心脏的传导系统包括窦房结、房室结、房室束和浦肯野氏纤维（图8-1-7）。

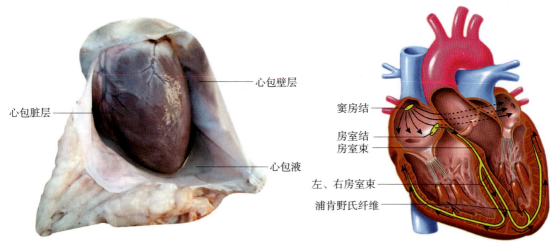

图8-1-6　羊心包的构造　　图8-1-7　牛心脏传导系统示意图【引自李敬双等，2012】

（1）窦房结　呈半月状，位于前腔静脉口与右心房交界处的心外膜下。除分支到心房肌外，还分出数支结间束与房室结相连。

（2）房室结　呈结节状，位于房间隔右心房侧的心内膜下、冠状窦的前方。

（3）房室束　为房室结的直接延续，在室中隔上端分为一较细的右束支（右脚）和一较粗的左束支（左脚），分别在室中隔的左室侧和右室侧心内膜下延伸，分出小分支至室中隔，还分出一些分支通过心横肌到心室侧壁。以上分支在心内膜下分散为浦肯野氏纤维丛，与心肌纤维相延续。

（4）浦肯野氏纤维　是一种特殊的心肌纤维，能自动地产生兴奋和传导兴奋，调控心脏的节律性运动。

> **课程思政**
>
> 心脏传导系统由窦房结、房室结、房室束及其各级分支组成。正常情况下，窦房结是心脏兴奋的起搏点，通过房室结、房室束及其各级分支协同作用，引起心脏细胞兴奋，维持心脏的搏动。假如这个传导系统出现了问题，心脏就会出现病症。同学们要有系统的观念，每一个个体都身处系统当中，只有各司其职、互相配合，才能保证系统的正常运行。

2. 心脏的神经

心脏的运动神经有交感神经和副交感神经。交感神经可兴奋窦房结，加强心肌的活动，因此称为心加强神经；副交感神经的作用与交感神经相反，又称为心抑制神经。

心脏的感觉神经分布于心壁各层，其纤维随交感神经和副交感神经分别进入脊髓和脑。

六、心脏的血管

心脏本身的血液循环称为冠状循环，心脏的血管包括冠状动脉、毛细血管和心静脉（图8-1-8）。

冠状动脉分左、右两支，由主动脉根部发出，分别沿冠状沟和左、右纵沟延伸，分支分布于心房和心室，在心肌内形成丰富的毛细血管网，最后汇集成心静脉返回右心房。

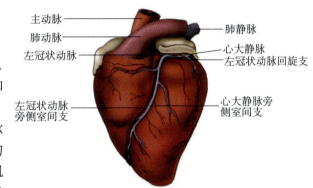

图8-1-8 心脏的血管模式图（左侧面）
【引自Dyce K M，et al，2010】

任务8-2 解剖血管

数字资源

任务要求

1. 能阐述家畜血管的种类及分布。
2. 能说出家畜肺循环、体循环的血管组成及循环路径。
3. 能描述家畜门静脉、乳房静脉的循环特点和生理意义。
4. 能说出临床上应用较多的动、静脉名称，并能指出其具体位置。

理论知识

一、血管的种类及分布规律

根据结构和功能的不同，血管分为动脉、静脉和毛细血管3种（图8-2-1）。

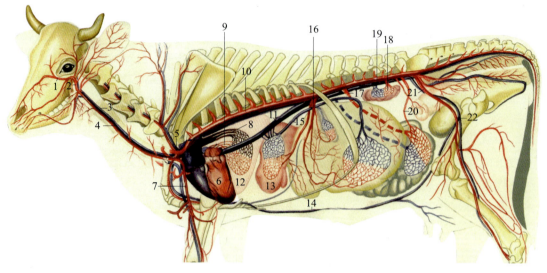

图8-2-1 牛全身血管原位示意图【引自彭克美，2009】

1.上颌动脉 2.颈动脉 3.颈静脉 4.颈总动脉 5.臂头动脉总干 6.心脏（左心室） 7.腋动脉 8.肺动脉 9.肺静脉 10.主动脉 11.后腔静脉 12.肺 13.肝 14.腹壁皮下静脉 15.门静脉 16.腹腔动脉 17.肠系膜前动脉 18.肾动脉 19.肾静脉 20.肠系膜后动脉 21.髂外动脉 22.髂外静脉

1. 动脉

动脉是把血液导出心脏的血管，管壁厚，富有收缩性和弹性，空虚时不塌陷，出血时血液呈喷射状。根据管径大小和结构的不同，动脉又可分为大动脉、中动脉和小动脉，三者是逐渐移行的，无明显分界。动脉从心脏发出，向周围分支，越分越细，最后分为毛细血管。

2. 静脉

静脉是把血液引流回心脏的血管，管壁薄，管腔较大，易塌陷，出血时血液不喷射。大部分静脉（特别是分布在四肢的静脉）内膜折叠成成对的半月状静脉瓣，可防止血液逆流。

3. 毛细血管

毛细血管是动脉和静脉之间的微细血管，管壁很薄，仅由一层内皮细胞构成，有较大的通透性，在体内分布最广，在组织和器官内分支互相吻合成网。

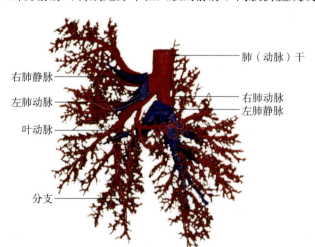

图8-2-2 绵羊肺循环血管（腹侧面观，铸型标本）
【引自陈耀星和刘为民，2009】

二、肺循环的血管

肺循环又称为小循环，是静脉血由右心室输出，流经肺动脉到达肺，经过气体交换，静脉血转变为动脉血，再通过肺静脉到达左心房的血液循环过程。肺循环的血管包括肺动脉、肺毛细血管和肺静脉（图8-2-2）。

肺动脉起于右心室，在主动脉的左侧向上方延伸，至心基的后上方分为左、右两支，分别与同侧左、右支气管一起经肺门入肺，牛、羊和猪的右肺动脉在入肺前还分出一支到右肺的尖叶。肺动脉在肺内随支气管而分支，最后在肺泡周围形成毛细血管网，在此进行气体交换。肺静脉由肺内毛细血管网汇合而成，与肺动脉和支气管伴行，最后汇合成6~8支肺静脉，由肺门出肺后注入左心房。

三、体循环的血管

体循环是动脉血自左心室输出，经主动脉到达全身组织和器官，通过毛细血管进行气体交换后，动脉血转变为静脉血，再由前、后腔静脉返回右心房的血液循环路径。

（一）体循环的动脉

主动脉是体循环的动脉主干，家畜全身的动脉支都直接或间接由此发出。主动脉起于左心室的主动脉口，起始部稍膨大，斜向背后侧，呈弓状伸延至第6胸椎腹侧，这一段称为主动脉弓。随后主动脉沿胸椎腹侧继续向后伸延至膈，此段称胸主动脉。胸主动脉穿过膈上的主动脉裂孔进入腹腔，即成为腹主动脉。腹主动脉在第5或第6腰椎腹侧，分为左髂内、外动脉和右髂内、外动脉，主干向后延续为荐部的荐中动脉和尾部的尾中动脉。

主动脉主干各段如图8-2-3所示。

图8-2-3　主动脉主干示意图

1. 主动脉弓

主动脉弓为主动脉的第一段。主动脉弓与肺动脉间有一柱状的连接物，称为动脉导管索，是胎儿时期动脉导管的遗迹。主动脉弓在起始部分出左、右冠状动脉后，向前分出一支臂头动脉总干。主要分支如图8-2-4所示。

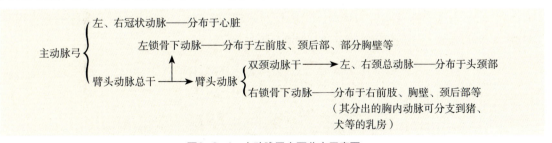

图8-2-4　主动脉弓主要分支示意图

（1）左、右冠状动脉　由主动脉的根部分出，主要分布到心脏（见心脏的血管相关内容），仅少量小分支能够到达大血管的起始部。

（2）臂头动脉总干　为供血液至头颈、前肢及部分胸壁的动脉主干。在牛、羊和马，臂头动脉总干出心包后，沿气管腹侧向前上延伸至第3肋处分出左锁骨下动脉，主干延续为臂头动脉。臂头动脉分出一支短而粗的双颈动脉干后，移行为右锁骨下动脉。猪的左锁骨下动脉则与臂头动脉总干同起于主动脉弓。

①双颈动脉干及其分支：双颈动脉干是头颈部的动脉主干，由臂头动脉分出后，沿气管腹侧向前延伸，在胸腔前口附近分为左颈总动脉和右颈总动脉。左、右颈总动脉在颈静脉沟的深部分别沿食管和气管的外侧向前、向上延伸，至寰枕关节腹侧分为枕动脉、颈内动脉和颈外动脉。左、右颈总动脉在延伸途中分出很多分支，分布于附近的肌肉、皮肤、气管、食管、腮腺、甲状腺、咽和喉等。

②左、右锁骨下动脉及其分支：左、右腋动脉是左、右前肢的动脉主干，为左、右锁骨下动脉的延续，沿前肢内侧向指端延伸。由近端至远端依次为：在肩关节上方的一段为腋动脉；在臂部的为臂动脉；在前臂部的为正中动脉；在掌部的为指总动脉（图8-2-5）。

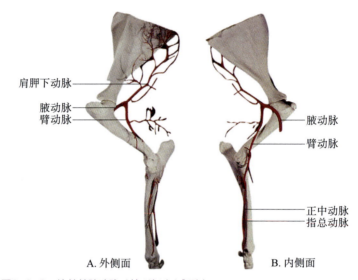

图8-2-5　绵羊前肢动脉（铸型标本）【引自König H E and Liebich H G，2004】

2. 胸主动脉

胸主动脉为主动脉弓向后的延续，沿胸椎腹侧略偏于左向后延伸。胸主动脉的分支可分为内脏支和体壁支，内脏支较体壁支小（图8-2-6）。

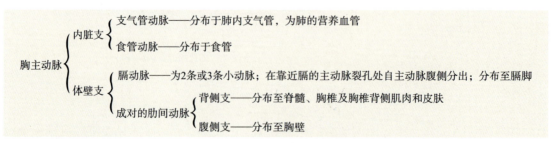

图8-2-6　胸主动脉分支示意图

3. 腹主动脉

腹主动脉为腰腹部的动脉主干，位于腰椎腹侧。其分支髂内动脉是骨盆部动脉的主干，沿荐骨腹侧和荐坐韧带的内侧面向后伸延，分支分布于骨盆腔器官、荐臀部和尾部肌肉、皮肤。髂外动脉是后肢动脉的主干。

在左、右髂内动脉间或一侧髂内动脉，分出小而不成对的荐中动脉，向后伸延至尾根腹侧，转为尾中动脉。尾中动脉在第4、第5尾椎腹侧浅出至皮下。牛的尾中动脉比较发达，临床上常在尾根部利用此动脉触诊脉搏。

腹主动脉的分支也可区别为内脏支和体壁支，而且内脏支大于体壁支（图8-2-7）。

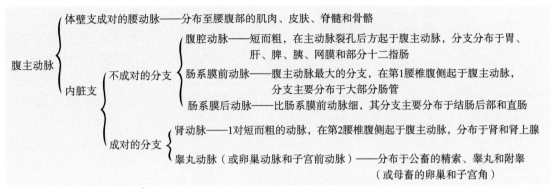

图8-2-7　腹主动脉分支示意图

（二）体循环的静脉

体循环静脉系包括心静脉系、前腔静脉系、后腔静脉系和奇静脉系（图8-2-8）。

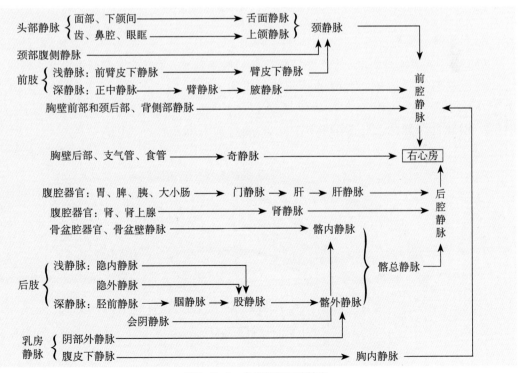

图8-2-8　全身静脉回流简表

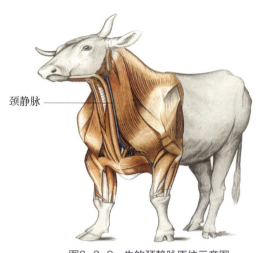

图8-2-9 牛的颈静脉原位示意图
【引自Popesko P，1985】

1. 心静脉系

心静脉系是心脏冠状循环的静脉。心脏的静脉血通过心大静脉、心中静脉和心小静脉注入右心房。

2. 前腔静脉系

前腔静脉系是收集头、颈、前肢、部分胸壁和腹壁静脉血的静脉干。在胸前口处由左、右颈静脉（牛、猪）和左、右腋静脉汇合而成。前腔静脉位于心前纵隔内，向后延伸注入右心房的腔静脉窦。

（1）颈静脉 主要收集头、颈部的静脉血，沿颈静脉沟向后延伸，到胸前口处注入前腔静脉（图8-2-9）。在临床中，牛、羊、马等颈静脉常用于静脉注射和采血。

（2）腋静脉 主要收集前肢深部肌肉的静脉血。起自蹄静脉丛，与同名动脉伴行，在胸前口处注入前腔静脉。

> **小贴士**
>
> 臂皮下静脉是前肢深静脉的主干，也称为头静脉，汇集前肢浅部皮下静脉血。此静脉常作为临床上犬、猫采血和静脉注射的首选血管。

3. 后腔静脉系

后腔静脉系是引导腹部、骨盆部、尾部及后肢静脉血入右心房的静脉干。其主要属支有：

（1）门静脉 位于后腔静脉腹侧，收集胃、脾、胰、小肠和大肠（直肠后段除外）静脉血的静脉干，经肝门入肝后反复分支至窦状隙，然后汇集成数条肝静脉注入后腔静脉。因此，门静脉与一般静脉不同，两端均为毛细血管网（图8-2-10）。

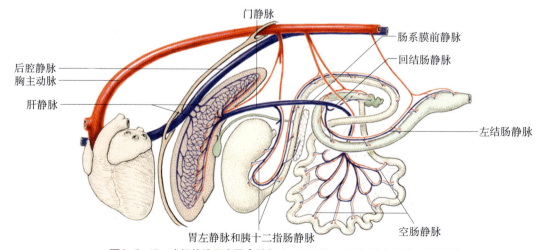

图8-2-10 犬门静脉示意图【引自König H E and Liebich H G，2020】

（2）腹腔内其他属支　包括腰静脉、睾丸静脉（或卵巢静脉）、肾静脉和肝静脉。

（3）髂总静脉　由同侧的髂内静脉和髂外静脉汇成，有收集后肢、骨盆及尾部静脉血的作用。

（4）乳房静脉　乳房大部分的静脉血经阴部外静脉注入髂外静脉，一部分静脉血经腹皮下静脉注入胸内静脉。乳房静脉粗大、明显、弯曲且分支较多的乳用牛，其产乳性能良好（图8-2-11）。

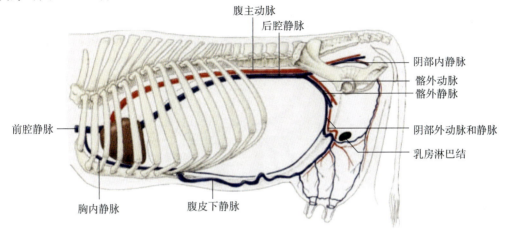

图8-2-11　牛乳房主要血管示意图【引自陈耀星和刘为民，2009】

4. 奇静脉系

奇静脉系接收部分胸壁和腹壁的静脉血，也接收支气管和食管的静脉血。

项目小结

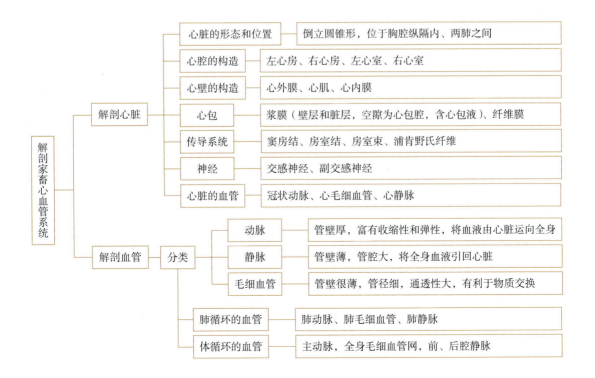

> 技能实训

解剖心血管系统

【目的与要求】

1. 能在活体家畜体表准确找到心脏的投影位置。
2. 能准确描述挂图、标本上家畜心脏的形态、结构和位置，并能识别动脉、静脉主干和临床上常用的动、静脉。

【材料与用品】

1. 健康牛、羊、猪、犬活体。
2. 家畜心脏模式图、模型及标本。
3. 家畜全身血管模式图及标本。
4. 听诊器。

【方法和步骤】

1. 识别心脏的体表投影位置

在家畜活体上找到心脏的体表投影位置，并用听诊器听取心音。

2. 观察心包

观察心包的双层囊膜、心包腔和心包液。

3. 观察心脏

（1）观察心脏的外形结构　观察心脏的外形、心基、心尖，以及心脏的前缘、后缘、冠状沟、心房和心室。

（2）观察心腔及其血管

①观察右心房：观察右心耳、静脉窦、前腔静脉口、后腔静脉口。

②观察右心室：观察右房室口、三尖瓣、肺动脉口、半月瓣。

③观察左心房：观察肺静脉口、左心耳。

④观察左心室：观察左房室口、二尖瓣、主动脉口、半月瓣。

⑤观察冠状循环的血管：观察左、右冠状动脉，心毛细血管，心静脉。

4. 观察肺循环血管

观察肺动脉和肺静脉的起始点、循环路径。

5. 观察体循环血管

（1）观察主动脉、主动脉弓、胸主动脉、腹主动脉、荐中动脉和尾中动脉。

（2）观察臂头动脉总干、左锁骨下动脉、右臂头动脉、右锁骨下动脉、左（右）颈总动脉。

（3）观察腋动脉、臂动脉、正中动脉、指总动脉。

（4）观察胸主动脉、腹主动脉的分支。包括肋间背侧动脉、腹腔动脉、肠系膜前动脉、肾动脉、肠系膜后动脉、睾丸动脉(或卵巢动脉)、腰动脉、左（右）髂外动脉和左（右）髂内动脉。

（5）观察前、后腔静脉，门静脉及颈静脉等静脉血管。

【实训报告】

1. 绘制血液循环模式图。
2. 填图。

①_____；②_____；
③_____；④_____；
⑤_____；⑥_____；
⑦_____；⑧_____。

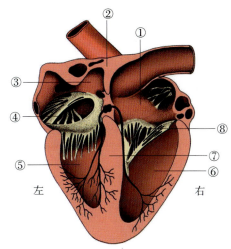

实训8-0-1　家畜心脏示意图
【引自Thomas C and Bassert J M，2015】

双证融通

一、名词解释

动脉　静脉　二尖瓣　三尖瓣　冠状沟　窦房结　冠状循环　体循环　肺循环　门静脉

二、填空题

1. 心脏的传导系统包括_____、_____、_____和_____。
2. 心脏的起搏点是_____。

三、选择题

1. 汇集胃、肠、脾、胰的静脉血液并输送到肝的血管是（　　）。
A. 肝静脉　　　B. 门静脉　　　C. 腹腔动脉　　　D. 肠系膜动脉

2. 2009年真题　牛子宫的血液供应来自（　　）。
A. 脐动脉、臀前动脉和阴道动脉
B. 卵巢动脉、脐动脉和阴道动脉
C. 卵巢动脉、脐动脉和臀前动脉
D. 卵巢动脉、髂外动脉和阴道动脉
E. 卵巢动脉、臀前动脉和阴道动脉

3. 2010年真题　在临床上，给羊静脉输液常用的血管是（　　）。
A. 前腔静脉　　　　　　B. 后腔静脉　　　　　　C. 颈外静脉
D. 颈内静脉　　　　　　E. 臂头静脉

4. 2010年真题　收集胃、肠、脾、胰血液回流的静脉血管是（　　）。
A. 肝门静脉　　　　　　B. 肾门静脉　　　　　　C. 肺门静脉
D. 肠系膜前静脉　　　　E. 肠系膜后静脉

5. 2012年真题　收集腹腔内脏器官血液的血管是（　　）。
A. 肝动脉　　　　　　　B. 肝静脉　　　　　　　C. 门静脉
D. 胰静脉　　　　　　　E. 以上都不是

6. 2012年真题 心脏自身的营养动脉是（　　）。
   A. 冠状动脉　　　　　　　B. 升主动脉　　　　　　　C. 胸廓内动脉
   D. 胸主动脉　　　　　　　E. 降主动脉
7. 2012年真题 左心室血液流入（　　）。
   A. 主动脉　　　　　　　　B. 肺动脉　　　　　　　　C. 肺静脉
   D. 前腔静脉　　　　　　　E. 后腔静脉
8. 2014年真题 关于臂皮下静脉错误的叙述是（　　）。
   A. 为前肢的浅静脉干　　　B. 有正中动脉伴行
   C. 注入颈外静脉　　　　　D. 小动物静脉注射的常用部位
   E. 又称为头静脉
9. 2015年真题 猫前肢采血的静脉是（　　）。
   A. 腋静脉　　B. 头静脉　　C. 臂静脉　　D. 隐静脉　　E. 正中静脉
10. 2015年真题 家畜心脏的正常形态是（　　）。
    A. 圆形　　B. 扁圆形　　C. 椭圆形　　D. 圆柱形　　E. 倒圆锥形
11. 2015年真题 心脏的传导系统包括窦房结、房室结、房室束和（　　）。
    A. 神经纤维　　　　　　　B. 神经原纤维　　　　　　C. 肌原纤维
    D. 胶原纤维　　　　　　　E. 浦肯野氏纤维
12. 2016年真题 位于房间隔右心房侧内心膜下，呈结节状，属于心传导系统的结构是（　　）。
    A. 窦房结　　　　　　　　B. 房室结　　　　　　　　C. 静脉间结节
    D. 房室束　　　　　　　　E. 浦肯野氏纤维
13. 2017年真题 临床上经常用来给牛、羊采血、输液的大静脉是（　　）。
    A. 臂头静脉　　　　　　　B. 颈内静脉　　　　　　　C. 颈外静脉
    D. 前腔静脉　　　　　　　E. 后腔静脉
14. 2018年真题 右心室口上的瓣膜称为（　　）。
    A. 二尖瓣　　　　　　　　B. 三尖瓣　　　　　　　　C. 半月瓣
    D. 主动脉瓣　　　　　　　E. 肺干瓣
15. 2018年真题 右心室收缩使血液射入（　　）。
    A. 主动脉　　　　　　　　B. 肺动脉　　　　　　　　C. 肺静脉
    D. 前腔静脉　　　　　　　E. 后腔静脉
16. 2019年真题 腹腔动脉分出3个分支，即肝动脉、脾动脉和（　　）。
    A. 胃左动脉　　　　　　　B. 胃右动脉　　　　　　　C. 肠系膜前动脉
    D. 肠系膜后动脉　　　　　E. 肾动脉
17. 2020年真题 胎牛房中隔上的裂孔称为（　　）。
    A. 脐孔　　B. 卵圆孔　　C. 颊孔　　D. 腔静脉孔　　E. 主动脉裂孔

四、简答题

1. 画图描述家畜心腔的基本构造。

2. 描绘家畜体循环和肺循环路径。
3. 家畜心脏的瓣膜结构有哪些？对于血液在心腔内的流向有什么作用？
4. 心脏的传导系统包括哪些结构？心搏动的冲动是如何传导到整个心脏的？
5. 家畜主动脉干可分为几段？每段的主要分支和分布的器官有哪些？
6. 门静脉由哪些血管汇集而成？它存在的意义何在？

项目 9
解剖家畜免疫系统

项目导入

免疫系统是机体发挥免疫作用的物质基础,由免疫器官(包括中枢免疫器官和外周免疫器官)、免疫组织和免疫细胞组成。其主要功能是通过免疫防御、免疫稳定和免疫监视等作用,抵御病原微生物入侵和维持机体内环境的稳定。若机体免疫功能下降或失调,会使机体的抗病能力降低,从而引发各种感染性疾病、肿瘤或自身免疫性疾病。

项目目标

一、认知目标

1. 掌握家畜免疫系统的组成和作用。
2. 掌握家畜中枢免疫器官和外周免疫器官的名称和位置。
3. 掌握免疫细胞的分类及功能。

二、技能目标

1. 在剖检过程中能指出牛、猪等家畜主要浅表淋巴结的名称和位置。
2. 在剖检过程中能够分辨家畜胸腺、脾,且能描述它们的位置、形态、结构和功能。
3. 能够在显微镜下识别家畜淋巴结和脾的组织结构。

课前预习

1. 免疫系统由什么组成?具有什么功能?
2. 中枢免疫器官和外周免疫器官分别有哪些?最大的外周免疫器官是什么?
3. 家畜主要的浅表淋巴结有哪些?具体分布在畜体的什么部位?
4. 脾和扁桃体的位置在哪里?有什么作用?
5. 什么是血淋巴结?主要分布在哪里?
6. 免疫细胞有哪些种类?

任务9-1 解剖中枢免疫器官

数字资源

任务要求

1. 能说出家畜中枢免疫器官的组成及功能。
2. 能识别家畜胸腺的组织构造。

理论知识

一、骨髓

骨髓存在于骨松质腔隙和长骨骨髓腔内（见图2-1-6）。骨髓既是造血器官，又是中枢免疫器官，其多能造血干细胞经增殖、分化，演变为髓系干细胞和淋巴系干细胞。髓系干细胞是颗粒白细胞和单核吞噬细胞的前身，淋巴系干细胞则演变为淋巴细胞。

二、胸腺

（一）胸腺的位置和功能

胸腺位于胸腔前部的纵隔内，分颈、胸两部分，呈粉红色或红色。幼龄家畜胸腺发达，性成熟时达到最大，然后逐渐退化，到老龄阶段几乎被结缔组织或脂肪组织所代替。胸腺是T淋巴细胞分化、成熟的场所，是机体免疫活动的重要器官。胸腺上皮细胞能分泌多种胸腺激素和细胞因子，促进T淋巴细胞成熟。

牛、羊胸腺呈粉红色。牛的胸部胸腺位于心前纵隔内；颈部胸腺分左、右两叶，自胸前口沿气管、食管向前延伸至甲状腺附近。犊牛胸腺发达（图9-1-1、图9-1-2），4～5岁开始退化。羊的胸腺由心脏延伸至甲状腺附近，1～2岁开始退化。

幼驹的胸腺发达，位于前纵隔中，向前至颈部器官的腹侧，呈淡粉红色，2岁以后逐渐萎缩。

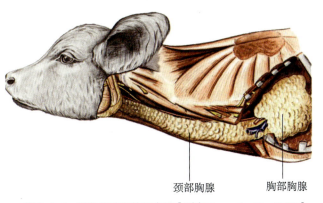

图9-1-1 犊牛胸腺原位示意图【引自Popesko P，1985】

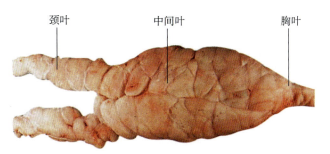

图9-1-2 犊牛胸腺（背侧面）
【引自König H E and Liebich H G，2020】

仔猪胸腺发达，呈灰红色，在颈部沿左、右颈总动脉向前延伸至枕骨下方。

（二）胸腺的组织构造

胸腺的表面有一层被膜，被膜的结缔组织向内伸入将胸腺实质分成许多胸腺小叶。每个胸腺小叶分为皮质和髓质。皮质主要由胸腺上皮细胞和密集排列的胸腺细胞（T淋巴细胞）及巨噬细胞组成。髓质与皮质分界不清，细胞排列较松散，主要由许多上皮细胞、少量T淋巴细胞、巨噬细胞、交错突细胞、肌样细胞和胸腺小体等组成。

任务9-2　解剖外周免疫器官

数字资源

任务要求

1. 能说出家畜外周免疫器官的组成。
2. 会描述淋巴结的形态、位置、结构及分布。
3. 会描述脾的形态、位置及功能，并能比较、归纳不同家畜脾的解剖学特征。
4. 能识别脾的组织构造。
5. 能找到扁桃体的位置。

理论知识

外周免疫器官也称为外周淋巴器官或次级淋巴器官，包括淋巴结、脾、血淋巴结和扁桃体等，是进行免疫应答的重要场所。

一、淋巴结

（一）淋巴结的形态和数量

淋巴结的形态、大小不一，直径从1mm到数厘米不等，呈球形、卵圆形、肾形、扁平状等。淋巴结的一侧凹陷，为淋巴结门，是输出淋巴管、血管及神经出入之处；另一侧隆凸，有多条输入淋巴管进入（图9-2-1）。牛、羊淋巴结的体积大，但数量少（牛约有300个）。马的淋巴结数目一般比牛多，许多同名的淋巴结，在牛常由一

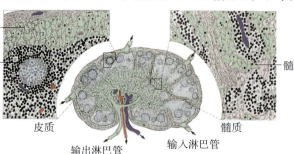

图9-2-1　牛淋巴结内部结构示意图
【引自König H E and Liebich H G, 2004】

个大的淋巴结组成，而在马则是由许多小的淋巴结组成的淋巴结簇。

（二）淋巴结的组织构造

淋巴结由被膜和实质构成（图9-2-2）。

1. 被膜

被膜为覆盖在淋巴结表面的薄层结缔组织膜。被膜伸入实质形成许多小梁并相互连接成网，构成淋巴结的支架，进入淋巴结的血管沿小梁分布。

2. 实质

实质位于被膜和小梁之间，分皮质和髓质两个部分。

皮质 位于淋巴结的外围，包括淋巴小结、副皮质区和皮质淋巴窦3个部分。淋巴小结呈圆形或椭圆形，在皮质区浅层。淋巴小结中央区着色淡，聚集的淋巴细胞增殖能力较强，称为生发中心。

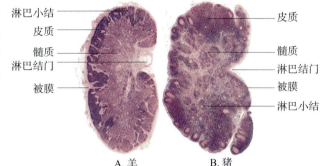

图9-2-2 淋巴结的组织切片
【引自König H E and Liebich H G, 2020】

髓质 位于淋巴结的中央部，由髓索和髓质淋巴窦组成。

猪淋巴结的皮质、髓质位置正好相反，即淋巴小结和弥散的淋巴组织位于中央区，髓质则分布于外周（图9-2-2）。

（三）淋巴结的分布

淋巴结单个或成群分布，多位于凹窝或隐蔽处，如腋窝、关节屈侧、内脏器官门部及大血管附近。机体每个较大器官或局部均有一个主要的淋巴结群。局部淋巴结肿大反映其收集区域有病变，对临床诊断有重要实践意义。淋巴结或淋巴结群位于机体的同一部位，并且接受几乎相同区域的输入淋巴管，这个淋巴结或淋巴结群就是该区域的淋巴中心。全身淋巴中心分布于头部、颈部、前肢、胸腔、腹腔、腹壁、骨盆壁和后肢8个部位。牛、马有19个淋巴中心，羊、猪有18个淋巴中心。

1. 浅部主要淋巴结

浅部主要淋巴结一般位于家畜体表浅层，对兽医临床诊断和肉品检验检疫具有重要的意义。

（1）下颌淋巴结 位于下颌间隙。牛的下颌淋巴结在下颌间隙后部，其外侧与颌下腺前端相邻；在马则与血管切迹相对；在猪则更靠后，表面有腮腺覆盖（图9-2-3）。引流面部、口腔和唾液腺的淋巴。

（2）腮腺淋巴结 位于颞下颌关节后下方，部分或全部被腮腺覆盖。引流

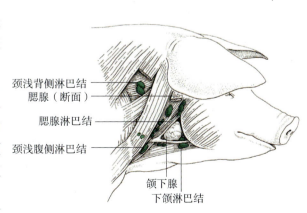

图9-2-3 猪头部和颈前部淋巴结原位示意图
【引自 König H E and Liebich H G, 2004】

头部皮肤、肌肉、鼻腔等的淋巴。

（3）颈浅淋巴结　又称为肩前淋巴结，位于肩前，肩关节上方。牛的颈浅淋巴结被臂头肌和肩胛横突肌覆盖。马的颈浅淋巴结大部分被臂头肌覆盖，下端可显露于颈静脉沟内。猪的颈浅淋巴结分背、腹两组，背侧淋巴结相当于其他家畜的颈浅淋巴结，腹侧淋巴结则位于腮腺后缘和胸头肌之间（图9-2-3）。

（4）髂下淋巴结　又称为股前淋巴结，位于膝关节上方，在股阔筋膜张肌前缘皮下。引流腹侧壁、骨盆、股部和小腿部的淋巴。

（5）腹股沟淋巴结　位于腹底壁皮下，大腿内侧，腹股沟皮下环附近。在公畜位于阴茎两侧，称为阴茎背侧淋巴结；在母畜位于乳房的后上方，称为乳房上淋巴结（在母猪位于倒数第2对乳头外侧）。引流腹底壁肌肉和皮肤、阴囊、乳房及外生殖器的淋巴。

（6）腘淋巴结　位于臀股二头肌与半腱肌之间、腓肠肌外侧头的脂肪中。引流膝关节及以下的淋巴。

2. 深部主要淋巴结

（1）咽后淋巴结　有内、外两组。内侧组位于咽的背侧壁，与颈前淋巴结无明显界限；外侧组位于腮腺深面（图9-2-4）。

（2）颈深淋巴结　分前、中、后3组。颈前淋巴结位于咽、喉的后方，甲状腺附近；颈中淋巴结分散在颈部气管的中部；颈后淋巴结位于颈后部气管的腹侧，表面被覆颈皮肌和胸头肌。

（3）肺淋巴结　位于肺门附近、气管的周围。

（4）肝淋巴结　位于肝门附近。

（5）脾淋巴结　位于脾门附近。

（6）肠淋巴结　位于各段肠管的肠系膜内。

（7）肠系膜淋巴结　位于肠系膜前动脉起始部（图9-2-5）。

（8）髂内淋巴结　位于髂外动脉起始部附近。

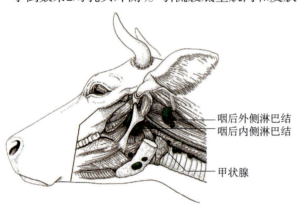

图9-2-4　牛头部和颈前部深层淋巴结原位示意图
【引自König H E and Liebich H G，2004】

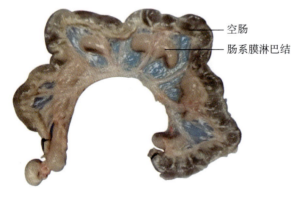

图9-2-5　羊肠系膜淋巴结

（9）髂外淋巴结　位于旋髂深动脉前、后分支处。

二、脾

（一）脾的位置和功能

脾是动物体内最大的淋巴器官，位于腹前部、胃的左侧，具有造血、滤血、贮血、调节血量和免疫等功能。

（二）常见家畜脾的形态

牛脾呈长而扁的椭圆形，灰蓝色，质地较硬，位于瘤胃背囊的左前方（图9-2-6、图9-2-7A）。

羊脾呈扁平状、钝角三角形（图9-2-7B），红紫色，质地柔软，位于瘤胃背囊前上方。

马脾呈扁平镰刀形（图9-2-7C），蓝紫色，质地柔软，位于胃大弯左侧。

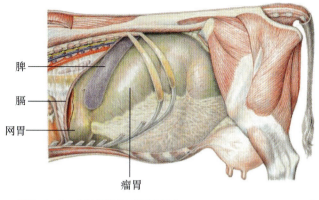

图9-2-6　牛脾原位模式图【引自Budras K D, et al, 2011】

猪脾狭长（图9-2-7D），断面三角形，呈暗红色，质地较硬，位于胃大弯左侧。

犬脾呈镰刀形（图9-2-7E），深红色，下端稍宽，上端尖，位于最后肋骨和第1腰椎横突的腹侧，在胃的左侧与左肾之间。

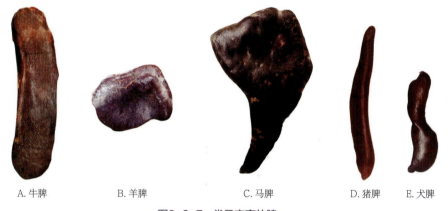

A. 牛脾　　B. 羊脾　　C. 马脾　　D. 猪脾　　E. 犬脾

图9-2-7　常见家畜的脾

（三）脾的组织构造

脾与淋巴结有相似之处，也是由淋巴组织构成，但脾没有输入淋巴管和淋巴窦，而有输出淋巴管和大量的血窦。脾实质分白髓、红髓和边缘区（图9-2-8）。

1. 白髓

白髓主要由密集的淋巴组织构成，在新鲜脾的切面上呈分散的灰白色小点状，故而得名。白髓包括动脉周围淋巴鞘和脾小结。

（1）动脉周围淋巴鞘　主要由密集的T淋巴细胞、散在的巨噬细胞和交错突细胞等环绕动脉而成。

（2）脾小结　即淋巴小结，分布在动脉周围淋巴鞘的一侧，主要由B淋巴细胞构成。

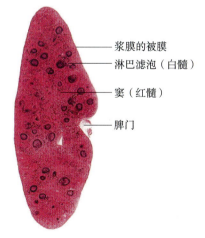

图9-2-8　猫脾组织切片
【引自König H E and Liebich H G, 2004】

2. 红髓

红髓主要由脾索和脾窦组成，因含有大量的血细胞，在新鲜脾的切面呈红色，故而得名。红髓约占脾实质的2/3，分布在被膜下、小梁周围和白髓之间。

（1）脾索　与脾窦相间排列，是一些富含血细胞的互相吻合的淋巴组织索。索内除含有B淋巴细胞外，还有大量的血细胞、巨噬细胞和浆细胞。

（2）脾窦　位于脾索之间，形状不规则，相互吻合成网，具有一定的伸缩性。脾窦周围有较多的巨噬细胞，其突起可通过内皮间隙伸向窦腔。

3. 边缘区

边缘区位于白髓和红髓的交界处，为淋巴细胞从血液进入红髓和白髓的门户，是血液进入红髓的过滤器，有很强的吞噬作用，是脾内首先捕获抗原和引起免疫应答的重要部位。

三、血淋巴结

血淋巴结一般呈圆形或椭圆形，紫红色，直径5~12mm；结构似淋巴结，但无输入淋巴管和输出淋巴管，其中充盈血液而无淋巴。主要分布在主动脉附近、胸腔和腹腔脏器表面及血液循环通路上，有滤血功能。多见于牛、羊（图9-2-9）。

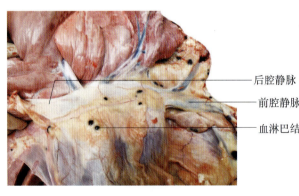

图9-2-9　牛血淋巴结

四、扁桃体

扁桃体位于软腭、舌和咽的黏膜下组织内，形状和大小因家畜种类不同而异，主要分为腭扁桃体、舌扁桃体、咽扁桃体等。腭扁桃体位于口咽部侧壁，腭舌弓和腭咽弓之间；舌扁桃体位于舌根背侧的黏膜下；咽扁桃体位于鼻咽部后背侧。扁桃体仅有输出淋巴管注入附近的淋巴结，其功能与淋巴结相似。

任务9-3　识别免疫细胞

任务要求

能说出免疫细胞的种类和功能。

数字资源

理论知识

一、淋巴细胞

淋巴细胞呈球形，大小不一，直径为5～18μm，由淋巴干细胞发育、分化而来，具有特异性、转化性和记忆性。根据发育部位、形态、结构、表面标志和免疫功能的不同，淋巴细胞可分为以下4类。

1. T淋巴细胞

T淋巴细胞简称T细胞，在胸腺内发育、分化、成熟后进入血液和淋巴，参与细胞免疫。

2. B淋巴细胞

B淋巴细胞简称B细胞，在骨髓（哺乳类）或腔上囊（鸟类）内发育、分化、成熟后进入血液和淋巴，在抗原的刺激下转化为浆细胞，产生抗体，参与体液免疫。

3. K细胞

K细胞在骨髓内发育、分化、成熟，数量较少。K细胞能与带有抗体的靶细胞相结合，使靶细胞迅速失去活性从而杀伤靶细胞，又称为杀伤淋巴细胞。

4. NK细胞

NK细胞也在骨髓内发育、分化、成熟，数量也很少。NK细胞不依赖抗体，也不需要抗原的刺激即可杀伤自身突变的细胞，又称为自然杀伤细胞。

二、单核吞噬细胞

单核吞噬细胞是指分散在许多器官或组织中的一些形状不同、名称各异但都来源于血液的单核细胞，具有吞噬能力和活体染色反应。主要包括肺内的尘细胞、肝内的枯否氏细胞、脾及淋巴结内的巨噬细胞、血液内的单核细胞、脑和脊髓液中的小胶质细胞等。单核吞噬细胞系统的主要功能是吞噬侵入体内的细菌、异物及衰老、死亡的细胞，清除病灶中坏死的组织和细胞，参与组织修复。

三、抗原呈递细胞

抗原呈递细胞是指在特异性免疫应答中，能够摄取、处理、转递抗原给淋巴细胞的一类免疫细胞。它是免疫系统的前哨细胞，在诱发机体特异性免疫应答中起着关键作用。抗原呈递细胞主要有巨噬细胞、外周淋巴器官中的树突状细胞、真皮层中的朗格罕斯细胞。

四、粒性白细胞

细胞质中含有颗粒的白细胞称为粒性白细胞，简称粒细胞。其中，中性粒细胞参与机体的免疫过程，除具有吞噬细菌、抗感染能力外，还可与抗原、抗体相结合，形成中性粒细胞-抗体-抗原复合物，从而大大增强对抗原的吞噬作用；嗜碱性粒细胞主要参与体内的过敏性反应和变态反应；嗜酸性粒细胞与免疫反应过程密切相关，常见于免疫反应的部位，有较强的吞噬能力，抗寄生虫的作用也较强。

项目小结

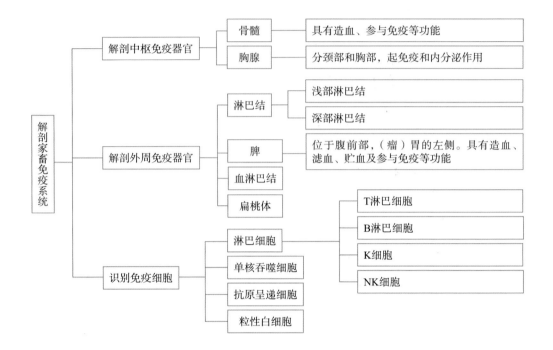

技能实训

解剖免疫系统

【目的与要求】

1. 能在家畜体表找到兽医临床诊断和检疫常用的淋巴结。
2. 观察标本，能准确描述脾和淋巴结的形态、结构和位置，并会比较、归纳不同家畜脾和淋巴结的解剖学特点。
3. 能在显微镜下识别家畜淋巴结和脾的组织构造并绘图。

【材料与用品】

1. 牛（羊）尸体标本。
2. 健康牛、羊、猪活体。
3. 猪淋巴结和脾的组织切片。

【方法和步骤】

1. 观察家畜的常检浅部淋巴结和脾的体表投影位置

在家畜活体上找到下颌淋巴结、腮腺淋巴结、肩前（颈浅）淋巴结、腋下淋巴结、腹股沟浅淋巴结、腘淋巴结等常检浅部淋巴结的体表投影位置。

在家畜体表找到脾的体表投影位置。

2. 观察家畜全身主要淋巴结的分布及脾的位置和形态

在家畜尸体标本或挂图上找到如下淋巴结：下颌淋巴结、腮腺淋巴结、颈深淋巴结、肩前（颈浅）淋巴结、腋淋巴结、股前(膝上)淋巴结、腘淋巴结、腹股沟浅淋巴结、腹股沟深淋巴结、纵隔后淋巴结、腹腔淋巴结、肠系膜淋巴结等。

观察并比较不同家畜脾的位置和形态特点。

3. 观察家畜淋巴结和脾的组织结构

（1）淋巴结组织切片观察 主要观察被膜、皮质、淋巴小结、生发中心、皮质淋巴窦、髓质、髓索、髓质淋巴窦。

（2）脾组织切片观察 主要观察脾小梁、脾小结、脾索、脾窦。

【实训报告】

1. 绘制牛、羊和猪全身浅表淋巴结分布图。
2. 绘制家畜淋巴结和脾的组织结构图。
3. 填图。

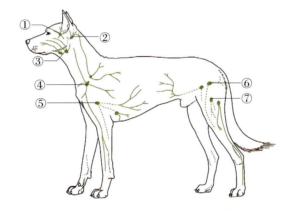

实训9-0-1 犬体表可触及淋巴结
【引自Dyce K M, et al, 2010】

①_____；②_____；
③_____；④_____；
⑤_____；⑥_____；
⑦_____。

双证融通

一、名词解释

免疫系统　中枢免疫器官　血淋巴结　T淋巴细胞　B淋巴细胞

二、填空题

1. 免疫系统包括_____、_____和_____。
2. 中枢免疫器官包括_____、_____和_____。
3. 外周免疫器官主要包括_____、_____和其他淋巴组织。
4. 脾的功能主要有_____、_____、_____和调节血量。

三、选择题

1. 2009年真题 牛脾呈（　　）。

A. 镰刀形　　　　　　　B. 钝三角形　　　　　　C. 舌形或靴形

D. 细而长的带状　　　　E. 长而扁的椭圆形

2. **2010年真题** 牛腭扁桃体位于（　　）。
   A. 喉咽部　　　　　　B. 口咽部侧壁　　　　　C. 舌根部背侧
   D. 软腭口腔面　　　　E. 鼻咽部后背侧壁

3. **2011年真题** 猪腹腔淋巴结位于腹腔动脉及其分支附近，有（　　）。
   A. 1～2个　　B. 2～4个　　C. 2～3个　　D. 4～6个　　E. 5～7个

4. **2011年真题** 在对肉品检验时，常规检查的猪腹腔的淋巴结是（　　）。
   A. 肝淋巴结　　　　　B. 脾淋巴结　　　　　　C. 胰十二指肠淋巴结
   D. 肠系膜前淋巴结　　E. 肠系膜后淋巴结

5. **2012年真题** 大多数家畜淋巴结的实质分为外周的皮质和中央的髓质，但皮质和髓质位置颠倒的是（　　）。
   A. 猪　　B. 马　　C. 牛　　D. 羊　　E. 犬

6. **2013年真题** 猪脾呈（　　）。
   A. 镰刀形　　　　　　B. 钝三角形　　　　　　C. 舌形或靴形
   D. 细而长的带状　　　E. 长而扁的椭圆形

7. **2014年真题** 屠宰检疫中具有剖检意义的淋巴结有（　　）。
   A. 下颌淋巴结　　　　B. 支气管淋巴结　　　　C. 肝门淋巴结
   D. 肠系膜淋巴结　　　E. 以上均有意义

8. **2014年真题** 牛的胸腺（　　）。
   A. 无明显的年龄变化　　B. 位于胸腔前纵隔内　　C. 位于胸腔前纵隔和颈部
   D. 皮质内淋巴细胞稀少　E. 产生B淋巴细胞

9. **2016年真题** 位于口咽部侧壁的扁桃体称为（　　）。
   A. 舌扁桃体　　　　　B. 腭扁桃体　　　　　　C. 腭帆扁桃体
   D. 咽扁桃体　　　　　E. 盲肠扁桃体

10. **2017年真题** 淋巴结内的T淋巴细胞主要位于（　　）。
    A. 淋巴小结　　　　　B. 副皮质区　　　　　　C. 皮质淋巴窦
    D. 髓索　　　　　　　E. 髓质淋巴窦

11. **2018年真题** 牛脾呈长而扁的椭圆形，位于（　　）。
    A. 瘤胃背囊左前部　　B. 瘤胃背囊右前部　　　C. 网胃前方
    D. 瓣胃右侧　　　　　E. 瘤胃后方

12. **2019年真题** 七岁犬的胸腺特征是（　　）。
    A. 胸部和颈部的胸腺发达　　B. 颈部胸腺发达，胸部胸腺退化
    C. 胸部胸腺发达　　　　　　D. 颈部和胸部胸腺均退化
    E. 颈部胸腺发达

13. **2020年真题** 既无输入淋巴管，又无输出淋巴管的外周淋巴器官是（　　）。
    A. 扁桃体　　　　　　B. 法氏囊　　　　　　　C. 血淋巴结
    D. 胸腺　　　　　　　E. 淋巴结

四、简答题

1. 简述家畜免疫系统的组成。

2. 简述牛胸腺的形态、位置和功能。
3. 兽医临床上常检的浅部淋巴结主要有哪些?
4. 不同家畜脾的形态有何差异?
5. 脾的组织学结构有什么特点?
6. 免疫细胞可分为哪几类?各有什么功能?

项目 10
解剖家畜神经系统

项目导入

神经系统由中枢神经系统和外周神经系统两个部分组成,其基本的结构和功能单位为神经元。神经系统能接受来自体内器官和外界环境的各种刺激,并将刺激转变为神经冲动进行传导。一方面,调节机体各器官的生理活动,保持器官之间的平衡和协调;另一方面,保证机体与外界环境之间的平衡和协调一致,以适应环境的变化。因此,神经系统在畜体调节系统中起主导作用。

项目目标

一、认知目标

1. 理解家畜神经系统的组成、功能及常用术语。
2. 掌握家畜脊髓的形态、位置、内部结构和功能。
3. 掌握家畜脑的位置和结构。
4. 掌握家畜脑神经的对数、名称及性质。
5. 掌握家畜脊神经的组成和性质。
6. 掌握家畜植物性神经的分布和功能。

二、技能目标

1. 在剖检过程中能对家畜脑、脊髓和神经的形态、结构特点进行准确描述。
2. 能识别支配牛腹壁及乳房的主干神经的名称、位置及走向。

课前预习

1. 神经系统是如何划分的?
2. 什么是灰质、皮质、白质、髓质、神经核、神经节、神经、神经纤维束?
3. 脑分为哪几个部分?
4. 脑神经有多少对?
5. 什么是植物性神经?

任务10-1 认知神经系统

数字资源

任务要求

1. 能说出神经系统的基本结构、活动方式以及划分。
2. 理解并会运用神经系统的常用术语。

理论知识

一、神经系统的基本结构和活动方式

神经系统由神经组织构成。神经组织包括神经细胞和神经胶质细胞。神经细胞又称为神经元,是一种高度分化的细胞,是神经系统的结构和功能单位。神经元由胞体和突起组成。突起又分为树突和轴突(图10-1-1)。树突可以有一条或几条,一般较短,反复分支。轴突通常只有一条,长的轴突可达1m。从功能上看,树突和胞体是接受其他神经元传来

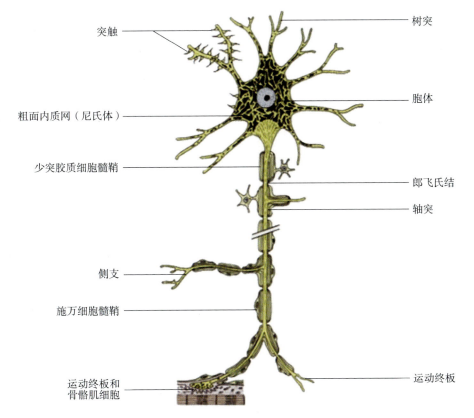

图10-1-1 运动神经元示意图【引自König H E and Liebich H G,2004】

的冲动的部位,而轴突是将冲动传至远离胞体的部位。神经元之间借突触彼此相连。

神经系统的基本活动方式是反射。完成一个反射活动时,要通过的神经通路称为反射弧。反射弧由感受器、传入神经、中枢、传出神经和效应器5个部分组成。其中任何一个部分遭受破坏,反射活动都不能进行。因此,临床上常利用破坏反射弧的完整性对家畜进行麻醉,以便实施外科手术。

> **课程思政**
>
> 条件反射是指在一定条件下,外界刺激与有机体反应之间建立起来的暂时神经联系。培养习惯是形成条件反射的一个过程,同学们应当有意识地从日常小事做起,逐渐养成良好的品行。

二、神经系统的划分

神经系统分为中枢神经系统和外周神经系统两个部分(图10-1-2)。中枢神经系统包括脑和脊髓。外周神经系统包括躯体神经和植物性神经。躯体神经又分为脊神经和脑神经,主要分布于体表和骨骼肌,受意识支配。植物性神经又分为交感神经和副交感神经,主要分布于内脏、腺体和心血管,不受意识支配。

图10-1-2 神经系统的划分

三、神经系统的常用术语

神经细胞和神经胶质细胞在神经系统的特定部位组成具有一定功能的结构,这些结构有不同的术语名称。

1. 灰质和皮质

在中枢部,神经元的胞体及其树突集聚的地方,在新鲜标本上呈灰白色,称为灰质,如脊髓灰质。分布在脑表层的灰质称为皮质,如大脑皮质、小脑皮质。

2. 白质和髓质

白质是泛指神经纤维集聚的地方。大部分神经纤维有髓鞘,呈白色,如脊髓白质。分布在小脑皮质深面的白质特称为髓质。

3. 神经核和神经节

在中枢神经内,由功能和形态相似的神经元的胞体和树突集聚而成的灰质团块称为神经核。在外周部,神经元的胞体聚集形成神经节。神经节可分为感觉神经节和植物性神经节。

4. 神经和神经纤维束

神经纤维在外周部聚集形成粗细不等的神经。神经根据冲动的性质可分为感觉神经、运动神经和混合神经。起止行程和功能基本相同的神经纤维聚集成束，在中枢称为神经纤维束。由脊髓向脑传导感觉冲动的神经纤维束称为上行束，由脑传导运动冲动至脊髓的神经纤维束称为下行束。

任务10-2　解剖中枢神经系统

任务要求

1. 能说出家畜脊髓的形态和结构。
2. 会描述家畜脑的组成及其功能。

数字资源

理论知识

一、脊髓

（一）脊髓的形态和位置

脊髓位于椎管内，呈背、腹略扁的圆柱形，前端在枕骨大孔处与延髓相连，后端到达荐骨中部。脊髓分为颈、胸、腰、荐、尾5段，各段粗细不一（图10-2-1）。有两个膨大部：在颈后段和胸前段较粗，称为颈膨大；在腰荐段也较粗，称为腰膨大。腰膨大之后脊髓逐渐变细，呈圆锥状，称为脊髓圆锥，最后形成一根细丝，称为终丝。胚胎时期，椎管和脊髓的发育不同步，脊髓发育速度慢。前期，脊髓可在对应椎间孔发出神经，到荐神经和尾神经段，则需在椎管内延伸一定距离才能到达相应的椎间孔发出神经，由此在脊髓圆锥周围形成了马尾状结构。

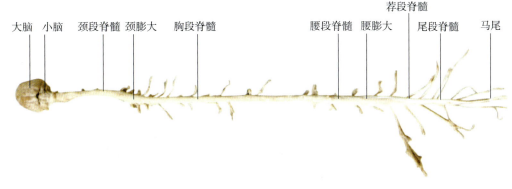

图10-2-1　羊脊髓【引自陈耀星，2003】

脊髓横切面背部正中有背正中沟,其两侧为背外侧沟,为感觉神经进入脊髓的位置;脊髓腹侧正中为腹正中裂,两侧为腹外侧沟,为运动神经离开脊髓的位置(图10-2-2)。

(二)脊髓的内部结构

脊髓内部为灰质,周围为白质,灰质中央有一纵贯脊髓的中央管(图10-2-2)。

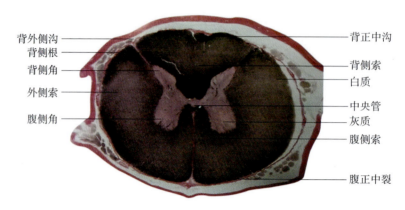

图10-2-2 脊髓横切面【引自陈耀星,2003】

1. 灰质

灰质主要由神经元的胞体构成,由脊髓背外侧沟延伸而来的灰质背侧柱和腹外侧沟延伸而来的灰质腹侧柱其横切面呈蝶状。背侧柱和腹侧柱之间为灰质联合。在脊髓的胸段和腰前段腹侧柱基部的外侧,还有隆起不太明显的外侧柱。背侧柱内含有各种类型的中间神经元的胞体,这些中间神经元接受脊神经节内的感觉神经元的冲动,并将其传导至运动神经元或下一个中间神经元。

2. 白质

白质位于灰质的周围,主要由纵行的神经纤维构成,被灰质柱分为背侧索、腹侧索和外侧索。背侧索位于两个背侧柱和背正中沟之间,主要由感觉神经元发出的上行纤维束构成;腹侧索位于两个腹侧柱与腹正中裂之间,主要由运动神经元发出的下行纤维束构成;外侧索位于背侧柱与腹侧柱之间,由脊髓背侧柱的联络神经元的上行纤维束和来自大脑与脑干中间神经元的下行纤维束构成。

二、脑

脑是神经系统的高级中枢,位于颅腔内,在枕骨大孔与脊髓相连。大脑与小脑之间有大脑横裂将二者分开。脑干位于大脑与小脑之间的腹侧,小脑位于脑干的背侧(图10-2-3)。

(一)大脑

大脑又称为端脑,位于脑干前方,被大脑纵裂分为左、右2个大脑半球,纵裂的底部是连接两个半球的胼胝体。大脑半球由大脑皮质、白质、嗅脑、基底神经核和侧脑室等结构组成。

覆盖于大脑半球表面的一层灰质称为大脑皮质。大脑皮质表面凹凸不平(图10-2-4),

凹陷处为沟，凸起处为回，可以增加大脑皮质的面积。大脑皮质背外侧面可分为四叶：前部为额叶，是运动区；后部为枕叶，是视觉区；背侧部为顶叶，是一般感觉区；外侧部为颞叶，是听觉区。各区的面积和位置因家畜种类不同而异。

皮质深面为白质，由联络、联合、投射3种神经纤维构成。

嗅脑主要包括位于大脑腹侧前端的嗅球以及沿大脑腹侧面延续的嗅回、梨状叶、海马等部分，其主要功能与嗅觉有关。

基底神经核为大脑半球内部的灰质核团，位于半球基底部，主要包括尾状核、豆状核等。

侧脑室为每侧大脑半球中的不规则腔体（图10-2-5），经室间孔与第三脑室相通，顶壁为胼胝体，底壁的前部为尾状核，后部是海马。侧脑室内有脉络丛，在室间孔处与第三脑室脉络丛相连，可产生脑脊液。

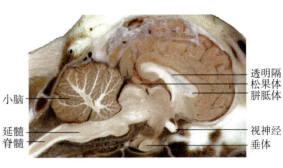

图10-2-3　牛脑（正中矢状面）
【引自陈耀星和刘为民，2009】

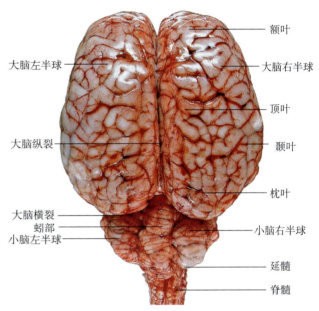

图10-2-4　马脑（背侧面）【引自陈耀星和刘为民，2009】

（二）小脑

小脑略呈球形，位于大脑后方，在延髓和脑桥的背侧，其表面有许多凹陷的沟和凸起的回。小脑被两条纵沟分为3个部分，即中间的蚓部和两侧的小脑半球（图10-2-4）。小脑的表面为灰质，称为小脑皮质；深部为白质，呈树枝状分布，称为小脑髓质。

小脑借3对小脑脚（小脑后脚、小脑中脚及小脑前脚）分别与延髓、脑桥和中脑相连。

（三）脑干

脑干由延髓、脑桥、中脑及其前端的间脑构成。脑干后连脊髓，前接大脑，是脊髓与大脑、小脑连接的桥梁。

1. 延髓

延髓为脑干的末段，后端在枕骨大孔处连接脊髓，前端连接脑桥。延髓呈前宽后窄、上下略扁的锥形体。在腹侧面的正中有腹正中裂，为脊髓腹正中裂的延续。延髓的背侧面构成第四脑室底壁的后部，内含有6～12对脑神经核、运动核及植物性神经核。延髓在功能

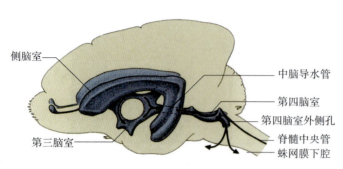

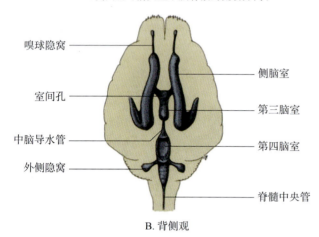

A. 侧面观（箭头显示脑脊液的流动方向）

B. 背侧观

图10-2-5　犬脑室示意图
【引自König H E and Liebich H G，2004】

上是生命中枢所在地，如呼吸、心跳、唾液分泌、吞咽、呕吐等中枢。

2. 脑桥

脑桥位于小脑腹侧，在大脑脚与延髓之间。

3. 中脑

中脑位于脑桥前方，间脑后方。腹侧有2条短粗的纵行纤维柱，称为大脑脚；背侧有4个丘形隆起，称为四叠体。前方的一对隆起较大，称为前丘，与视觉反射有关；后方的一对隆起较小，称为后丘，与听觉反射有关。四叠体和大脑脚之间有中脑导水管，前接第三脑室，后通第四脑室（图10-2-5）。

4. 间脑

间脑位于中脑和大脑之间，大部分被大脑半球所覆盖，由丘脑、丘脑下部和第三脑室等组成。

丘脑位于背侧，是一对卵圆形的灰质团块，左、右侧丘脑以中间块（丘脑间黏合）相连，中间块外围的环状间隙称为第三脑室（图10-2-5），它的前上面通侧脑室，后连中脑导水管。丘脑一方面与脊髓、延髓和中脑相连，另一方面与大脑皮质相连，为传导感觉到大脑皮质的总站。

丘脑下部位于丘脑腹侧，包括第三脑室侧壁内的一些结构，是植物性神经系统的皮质下中枢。

（四）脑脊膜和脑脊液

1. 脊髓膜

在脊髓外周有3层膜，由内向外依次为脊软膜、脊蛛网膜、脊硬膜（图10-2-6）。

（1）脊软膜　又称软脊膜，是一层薄膜，紧贴于脊髓的表面。

（2）脊蛛网膜　在脊软膜的外面，是一层很薄的膜，位于脊硬膜与脊软膜之间，分出无数结缔组织小梁与脊硬膜和脊软膜相连。脊硬膜与脊蛛网膜之间的腔隙很窄，称硬膜下腔，内含少量液体，向前与脑硬膜下腔相通。脊蛛网膜与脊软膜之间的周隙称为蛛网膜下腔，内含脑脊液。

（3）脊硬膜　又称硬脊膜，为厚而坚实的结缔组织膜。脊硬膜和椎管之间有一较宽的腔隙，称硬膜外腔，内含静脉和脂肪。硬膜外麻醉即自腰荐间隙将麻醉剂注入硬膜外腔，以阻滞硬膜外腔内的脊神经根的传导作用。

2. 脑膜

脑膜与脊髓膜一样，分为硬膜、蛛网膜和软膜3层（图10-2-7）。脑硬膜与脑蛛网膜之间形成硬膜下腔，脑蛛网膜与脑软膜之间形成蛛网膜下腔，但脑硬膜与衬于颅腔内壁的骨膜紧密结合而无硬膜外腔。脑硬膜内含有若干静脉窦，接受来自脑的静脉血。

在脑室壁的一些部位，脑软膜上的血管丛与脑室膜上皮共同折入脑室，形成脉络丛。脉络丛是产生脑脊液的部位。

3. 脑脊液

脑脊液为无色透明的液体，由各脑室的脉络丛产生，充满于脑室、脊髓中央管和蛛网膜下腔。各脑室中的脑脊液均汇集到第四脑室，经第四脑室脉络丛上

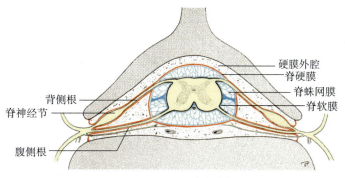

图10-2-6　犬脊髓膜示意图
【引自König H E and Liebich H G, 2004】

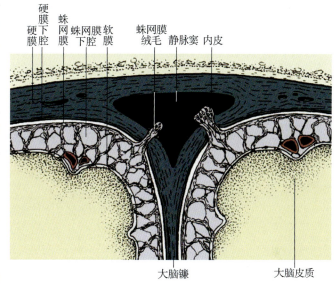

图10-2-7　脑膜构造示意图【引自Dyce K M, et al, 2010】

的孔流入蛛网膜下腔后，流向大脑背侧，再经脑蛛网膜粒透入脑硬膜中的静脉窦，最后回到血液循环中，这个过程称为脑脊液循环。脑脊液有营养脑、脊髓和运走代谢产物的作用，还起缓冲和维持恒定的颅内压的作用。若脑脊液循环障碍，可导致脑积水或颅内压升高。

任务10-3　解剖外周神经系统

任务要求

1. 能说出家畜12对脑神经的名称及其功能。

数字资源

2. 能说出家畜脊神经的组成及躯干部和四肢部神经分支的名称。

3. 会描述家畜交感神经和副交感神经的分布特点及区别。

理论知识

一、脑神经

脑神经共12对，多数从脑干发出，通过颅骨孔出颅腔。根据脑神经所含的纤维种类，将脑神经分为感觉神经、运动神经和混合神经。脑神经发出的部位、纤维成分和分布部位见表10-3-1所列和图10-3-1所示。

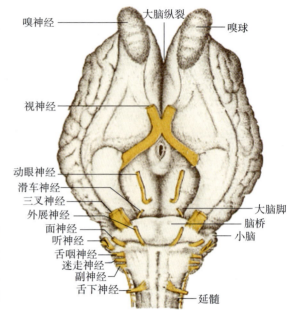

图10-3-1 马脑神经示意图【引自安徽农学院，1978】

表10-3-1 脑神经简表

名　称	连脑部位	性　质	分布范围
Ⅰ.嗅神经	嗅球	感觉神经	鼻黏膜
Ⅱ.视神经	间脑外侧膝状体	感觉神经	视网膜
Ⅲ.动眼神经	中脑的大脑脚	运动神经	眼球肌
Ⅳ.滑车神经	中脑四叠体的后丘	运动神经	眼球肌
Ⅴ.三叉神经	脑桥	混合神经	面部皮肤，口和鼻腔黏膜、咀嚼肌
Ⅵ.外展神经	延髓	运动神经	眼球肌
Ⅶ.面神经	延髓	混合神经	面、耳、睑肌、部分味蕾和唾液腺
Ⅷ.听神经	延髓	感觉神经	前庭、耳蜗和半规管
Ⅸ.舌咽神经	延髓	混合神经	舌、咽和味蕾
Ⅹ.迷走神经	延髓	混合神经	咽、喉、食管、气管及胸腹腔内脏
Ⅺ.副神经	延髓和颈部脊髓	运动神经	咽、喉、食管以及胸头肌和斜方肌
Ⅻ.舌下神经	延髓	运动神经	舌肌和舌骨肌

【附】脑神经名称的记忆口诀：一嗅二视三动眼，四滑五叉六外展，七面八听九舌咽，十迷一副舌下全。

二、脊神经

脊神经为混合神经，在椎间孔附近由背侧根（感觉根）和腹侧根（运动根）汇合而成，分为背侧支和腹侧支，分布于脊柱背侧和腹侧的肌肉和皮肤。脊神经按从脊髓所发出的部位，分为颈神经、胸神经、腰神经、荐神经和尾神经。表10-3-2所列为常见家畜脊神经的数目。

表10-3-2　常见家畜脊神经对数

名称	马（对）	牛（对）	猪（对）
颈神经	8	8	8
胸神经	18	13	14～15
腰神经	6	6	7
荐神经	5	5	4
尾神经	5	5	5
合计	42	37	38～39

每一颈神经、胸神经和腰神经的背侧支又分为内侧支和外侧支，分布于颈背侧、鬐甲部、背部和腰部。荐神经和尾神经的背侧支分布于荐部和尾背侧。脊神经的腹侧支一般较粗，分布于脊柱腹侧、胸腹壁及四肢。

1. 分布于躯干部的神经（图10-3-2、图10-3-3）

（1）膈神经　为膈的运动神经，由来自第5至第7颈神经的腹侧支联合而成，左、右各1条。经胸前口入胸腔，沿纵隔向后伸延，分布于膈肌。

（2）肋间神经　为胸神经的腹侧支，在每一肋间隙沿肋骨后缘向下伸延，分布于肋间肌、腹肌和腹部皮肤。其中最后一对肋间神经较粗，在第1腰椎横突末端的前角下方，末端延伸入腹壁肌层之间，分布于腹肌和腹部皮肤。

（3）髂下腹神经　为第1腰神经的腹侧支。牛的经第2腰椎横突腹侧末端的后下缘，马的向后、向外，行经第2腰椎横突末端腹侧，进入腹壁基层之间，分布于腹肌、腹壁和股内侧皮肤。

（4）髂腹股沟神经　来自第2腰神经的腹侧支。马的行经第3腰椎横突末端，牛的行经第4腰椎横突末端外侧缘，分为浅、深两支。浅支分布于膝外侧及以下的皮肤；深支与髂腹下神经的深支平行，向后下方伸延，斜越过旋髂深动脉，分布情况与髂腹下神经相似，分布区域略靠后方。

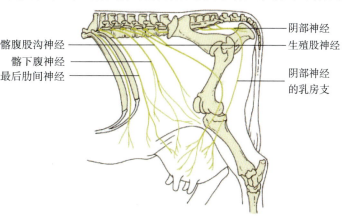

图10-3-2　母牛躯干部神经示意图【引自Dyce K M，et al，2010】

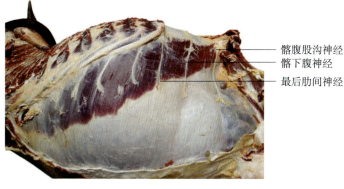

图10-3-3　牛躯干部神经

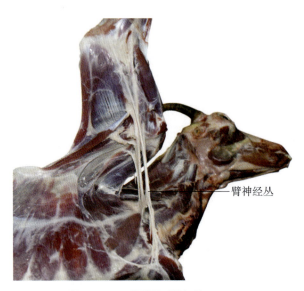

图10-3-4　羊前肢臂神经丛

（5）生殖股神经　来自第2、第3、第4腰神经的腹侧支，沿腰肌间下行，分为前、后两支，向下伸延穿过腹股沟管与阴部外动脉一起分布于睾外提肌、阴囊和包皮（公畜）或乳房（母畜）。

（6）阴部神经　来自第2、第3、第4荐神经的腹侧支，沿荐结节阔韧带向后、向下伸延。其终支绕过坐骨弓，在公畜至阴茎背侧，称为阴茎背神经，分支分布于阴茎；在母畜称为阴蒂背神经，分布于阴蒂、阴唇和乳房。

（7）直肠后神经　其纤维来自第3、第4（马）或第4、第5（牛）荐神经的腹侧支，有1~2支，在阴部神经背侧沿荐结节阔韧带的内侧面向后、向下伸延，分布于直肠和肛门，在母畜还分布于阴唇。

2. 分布于前肢的神经

分布于前肢的神经来自臂神经丛（图10-3-4）。臂神经丛位于腋窝内，在斜角肌背侧部和腹侧部之间穿出，主要由第6至第8颈神经的腹侧支和第1对胸神经的腹侧支所构成。由此丛发出的神经有：肩胛上神经、肩胛下神经、腋神经、桡神经、尺神经和正中神经等（图10-3-5）。

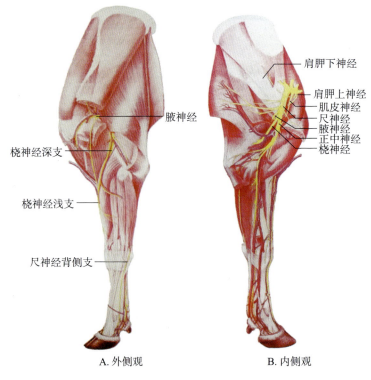

A. 外侧观　　　B. 内侧观

图10-3-5　牛左前肢神经示意图【引自彭克美，2009】

（1）肩胛上神经　由臂神经丛的前端分出，短粗，分布于冈上肌、冈下肌、肩臂皮肌和皮肤。在临床上常可见到肩胛上神经麻痹。

（2）肩胛下神经　通常有2~4支，分布于肩胛下肌和肩关节囊。

（3）腋神经　自臂神经丛中部分出，较粗，分布于肩关节屈肌（大圆肌、小圆肌和三角肌）以及臂头肌。

（4）桡神经　比较粗，自臂神经丛后部分出，沿尺神经后缘下行，至臂中部分出一小支到前臂筋膜张肌之后,经臂三头肌长头和内侧头之间进入臂肌沟,沿臂肌后缘向下伸延,分出肌支分布于臂三头肌和肘肌。

(5) 尺神经　在臂内侧,沿臂动脉后缘下行,随同尺侧副动脉、静脉进入尺沟并向下伸延。

(6) 正中神经　为臂神经丛最长的分支,随同前肢动脉主干伸达指端。正中神经在前臂近端分出肌支到腕桡侧屈肌和指浅屈肌、指深屈肌,在正中沟内还分出前臂骨间神经进入骨间隙,分布于前臂骨骨膜。

3. 分布于后肢的神经

分布于后肢的神经由腰荐神经丛发出。腰荐神经丛由后3对腰神经及前2对荐神经的腹侧支构成,位于腰荐部腹侧。发出的主要神经有:股神经、坐骨神经、闭孔神经、臀前神经和臀后神经(图10-3-6)。

(1) 股神经　由腰荐神经丛前部发出,主要分布于股四头肌。

(2) 坐骨神经　体内最粗、最长的神经(图10-3-7),起于腰荐神经丛,经荐结节阔韧带的外侧向后下方伸延,在髋关节后方分支到股二头肌、半膜肌和半腱肌。其主干分为胫神经和腓神经。

胫神经　沿臀股二头肌深面进入腓肠肌内、外侧头之间,向下伸延至小腿远端,在跟腱背侧分为足底内侧神经和足底外侧神经,继续向下伸延。

腓神经　在臀股二头肌的深面沿腓肠肌外侧面向前、向下伸延,到腓骨近端外侧分为腓浅神经和腓深神经。

(3) 闭孔神经　沿髂骨内侧面向后、向下伸延,穿出闭孔,分支分布于闭孔外肌、耻骨肌、内收肌和股薄肌。

(4) 臀前神经　穿出坐骨大孔,分数支分布于臀肌和阔筋膜张肌。

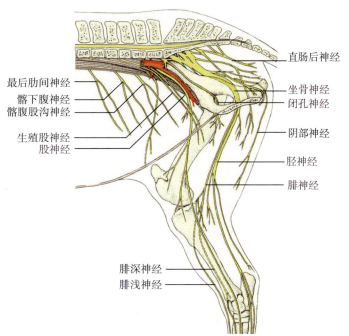

图10-3-6　马躯干部及右后肢神经示意图
【引自Dyce K M, et al, 2010】

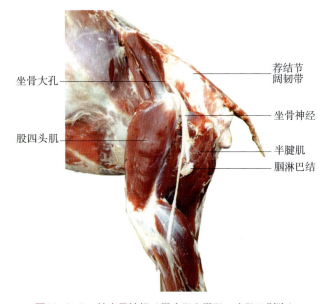

图10-3-7　羊坐骨神经(臀中肌和臀股二头肌已剔除)

（5）臀后神经　沿荐坐韧带外侧面向后伸延，分支分布于股二头肌、臀浅肌、臀中肌和半腱肌。

三、植物性神经

植物性神经是指分布于内脏器官、血管和皮肤的平滑肌、心肌和腺体等的传出神经，又称为内脏神经。

（一）植物性神经与躯体运动神经的区别

植物性神经与躯体运动神经相比较，有以下区别。

①躯体运动神经支配骨骼肌，而植物性神经支配平滑肌、心肌和腺体。

②躯体运动神经的传入纤维传导来自体表浅部和躯体深部的刺激，以调节机体的运动和平衡。植物性神经的传入纤维传导来自内脏的冲动，对机体内在环境的调节起重要作用。

③植物性神经的传出纤维在植物性神经节换元，从中枢发出的纤维称为节前纤维，而由神经节内神经元发出的纤维称为节后纤维。

④躯体运动神经纤维一般为粗的有髓纤维，通常以神经干的形式分布到效应器。植物性神经的节前纤维为细的有髓纤维，节后纤维为细的无髓纤维，伸延途中常攀附于脏器或血管表面，形成神经丛，再由神经丛发出分支分布于效应器。

⑤躯体运动神经一般都受意识支配，而植物性神经在一定程度上不受意识直接控制，具有相对的自主性。

（二）植物性神经的划分

根据形态和功能的不同，植物性神经传出纤维分为交感神经和副交感神经两个部分。

1. 交感神经

交感神经的低级中枢（节前神经元）位于胸腰部脊髓灰质外侧角内，由此发出的节前纤维随脊神经腹侧根至脊神经，出椎间孔后离开脊神经到达交感神经干。交感神经主要在椎旁神经节和椎下神经节换元，发出节后纤维，出椎间孔后沿交感神经干分布。交感神经干可分颈部、胸部、腰部和荐尾部。颈部交感神经干包含颈前神经节、颈中神经节和颈后神经节。胸部交感神经部分在胸神经节换元后发出节后纤维，分布于支气管和食管及附近，不在胸神经节换元的节前纤维形成内脏大神经和内脏小神经，分别行至腹腔肠系膜前神经节和肠系膜后神经节换元，发出节后纤维分布于胃、肠、肝、胰及小肠等内脏。颈部交感神经干与迷走神经合并成迷走交感干。

2. 副交感神经

副交感神经的节前神经元的胞体位于脑干和荐段脊髓；节后神经元的胞体位于所支配器官旁或器官内，统称终末神经节。这些神经节一般亦有交感神经纤维通过，但并不在该节内交换神经元。

（1）颅部副交感神经　节前纤维走行于动眼神经、面神经、舌咽神经和迷走神经内，到相应的副交感终末神经节交换神经元，其发出的节后纤维到达所支配器官。

（2）荐部或盆部副交感神经　节前纤维由第2~4节荐部脊髓灰质外侧柱发出，伴随第3、第4荐神经腹侧支出荐盆侧孔，形成1~2支盆神经，向腹侧伸延至直肠或阴道外侧，与腹下神经一起形成盆神经丛。盆神经丛内有许多盆神经节，盆神经的纤维部分在此终止并交换神经元，部分在终末神经节交换神经元，节后纤维分布于降结肠、直肠、膀胱、母畜的子宫和阴道以及公畜的阴茎等器官。

> **小贴士**
>
> **交感神经与副交感神经的区别**
>
> 　　交感神经和副交感神经均是内脏神经，并且大多数是共同支配一个器官，但交感神经分布的范围更广些。两者的起始部位、形态特点、分布范围以及生理功能等各有特点。主要有以下不同：中枢部位的不同；节前纤维和节后纤维的比例不同；周围神经节的部位不同；分布的范围不同；两者的作用基本是颉颃的。

项目小结

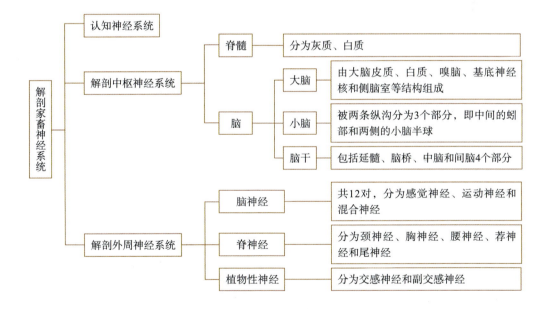

技能实训

解剖神经系统

【目的与要求】

1. 通过观察标本和挂图，能准确描述家畜脑及脊髓的组成、形态、结构和位置。
2. 能说出家畜主要外周神经的分布、走向及临床意义。

【材料与用品】

1. 家畜的脑、脊髓和外周神经标本及挂图。

2. 显微镜及犬脊髓横断面切片。

【方法和步骤】

1. 观察中枢神经系统

（1）观察脑　观察脑背侧面的左、右大脑半球，大脑表面的脑沟及脑回，大脑半球和小脑之间的大脑横裂等；观察脑腹侧面的嗅球、视神经交叉、脑垂体、大脑脚、脑桥和延髓等；在脑纵剖面上观察大脑灰质和白质、小脑灰质和白质、延髓、四叠体、大脑脚、丘脑、下丘脑、侧脑室、第三脑室等内部结构。

（2）观察脊髓　观察颈、胸、腰、荐4段脊髓的形态，以及颈膨大、腰膨大和脊髓圆锥；观察脊膜的分层及脊膜间形成的腔隙；在脊髓横断面上观察灰质、白质、脊髓中央管、背侧柱、腹侧柱、外侧柱、背侧索、腹侧索、外侧索等结构。

2. 观察外周神经系统

观察12对脑神经，重点观察三叉神经出颅腔的3个分支和面神经；依次观察颈神经、胸神经、腰神经、荐神经、尾神经的背侧支和腹侧支分布，重点观察最后肋间神经、髂下腹神经、髂腹股沟神经、生殖股神经、坐骨神经、阴部神经的位置及分布；观察交感神经干的位置及分布。

【实训报告】

1. 绘制犬脊髓横断面切片图。
2. 填图。

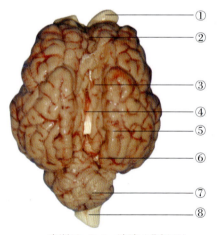

① _____；② _____；
③ _____；④ _____；
⑤ _____；⑥ _____；
⑦ _____；⑧ _____。

实训10-0-1　猪脑（背侧观）

双证融通

一、名词解释

神经元　胼胝体　脑干　脑室　植物性神经　蛛网膜　灰质　白质　神经　终丝

二、填空题

1. 脑包括＿＿＿＿、＿＿＿＿和＿＿＿＿。其中，脑干的结构从前到后依次是＿＿＿＿、＿＿＿＿、＿＿＿＿和延髓。
2. 在脑的结构中，被称为生命中枢的是＿＿＿＿。
3. 脊神经从背外侧沟发出＿＿＿＿神经，从腹外侧沟发出＿＿＿＿。
4. 脊髓按在椎管中的部位，分为＿＿＿＿、＿＿＿＿、＿＿＿＿、＿＿＿＿和＿＿＿＿。
5. 神经调节的基本方式是＿＿＿＿。
6. 反射弧是由＿＿＿＿、＿＿＿＿、＿＿＿＿、＿＿＿＿和＿＿＿＿组成的。
7. 躯体运动神经支配＿＿＿＿，植物性神经支配＿＿＿＿、＿＿＿＿和＿＿＿＿。

三、选择题

1. 2009年真题 机体内最粗、最长的神经是（　　）。
   A. 股神经　　　　　　　　B. 闭孔神经　　　　　　C. 坐骨神经
   D. 臀前神经　　　　　　　E. 臀后神经

2. 2010年真题 硬膜外麻醉时，将麻醉剂注入硬膜外腔的常用部位是（　　）。
   A. 寰枢间隙　　　　　　　B. 颈胸间隙　　　　　　C. 胸腰间隙
   D. 腰荐间隙　　　　　　　E. 荐尾间隙

3. 2013年真题 临床实施硬膜外麻醉时，自腰荐间隙把麻醉药注入（　　）。
   A. 蛛网膜下腔　　　　　　B. 硬膜下腔　　　　　　C. 软膜腔
   D. 硬膜外腔　　　　　　　E. 以上都不是

4. 2014年真题 脊髓的被膜由外向内依次为（　　）。
   A. 硬脊膜、蛛网膜、软脊膜
   B. 硬脊膜、软脊膜、蛛网膜
   C. 软脊膜、蛛网膜、硬脊膜
   D. 蛛网膜、软脊膜、硬脊膜
   E. 蛛网膜、硬脊膜、软脊膜

5. 2014年真题 关于神经核描述正确的是（　　）。
   A. 由形态相似和功能不同的神经元胞体聚集而成
   B. 由形态和功能相似的神经元胞体在中枢聚集而成
   C. 由形态不同和功能相似的神经元胞体在中枢聚集而成
   D. 由形态不同和功能不同的神经元胞体在中枢聚集而成
   E. 由形态和功能相似的神经元胞体聚集成

6. 2014年真题 四叠体属于（　　）的一部分。
   A. 大脑　　　B. 小脑　　　C. 中脑　　　D. 间脑　　　E. 延髓

7. 2014年真题 大脑脚属于（　　）的一部分。
   A. 大脑　　　B. 小脑　　　C. 中脑　　　D. 间脑　　　E. 延髓

8. 2015年真题 脊硬膜和椎管之间的腔隙是（　　）。
   A. 硬膜外腔　　　　　　　B. 脊髓中央管　　　　　C. 硬膜下腔

D. 蛛网膜下腔　　　　　　　E. 蛛网膜内腔

9. 2016年真题 牛髂下腹神经来自（　　　）。
A. 最后胸神经　　　　　B. 第1腰神经　　　　　C. 第2腰神经
D. 第3腰神经　　　　　E. 第4腰神经

10. 2018年真题 脊髓灰质横切面呈（　　　）。
A. 立方形　　B. 扁平状　　C. 蝴蝶形　　D. 三角形　　E. 卵圆形

四、简答题

1. 简述神经系统的组成和功能。
2. 简述脑的基本组成。
3. 简述交感神经和副交感神经的主要区别。
4. 简述脊髓的结构。
5. 给牛做瘤胃切开术时需要进行腰旁神经麻醉，请说出需要麻醉的神经的名称、来源和分布部位。
6. 支配母畜乳房的大神经有哪些？

项目 11 解剖家畜感觉器官

项目导入

感觉器官由感受器及其辅助器官构成,是感觉神经末梢的特殊结构,广泛分布于机体各器官和组织内,形态、结构各异。感受器能接受体内外各种刺激,并将其转变为神经冲动,经感觉神经传到中枢而产生相应的感觉。本项目主要学习家畜视觉器官和听觉器官的解剖。

项目目标

一、认知目标

掌握家畜眼球和眼球辅助器官及耳的结构和功能。

二、技能目标

1. 在剖检过程中能够分辨家畜眼球壁、眼球内容物、外耳、中耳及内耳,并能对它们的形态和结构特点进行准确描述。
2. 能够辨识家畜结膜、巩膜、角膜和瞬膜等。
3. 能根据解剖学知识解释临床常见眼科疾病(如结膜炎、角膜炎、青光眼和白内障)的发病部位及原因。

课前预习

1. 眼球壁包括哪几层结构?
2. 眼球内容物包括哪些结构?
3. 眼球的辅助器官有哪些?
4. 眼球肌有几条?
5. 耳分为哪几个部分?

任务11-1 解剖视觉器官——眼

数字资源

任务要求

1. 能按由外向内的次序详细阐述家畜眼球壁的分层结构和功能。
2. 能说出家畜眼球内容物的组成和功能，并能从解剖学的角度解释青光眼和白内障的发病部位和原因。
3. 能说出家畜眼球辅助器官的名称和作用。

理论知识

眼能感受一定波长的光的刺激，经视神经传至中枢引起视觉。眼由眼球和眼球辅助器官构成（图11-1-1）。

一、眼球

眼球是视觉器官的主要部分，位于眼眶内，呈前、后略扁的球形，后端借视神经与间脑相连。眼球由眼球壁和眼球内容物组成（图11-1-2）。

（一）眼球壁

眼球壁由3层组成，从外向内依次为纤维膜、血管膜和视网膜。

1. 纤维膜

纤维膜厚而坚韧，形成眼球的外壳，有保护内部柔软组织和维持眼球形状的作用。前部约1/5透明，为角膜；后部约4/5色白而不透明，为巩膜（图11-1-3）。

（1）角膜 是无色透明的凹凸透镜（前凸后凹），有折光作用，是眼球的主要趋光介质。角膜内没有血管和淋巴管，依靠眼房水提供营养，但分布有丰富的感觉神经末梢，所以感觉灵敏。

（2）巩膜 色白、不透明，由粗大的

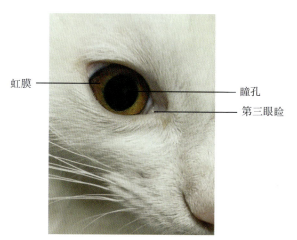

图11-1-1 猫右眼原位图

图11-1-2 眼球结构示意图
【引自Thomas M O, et al, 2008】

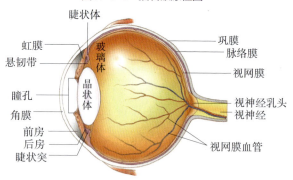

图11-1-3 牛眼球纤维膜

胶原纤维和少量弹性纤维交织而成，内有血管、色素细胞。角膜与巩膜相连处称为角巩膜缘，其深面有静脉窦，是眼房水流出的通道。

2. 血管膜

血管膜为眼球壁的中层，富含血管和色素细胞，有营养眼组织和吸收散光的作用，并形成有利于视网膜感应光和颜色的暗环境。血管膜由前向后分为虹膜、睫状体和脉络膜3个部分。

（1）虹膜　位于角膜与晶状体之间，是一环形薄膜，中央为瞳孔（图11-1-2）。虹膜自前向后分为3层：虹膜基质、瞳孔括约肌与开大肌、色素上皮层。虹膜基质为含有色素和血管的疏松结缔组织。不同家畜虹膜色素细胞中色素颗粒的形状、密度、分布位置不同，导致虹膜呈现不同颜色，如牛的呈暗褐色，绵羊的呈黄褐色，山羊的呈蓝色。瞳孔括约肌呈环形，受动眼神经的副交感神经支配，收缩时使瞳孔缩小；在瞳孔括约肌外侧呈放射状排列的肌纤维称为瞳孔开大肌，受颈前神经节的交感神经支配，收缩时使瞳孔开大。色素上皮层属视网膜的盲部，称为视网膜虹膜部。

（2）睫状体　在虹膜与脉络膜之间，呈环状，位于晶状体周围，形成睫状环，其表面有许多向内面凸出并呈放射状排列的皱槽，称为睫状突。睫状突与晶状体之间由纤细的晶状体韧带连接。在睫状体的外部有由平滑肌构成的睫状肌，肌纤维起于角膜和巩膜连接处，向后止于睫状环。

（3）脉络膜　为薄而软的棕色膜，约在血管膜的后2/3部分，衬在巩膜内面，是富含血管和色素细胞的疏松结缔组织。脉络膜上有一呈青绿色带金属光泽的三角形区，称为照膜（图11-1-4），能将外来光线反射于视网膜以加强刺激作用，有助于动物在暗环境下对光的感应。草食动物的照膜是纤维性膜，由胶原纤维束和成纤维细胞组成；肉食动物的照膜则为细胞性膜，由扁平的多角形细胞组成。猪没有照膜。

图11-1-4　牛照膜

3. 视网膜

视网膜在活体中呈淡红色，死后则呈灰白色。视网膜由视部和盲部组成，二者交界处呈锯齿状，称为锯齿缘（图11-1-5）。视部位于脉络膜内侧，即通常所说的视网膜。视网膜中央区位于眼球后端，是感光最敏锐的地方，相当于人眼的黄斑。在其腹外侧，有一白色圆盘形的隆起，称为视神经乳头或视神经盘，是视神经纤维穿出视网膜的地方，无感光作用，又称为盲点。盲部是覆盖在虹膜和睫状体的上皮层，分视网膜睫状体部和虹膜部，较薄，无感光作用。

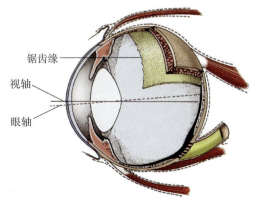

图11-1-5　犬视网膜锯齿缘示意图
【引自Dyce K M，et al，2010】

(二)眼球内容物

眼球内容物包括晶状体、房水和玻璃体,是眼球内的透明结构,无血管分布,与角膜一起组成眼的折光系统。

1. 晶状体

晶状体呈双凸透镜状,透明而富弹性,位于虹膜与玻璃体之间,主要由排列致密而整齐的晶状体纤维所构成,外面包有一弹性囊。晶状体借睫状小带(又称悬韧带)悬于虹膜。睫状肌的收缩与松弛,可改变睫状小带对晶状体的拉力,从而改变晶状体的凸度,以调节焦距,使物体的投影能聚焦于视网膜上。如果房水代谢障碍或晶状体囊受损,导致晶状体缺乏营养而浑浊,透明的晶状体变为乳白色,称为白内障。

2. 房水

房水充满于眼房内。眼房位于角膜与晶状体之间,被虹膜分为前房与后房,两房经瞳孔相通。房水为无色透明的液体,由睫状体分泌产生,从眼球后房经瞳孔进入前房,然后渗入巩膜静脉窦而汇入眼静脉。房水除有折光作用外,还具有营养角膜和晶状体及维持眼内压的作用。如果房水排泄不畅,导致眼内压升高,称为青光眼。

3. 玻璃体

玻璃体是无色透明的胶状物质,充满于晶状体与视网膜之间的空腔,外面包有一层透明的玻璃体膜。玻璃体前面凹,容纳晶状体,称为晶状体窝。玻璃体有屈光、维持眼球形状和固定视网膜等作用。

二、眼球辅助器官

眼球辅助器官有眼睑、泪器、眼球肌和眶骨膜等,起保护、运动和支持眼球的作用。

1. 眼睑

眼睑俗称眼皮,是覆盖在眼球前方的皮肤褶,有保护眼球免受伤害的作用,分为上眼睑和下眼睑。眼睑外面为皮肤,内面为结膜,两面移行处为睑缘,生有睫毛。在上、下睑缘内侧各有一乳头状突起,其上有一小孔,称为泪点,为泪道的入口(图11-1-6)。睑结膜折转覆盖于巩膜前部,为球结膜。在睑结膜与球结膜之间的裂隙称为结膜囊。正常的结膜呈淡红色,在患某些疾病时,常发生变化,可作为诊断的依据。

位于眼内角的结膜褶为结膜半月襞,又称为第三眼睑、瞬膜,略呈半月形,可遮住角膜,湿润眼球而不影响视线,具有保护眼球的作用。

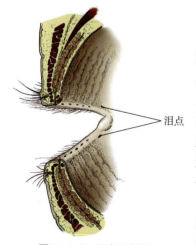

图11-1-6 泪点示意图
【引自Dyce K M,et al,2010】

2. 泪器

泪器包括泪腺和泪道。泪腺位于眼球的背外侧,有10余条导管,开口于上眼睑结膜囊内。泪腺分泌泪水,有湿润和清洁眼球表面的作用。泪道为泪水排出的管道,由泪小管、泪小囊和鼻泪管组成(图11-1-7)。

3. 眼球肌

眼球肌是一些使眼球灵活运动的横纹肌,在眼眶内包围于眼球和视神经周围,起于视神经孔周围的眼眶壁，止于眼球巩膜，共计有4条直肌、2条斜肌和1条眼球退缩肌（图11-1-8）。

4. 眶骨膜

眶骨膜为一致密坚韧的纤维膜，略呈圆锥形，包围于眼球、眼球肌、神经、血管和泪腺等的周围。圆锥基部附着于眶缘，锥顶附着于视神经附近。在眶骨膜内、外有许多脂肪，与眶骨膜共同起着保护眼球的作用。

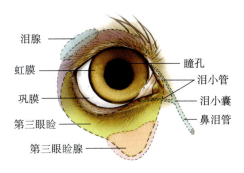

图11-1-7　犬眼球壁和泪器示意图
【引自Thomas M O，et al，2008】

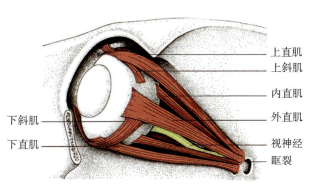

图11-1-8　犬眼球肌示意图
【引自陈耀星和刘为民，2009】

任务11-2　解剖听觉器官——耳

任务要求

能具体描述家畜外耳、中耳和内耳的结构、位置和功能。

理论知识

耳分为外耳、中耳和内耳。外耳和中耳是收集和传导声波的装置，内耳是听觉感受器和平衡感受器共同存在的地方。

一、外耳

外耳包括耳廓、外耳道和鼓膜3个部分（图11-2-1）。

耳廓一般呈圆筒状，上端较大，开口向前；下端较小，连于外耳道。耳廓软骨基部外面包有脂肪垫，并附着许多耳肌，故耳廓转动灵活，便

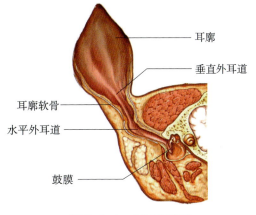

图11-2-1　犬外耳示意图
【引自Thomas M O，et al，2008】

于收集声波。

外耳道是从耳廓基部到鼓膜的一条管道，外侧部是软骨管，内侧部是骨管，内面衬有皮肤，在软骨管部的皮肤含有皮脂腺和耵聍腺。耵聍腺为汗腺的特殊形态，分泌耵聍，又称为耳屎。

鼓膜是构成外耳道底的一片圆形纤维膜，坚韧而有弹性，外面覆盖皮肤，内面衬有黏膜，由鼓室黏膜折转形成。

二、中耳

中耳包括鼓室、听小骨和咽鼓管3个部分（图11-2-2）。

鼓室为位于颞骨内部的一个小腔，内面衬有黏膜，外侧壁有鼓膜与外耳道隔开，内侧壁上有前庭窗和耳蜗窗。

鼓室内有3块听小骨，由外向内依次为锤骨、砧骨和镫骨。这3块听小骨以关节连成一个听骨链，一端以锤骨柄附着于鼓膜，另一端以镫骨底的环状韧带附着于前庭窗。声波使鼓膜产生的振动借此听骨链传递到内耳前庭窗。

咽鼓管为一衬有黏膜的软骨管，一端开口于鼓室的前下壁，另一端开口于咽侧壁，空气从咽腔经此管到鼓室，可以保持鼓膜内、外两侧大气压力的平衡，防止鼓膜被冲破。马属动物咽鼓管的黏膜向外突出，形成咽鼓管囊，位于颅底腹侧与咽的后上方之间。

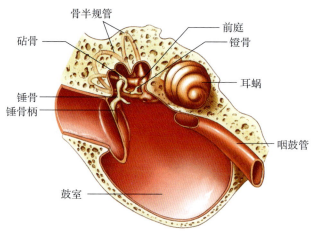

图11-2-2　犬中耳和内耳示意图
【引自Thomas M O, et al, 2008】

三、内耳

内耳是盘曲于颞骨内的管道系统，由套叠的两组管道组成（图11-2-2）。在外部的骨管称为骨迷路。在骨迷路内部有一套形状与之相似的纤维膜管道，称为膜迷路。

1. 骨迷路

骨迷路包括前庭、耳蜗和3个骨半规管。

前庭是骨迷路的扩大部，是椭圆形的腔室，分为后上方的椭圆囊隐窝和前下方的球状囊隐窝。前庭后上方有4个小孔通骨半规管，前下方有一个孔通耳蜗。

耳蜗形似蜗牛壳，由耳蜗螺旋管围绕蜗轴盘旋数圈形成。不同家畜耳蜗螺旋管的圈数不同，牛3圈，羊、马2圈，猪4圈，猫、犬3圈。耳蜗螺旋管的起端与前庭相通，盲端位于耳蜗顶。沿蜗轴向螺旋管内发出骨螺旋板，将螺旋管不完全地分隔为前庭阶和鼓阶2个部分。

3个骨半规管互相垂直，骨半规管一端膨大成骨壶腹。

2. 膜迷路

膜迷路为套于骨迷路内互相连通的膜性管和囊,由纤维组织构成。膜迷路由椭圆囊、球状囊、膜半规管和耳蜗管组成。椭圆囊、球状囊、膜半规管的内壁有位置觉感受器,在耳蜗管内壁有听觉感受器。

项目小结

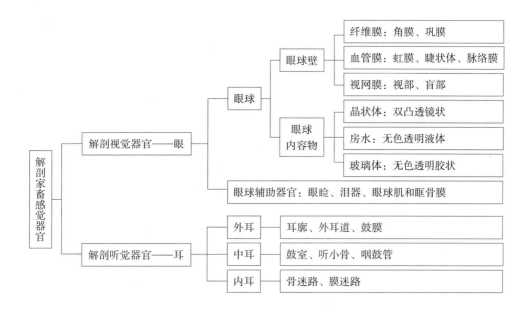

技能实训

解剖感觉器官

【目的与要求】

识别家畜眼和耳的解剖结构。

【材料与用品】

1. 健康牛、羊、猪、犬活体。
2. 显示家畜眼、耳结构的挂图或图片。

【方法和步骤】

1. 观察眼

①在牛、羊、猪、犬活体上识别角膜、巩膜、虹膜、瞳孔、瞬膜等。

②在挂图或图片上观察眼球壁(纤维膜、血管膜、视网膜)、眼球内容物(房水、晶状体、玻璃体)及眼球的辅助结构。

2. 观察耳

①在牛、羊、猪、犬活体上观察外耳的形态。

②在挂图或图片上观察外耳（耳廓、外耳道、鼓膜）、中耳（鼓室、听小骨、咽鼓管）、内耳（骨迷路、膜迷路）的解剖结构和形态特点。

【实训报告】

填图。

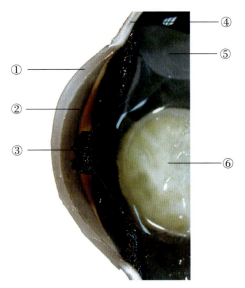

实训11-0-1 眼球正中矢状面
【引自König H E and Liebich H G，2020】

① _____ ；② _____ ；
③ _____ ；④ _____ ；
⑤ _____ ；⑥ _____ 。

双证融通

一、名词解释

巩膜　虹膜　瞳孔　照膜　骨迷路　咽鼓管

二、填空题

1. 眼球壁由外向内依次分为_____、_____、_____3层。
2. 眼的折光系统包括_____、_____、_____和_____。
3. 外耳包括_____、_____和_____3个部分。
4. 中耳包括_____、_____和_____3个部分。

三、选择题

1. 2010年、2016年真题 不属于眼折光系统的结构是（　　）。
   A. 角膜　　B. 虹膜　　C. 房水　　D. 晶状体　　E. 玻璃体
2. 2012年真题 分布于视网膜的感觉神经是（　　）。
   A. 眼神经　　B. 视神经　　C. 外展神经　　D. 动眼神经　　E. 滑车神经

3. 2012年真题 眼球壁的3层结构是指纤维膜、血管膜和（　　）。
A. 蛛网膜　　B. 视网膜　　C. 硬膜　　D. 软膜　　E. 白膜
4. 2014年真题 白内障的形成原因是（　　）。
A. 房水减少　　B. 房水增多　　C. 房水混浊　　D. 角膜混浊　　E. 晶状体混浊
5. 2015年真题 位于眼球壁中层，具有调节视力作用的结构是（　　）。
A. 虹膜　　B. 睫状体　　C. 角膜　　D. 脉络膜　　E. 巩膜
6. 2017年真题 结膜囊指的是（　　）。
A. 上、下眼睑之间的裂隙　　　　　　B. 上眼睑与角膜之间的裂隙
C. 下眼睑与角膜之间的裂隙　　　　　D. 睑结膜与球结膜之间的裂隙
E. 睑结膜与眶筋膜之间的裂隙
7. 2018年真题 位置感受器位于（　　）。
A. 骨迷路　　B. 鼓室　　C. 膜迷路　　D. 咽鼓室　　E. 鼓膜
8. 2019年真题 眼球内容物包含（　　）。
A. 眼房水、晶状体、玻璃体　　　　　B. 晶状体、玻璃体、视网膜
C. 晶状体、玻璃体、虹膜　　　　　　D. 眼房水、虹膜、晶状体
E. 眼房水、虹膜、视网膜

四、简答题

1. 如何区别结膜、角膜、巩膜、虹膜和瞬膜？
2. 房水是在哪里生成和排泄的？青光眼的发病本质是什么？
3. 给犬做眼球摘除术时需要切断哪些眼球肌？

项目 12
解剖家畜内分泌系统

项目导入

内分泌系统由内分泌器官和内分泌组织组成。内分泌器官是指结构上独立存在、肉眼可见的内分泌腺，如垂体、松果体、肾上腺、甲状腺和甲状旁腺等。内分泌组织是指散在于其他器官之内的内分泌细胞群，如胰腺内的胰岛、睾丸内的间质细胞、卵巢内的卵泡膜及黄体等（图12-0-1）。内分泌腺细胞分泌的某些特殊化学物质称为激素。内分泌腺无输出导管，激素通过毛细血管或毛细淋巴管直接进入血液或淋巴，随血液循环或淋巴循环运输到全身。

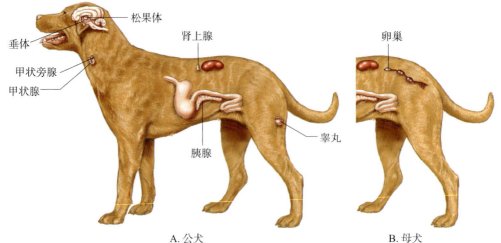

A. 公犬　　　　　　　　　　B. 母犬

图12-0-1　犬内分泌系统原位示意图【引自Thomas M O, et al, 2008】

项目目标

一、认知目标

1. 了解家畜内分泌系统的组成和功能。
2. 掌握家畜垂体、肾上腺、甲状腺、甲状旁腺和松果体等分泌腺的位置和形态。
3. 掌握家畜各内分泌腺所分泌激素的名称和作用。

二、技能目标

1. 在剖检过程中能够找出家畜各内分泌器官的所在位置。
2. 能在显微镜下识别家畜各内分泌组织（细胞）。

课前预习

1. 什么是内分泌系统？主要包括哪些器官和组织（细胞）？
2. 家畜主要的内分泌器官位置在哪里？各分泌什么激素？
3. 家畜主要的内分泌组织（细胞）存在于哪些器官内？各分泌什么激素？

任务12-1　解剖内分泌器官

数字资源

任务要求

1. 能正确说出垂体、肾上腺、甲状腺、甲状旁腺和松果体的形态、位置及所分泌激素的类型和作用。
2. 能在剖解过程中准确识别各内分泌器官。

理论知识

一、垂体

垂体为一卵圆形小体，位于脑的底面，在蝶骨构成的垂体窝内，借漏斗连于下丘脑（图12-1-1）。不同家畜的垂体形状、大小略有不同。垂体可分为远侧部、结节部、中间部和神经部。远侧部、结节部和中间部合称为腺垂体，神经部称为神经垂体（图12-1-2）。

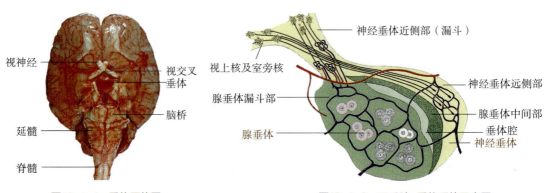

图12-1-1　垂体原位图
【引自陈耀星和刘为民，2009】

图12-1-2　下丘脑-垂体系统示意图
【引自陈耀星和刘为民，2009】

垂体的远侧部和结节部称为前叶，其中间部和神经部则称为后叶。前叶目前已确定能分泌生长激素、催乳素、促黑素、促肾上腺皮质激素、促甲状腺激素、促卵泡激素、促黄体生成激素（或促间质细胞激素）7种激素。这些激素除与机体骨骼和软组织的生长发育有关外，还能影响其他内分泌腺的功能。

神经垂体是贮存激素的地方，接收下丘脑视上核及室旁核所分泌的加压素（抗利尿激素）和催产素。

二、肾上腺

肾上腺是成对的红褐色器官，位于肾的前内方（图12-1-3）。牛两个肾上腺的形状、位置不同，右肾上腺呈心形，位于右肾的前端内侧；左肾上腺呈肾形，位于左肾的前方。马的肾上腺呈长扁圆形，长4～9cm，宽2～4cm，位于肾内侧缘的前方。猪的肾上腺狭而长，位于肾内侧缘的前方。

肾上腺在切面上明显地分为皮质和髓质2个部分（图12-1-4）。皮质位于肾上腺的外周，靠近髓质的部分因含血液和色素而呈红褐色。根据细胞形态和排列方式不同可分为：多形带、束状带和网状带。多形带细胞分泌盐皮质激素（醛固酮等），可调控肾远曲小管和集合管重吸收Na$^+$和排K$^+$，从而维持机体电解质平衡。束状带细胞能分泌糖皮质激素（皮质素、皮质醇等），对机体蛋白质、脂肪和糖类的代谢均有调节作用，还有降低免疫应答与抗炎作用。网状带细胞分泌性激素，主要是雄性激素，也有少量雌性激素。髓质呈灰色或肉色，分泌肾上腺素和去甲肾上腺素。肾上腺素能提高心肌兴奋性，使心跳加快；去甲肾上腺素可使血管收缩，血压升高。

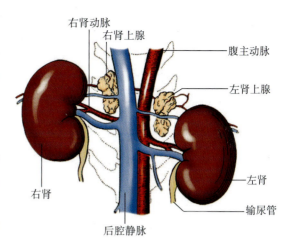

图12-1-3　犬肾上腺位置示意图
【引自Evans H E and de Lahunta A，2013】

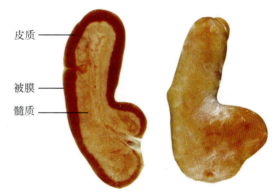

图12-1-4　牛右肾上腺切面
【引自陈耀星和刘为民，2009】

三、甲状腺

甲状腺位于喉后方，气管的两侧和腹面。不同家畜甲状腺的位置、形态不同（图12-1-5、图12-1-6）。牛的甲状腺侧叶较发达，色较浅，呈不规则三角形，腺小叶明显，峡较

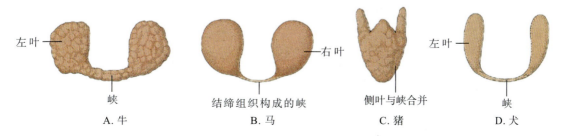

图12-1-5　不同家畜甲状腺示意图【引自陈耀星和刘为民，2009】

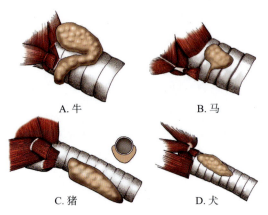

图12-1-6　不同家畜甲状腺位置及形态示意图
【引自Dyce K M，et al，2010】

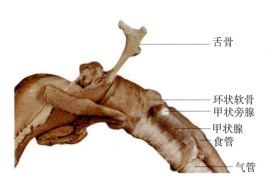

图12-1-7　绵羊甲状腺、甲状旁腺和毗邻结构
【引自陈耀星和刘为民，2009】

发达，由腺组织构成。马的甲状腺由2个侧叶和峡组成，侧叶呈红褐色，卵圆形，峡不发达，为由结缔组织构成的窄带，连接侧叶的后端。绵羊的甲状腺呈长椭圆形，位于气管前段两侧与胸骨甲状肌之间（图12-1-7），峡不发达。山羊的甲状腺位于前几个气管环的两侧，左、右两侧叶不对称，峡较小。猪的甲状腺侧叶和峡结合为一整体，呈深红色，位于胸前口处气管的腹侧面。犬的甲状腺位于气管前部，在第6、第7气管软骨环的两侧。腺体呈红褐色，由2个侧叶和峡组成。

甲状腺能合成和释放甲状腺素，主要作用是促进机体的新陈代谢，维持机体的正常发育。此外，甲状腺还分泌甲状腺降钙素，有增强成骨细胞活性，促进骨组织钙化，使血钙降低等作用。

四、甲状旁腺

甲状旁腺很小，位于甲状腺附近，呈圆形或椭圆形（图12-1-7）。家畜一般具有两对甲状旁腺。牛有内、外两对甲状旁腺。内甲状旁腺较小（1～4mm），通常位于甲状腺的内侧面，靠近甲状腺的背缘或后缘；外甲状旁腺5～8mm，通常位于甲状腺的前方，靠近颈总动脉。马有前、后两对甲状旁腺。前甲状旁腺大多数位于食管与甲状腺前半部之间，有些在甲状腺的背缘，少数在甲状腺内面；后甲状旁腺位于颈部后1/4的气管上。两侧腺体不对称，大小为1～1.3cm。猪只有一对甲状旁腺，大小不定，为1～5mm，位于颈总动脉分叉处附近。有胸腺时，则埋于胸腺内。

甲状旁腺能分泌甲状旁腺激素，其作用是调节钙、磷代谢，维持血钙正常水平。

五、松果体

松果体为一红褐色坚实的豆状小体，位于四叠体与丘脑之间，以柄连于丘脑上部（见图10-2-3）。

松果体分泌褪黑素，有抑制促性腺激素的释放，防止性早熟等作用。此外，松果体内还含有大量的5-羟色胺和去甲肾上腺素等物质。光照能抑制松果体合成褪黑素，促进性腺活动。

任务12-2　解剖内分泌组织（细胞）

任务要求

1. 会阐述各内分泌组织（细胞）在各器官内所在的位置、所分泌激素的名称及作用。
2. 能在显微镜下识别各内分泌组织（细胞）。

理论知识

一、胰腺内的内分泌组织——胰岛

胰岛位于胰腺内，为胰腺的内分泌部，是分散存在于外分泌部之间的不规则细胞团索，主要有两种细胞——A细胞和B细胞（图12-2-1）。A细胞分泌胰岛素（降低血糖），B细胞分泌胰高血糖素（升高血糖），它们对调节糖、脂肪和蛋白质代谢，使机体维持正常血糖水平起着十分重要的作用。

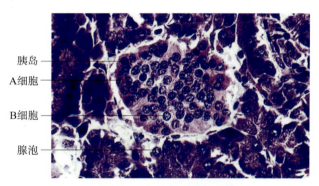

图12-2-1　羊胰岛组织切片
【引自Bacha W J and Bacha L M，2011】

二、肾内的内分泌组织——肾小球旁复合体

肾小球旁复合体也称肾小球旁器（图12-2-2），由球旁细胞、致密斑、球外系膜细胞和极周细胞组成（参见项目6解剖家畜泌尿系统）。球旁细胞的细胞质内有分泌颗粒，颗粒内含肾素。致密斑是一种化学感受器，可感受肾小管原尿中Na^+浓度的变化，并将信息传递至球旁细胞，调节肾素的释放。在一些刺激下，球外系膜细胞可转化为具有肾素颗粒的细胞。极周细胞内有多数球形分泌颗粒，可分泌一种促进肾小管对Na^+重吸收的物质。

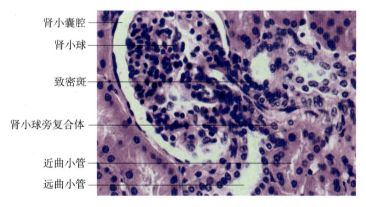

图12-2-2　猪肾小球旁复合体组织切片
【引自Bacha W J and Bacha L M，2011】

三、睾丸内的内分泌组织——睾丸间质细胞

睾丸间质细胞存在于睾丸精曲小管之间（图12-2-3），能分泌雄性激素（主要是睾酮），

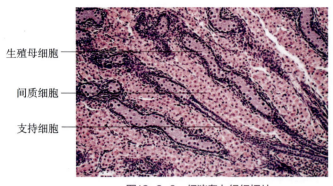

图12-2-3 仔猪睾丸组织切片
【引自Bacha W J and Bacha L M，2011】

生殖母细胞
间质细胞
支持细胞

有促进雄性生殖器官发育和第二性征出现并维持其正常状态的作用。

四、卵巢内的内分泌组织——卵泡膜和黄体

1. 卵泡膜

卵泡膜是包围卵泡的间质细胞层，分内、外两层。内层细胞多，富含毛细血管，能分泌雌性激素，有促进雌性生殖器官和乳腺发育及第二性征出现的作用。

2. 黄体

卵巢排卵后，残留在卵泡壁上的卵泡细胞和内膜细胞分别演化成颗粒黄体细胞和内膜黄体细胞，形成黄体（图12-2-4）。颗粒黄体细胞分泌黄体酮，内膜黄体细胞分泌雌性激素，能刺激子宫腺分泌和乳腺的发育，并保证胚胎附植和发育，同时可抑制卵泡生长。

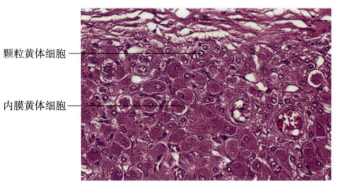

图12-2-4 猪黄体组织切片
【引自Bacha W J and Bacha L M，2011】

颗粒黄体细胞
内膜黄体细胞

项目小结

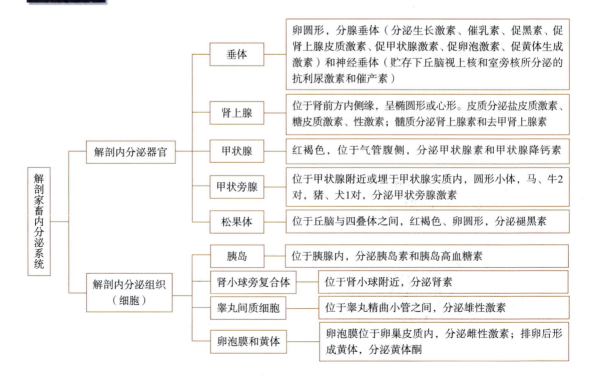

双证融通

一、名词解释

外分泌腺　内分泌腺　激素　褪黑素

二、选择题

1. 能分泌雄性激素的睾丸细胞是（　　）。
   A. 支持细胞　　　　　　　　B. 生精细胞
   C. 间质细胞　　　　　　　　D. 初级精母细胞

2. 能够降低血糖的激素是（　　）。
   A. 盐皮质激素　　　　　　　B. 胰高血糖素
   C. 肾上腺素　　　　　　　　D. 胰岛素

3. 雌性激素是由卵巢内的（　　）分泌的。
   A. 卵母细胞　B. 卵泡细胞　C. 黄体　D. 白体

4. 黄体酮是由（　　）分泌的。
   A. 卵母细胞　B. 卵泡细胞　C. 黄体　D. 白体

5. 2009年真题 独立的内分泌器官是（　　）。
   A. 胰岛　　　　　　B. 黄体　　　　　　C. 卵泡
   D. 前列腺　　　　　E. 甲状旁腺

6. 2011年真题 动物体内最重要的内分泌腺是（　　）。
   A. 甲状腺　　　　　B. 甲状旁腺　　　　C. 垂体
   D. 肾上腺　　　　　E. 松果体

7. 2014年真题 促进机体产热的主要激素是（　　）。
   A. 皮质酮　　　　　B. 胰岛素　　　　　C. 醛固酮
   D. 甲状腺素　　　　E. 甲状旁腺素

8. 2014年真题 促进机体"保钙排磷"的主要激素是（　　）。
   A. 皮质酮　　　　　B. 胰岛素　　　　　C. 醛固酮
   D. 甲状腺素　　　　E. 甲状旁腺素

9. 2014年真题 促进机体"保钠排钾"的主要激素是（　　）。
   A. 皮质酮　　　　　B. 胰岛素　　　　　C. 醛固酮
   D. 甲状腺素　　　　E. 甲状旁腺素

10. 2016年真题 内分泌腺的结构特点之一是没有（　　）。
    A. 动脉　B. 淋巴管　C. 神经　D. 导管　E. 静脉

11. 2018年真题 内分泌系统中分泌激素种类最多的器官是（　　）。
    A. 甲状腺　　　　　B. 甲状旁腺　　　　C. 肾上腺
    D. 松果体　　　　　E. 垂体

12. 2019年真题 甲状腺的侧叶和腺峡合并为一整体，呈球形的动物是（　　）。
    A. 马　　　B. 牛　　　C. 山羊　　　D. 猪　　　E. 犬

三、简答题

1. 简述垂体的结构及功能。
2. 简述肾上腺分泌的激素种类及其作用。
3. 简述胰岛、肾小球旁复合体、睾丸间质细胞、卵泡膜、黄体等内分泌组织（细胞）分泌的激素名称及主要作用。

项目 13
解剖家禽

项目导入

家禽主要包括鸡、鸭、鹅、鸽等，属于脊椎动物的鸟纲。鸟类为适应飞翔时的生理功能，在漫长的进化过程中身体构造形成了一系列特点。由于人类长期驯化，除鸽外，其他家禽已丧失飞翔能力，但身体构造并没有发生重大改变。通过解剖家禽，可以更好地研究家禽各器官的位置、形态、构造及其相互关系，为后续禽类养殖及疾病防控等相关课程的学习夯实基础。

项目目标

一、认知目标

1. 掌握家禽各个系统的解剖学特点。
2. 从解剖学角度比较家禽与家畜各系统间器官的异同。

二、技能目标

1. 能在活体上识别家禽的主要皮肤衍生物，以及重要骨性、肌性标志。
2. 能识别家禽各系统主要器官的形态、结构和位置。
3. 能熟练进行家禽解剖及样品采集。

课前预习

1. 家禽有几个胃？各有何作用？
2. 家禽包括哪些气囊？有何作用？
3. 鸡输卵管包括哪几个部位？各有何作用？
4. 家禽的免疫器官有哪些？位于何处？随年龄增长有何形态变化？

任务13-1　解剖运动系统

任务要求

能说出家禽主要骨骼的名称及主要骨性、肌性标志。

数字资源

理论知识

禽类骨骼的主要特征是强度大、重量轻。强度大是由于骨密质非常致密，含钙盐较多，加之躯干部有些骨互相愈合形成牢固的骨架，如颅骨、腰荐骨。重量轻是由于成禽的气囊扩展到许多骨的髓腔里，取代骨髓而成为含气骨。但幼禽，几乎全部骨都含有骨髓。

一、骨骼

家禽全身的骨由头骨、躯干骨、前肢骨（又称翼部骨）和后肢骨组成（图13-1-1）。

（一）头骨

家禽头骨以大而明显的眶窝为界，分为颅骨和面骨两个部分。颅骨由不成对的枕骨、蝶骨和成对的顶骨、额骨及颞骨构成。面骨由筛

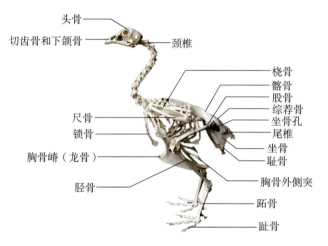

图13-1-1　鸡全身骨骼【引自 https://pixabay.com/zh/】

骨、颌前骨、上颌骨、鼻骨、泪骨、犁骨、腭骨、翼骨、颧骨、方骨、下颌骨、舌骨、鼻甲骨和巩膜骨构成。除筛骨外，都是成对骨。

（二）躯干骨

躯干骨包括脊柱骨、两侧的肋骨和腹侧的胸骨。

1. 脊柱骨

脊柱骨分为颈椎、胸椎、腰椎、荐椎和尾椎。颈椎的数目多，鸡13~14枚，鸭14~15枚，鹅17~18枚，鸽子12~13枚，形成"乙"状弯曲，使颈部运动灵活，利于啄食、警戒和梳理羽毛。胸椎、腰椎、荐椎数目较少，且互相愈合，活动不灵活。第2~5胸椎愈合成1块背骨，第7胸椎与腰椎、荐椎、第1尾椎愈合成腰荐骨。尾椎5~7枚，愈合成尾综骨，支撑羽毛和尾脂腺。

2. 肋骨

肋骨的数目与胸椎的数目相同，鸡、鸽7对，鸭、鹅9对。除第1对和最后2~3对外，其他肋骨的椎肋上有钩状突，与后面的肋骨相接触，起加固胸廓的作用。

3. 胸骨

胸骨又称为龙骨，非常发达，构成胸腔的底壁。在胸骨腹侧正中有纵行隆起，向下凸出，称为胸骨嵴。胸骨的侧缘和前缘分别与肋骨和乌喙骨相连并形成关节。

（三）前肢骨

家禽的前肢演变为翼，分为肩带部和游离部。肩带部由肩胛骨、乌喙骨和锁骨组成。游离部为翼骨，由肱骨（亦称为臂骨）、前臂骨（桡骨、尺骨）和前脚骨（腕掌骨和指骨）组成。

（四）后肢骨

后肢骨发达，支持禽体后躯的体重，分为盆带部和游离部。

1. 盆带部

盆带部即髋骨，包括髂骨、坐骨和耻骨。禽类有开放性骨盆，适应于产蛋。

2. 游离部

游离部由股部、小腿部和后脚部3段组成。股部包括股骨和髌骨。小腿部由胫骨和腓骨构成，胫骨远端与近列跗骨愈合，也称为胫跗骨。后脚部由跗骨、跖骨和趾骨构成。

二、肌肉

家禽的肌纤维较细，无脂肪沉积。肌纤维分为红肌和白肌。红肌为暗红色，收缩时间长、幅度小，不易疲劳，如腿部肌肉。白肌收缩快而有力，但易疲劳，如胸肌。飞翔能力差或不能飞翔的家禽，横纹肌以白肌为主；鸭、鹅等水禽，横纹肌以红肌为主。

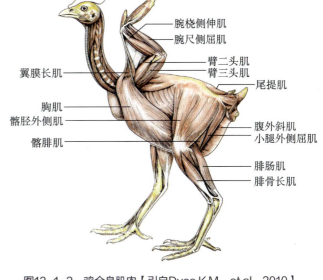

图13-1-2 鸡全身肌肉【引自Dyce K M, et al, 2010】

根据分布、位置和功能性质，家禽的骨骼肌可分为皮肌、颈肌、胸肌、腹肌和四肢肌（图13-1-2）。皮肌薄，分布广泛，主要与皮肤的羽区相联系，以控制皮肤的紧张性及羽毛的活动。颈肌发达且灵活，但缺臂头肌和胸头肌。胸肌极其发达（图13-1-3），又称为飞翔肌，其中胸大肌主管翼的下降，胸小肌和三角肌主管翼的抬升。临床上，胸肌是家禽肌内注射的主要部位之一。家禽无膈肌，腹肌不发达，小腿部肌肉特别发达。

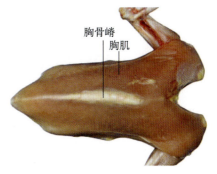

图13-1-3 鸡胸肌

任务13-2　解剖被皮系统

任务要求

能阐述家禽被皮系统的形态、结构及功能。

数字资源

理论知识

一、皮肤

家禽的皮肤较薄，皮下组织疏松，毛细血管丰富。皮肤在翼部形成皮肤褶（称为翼膜），可扩大羽着面，有利于飞翔。

二、皮肤衍生物

家禽的皮肤衍生物主要包括羽毛、冠、肉髯、耳垂、尾脂腺和鳞片等。

羽毛是禽类体表特有的衍生物，几乎覆盖全身，根据形态可分为正羽、绒羽和纤羽。

鸡头部的冠、肉髯和耳垂都是皮肤的衍生物。冠的表皮薄，真皮厚，并含有丰富的毛细血管。耳垂和肉髯的构造与冠基本相似（图13-2-1）。

家禽无汗腺和皮脂腺，仅在尾综骨背侧有1对发达的尾脂腺（图13-2-2）。

喙、爪、距以及后脚部的鳞片，均是由表皮角质层增厚所形成的。水禽脚趾中间用来划水的蹼，也属于皮肤衍生物（图13-2-3至图13-2-6）。

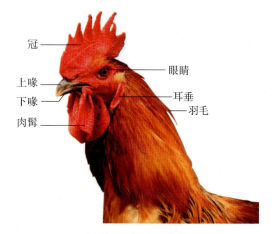

图13-2-1　公鸡头部

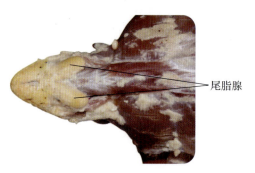

图13-2-2　鸭尾脂腺

图13-2-3　鸭喙

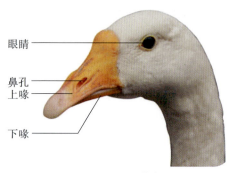

图13-2-4　鹅喙

图13-2-5 鸡爪鳞片　　　　　　　　图13-2-6 鸭蹼

任务13-3　解剖消化系统

数字资源

任务要求

能说出家禽消化系统各器官的形态、结构、位置和功能,并能在解剖时准确识别。

理论知识

家禽的消化系统由消化管和消化腺组成。消化管包括口腔、咽、食管、嗉囊、胃(腺胃、肌胃)、肠(小肠、大肠)、泄殖腔及肛门(图13-3-1、图13-3-2)。消化腺主要包括唾液腺、肝和胰等。

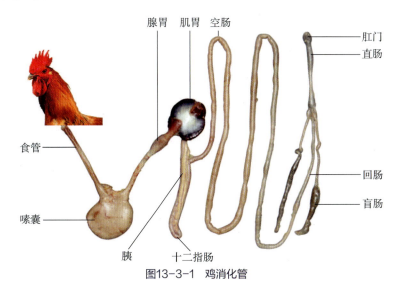

图13-3-1　鸡消化管

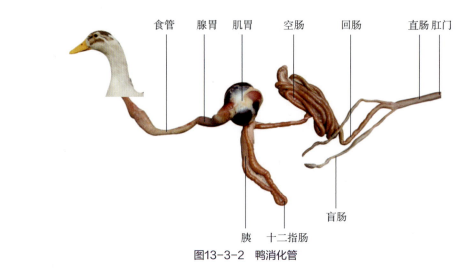

图13-3-2 鸭消化管

一、消化管

(一) 口腔

家禽没有软腭、唇和齿,颊不明显,上、下颌形成喙,为主要的采食器官(图13-3-3)。舌的形状与喙相似,舌肌不发达,黏膜上缺味觉乳头,因而味觉不敏感,但对水温极敏感。

(二) 咽

家禽的咽与口腔没有明显的界限,二者直接相通,故称口咽。口咽部黏膜内有丰富的毛细血管,可使大量血液冷却,有散热作用。

(三) 食管和嗉囊

家禽的食管较宽,易扩张。食管壁由黏膜层、肌层和外膜构成,在黏膜层有食管腺,分泌黏液。嗉囊(图13-3-4)为食管的膨大部,位于食管的下1/3处,主要作用是贮存食物。鸭、鹅没有真正的嗉囊,仅一扩张或纺锤形的结构。鸽的嗉囊可分泌鸽乳,用以哺乳幼鸽。

图13-3-3 鸡口腔

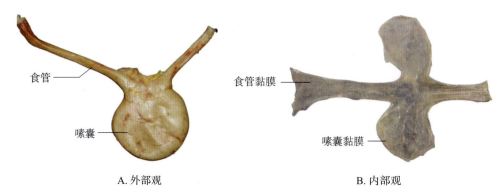

A. 外部观　　　　　B. 内部观

图13-3-4 鸡嗉囊

(四)胃

家禽的胃分为前、后两个部分,前为腺胃,后为肌胃(图13-3-5、图13-3-6)。

1. 腺胃

腺胃又称前胃,呈短纺锤形,位于腹腔左侧,在肝左、右两叶之间,前通食管,后接肌胃。腺胃黏膜表面形成30~40个圆形宽矮的乳头,其中央是深层复管腺的开口。

2. 肌胃

肌胃位于腹腔的左下部、腺胃的后方,呈双面凸的圆盘状。肌胃内常有吞食的砂砾,因此又称为砂囊。肌胃以发达的肌层和胃内砂砾以及粗糙而坚韧的类角质膜对吞入的食物起机械性磨碎作用。鸭肌胃的类角质膜呈白色;鸡的呈黄色,中药称为"鸡内金"。

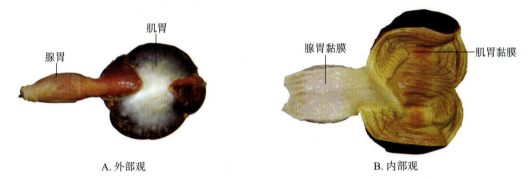

图13-3-5 鸡腺胃和肌胃

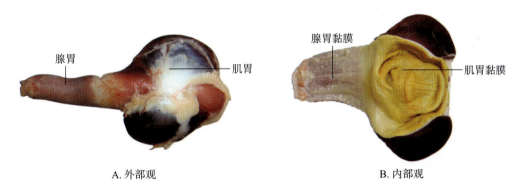

图13-3-6 鸭腺胃和肌胃

(五)肠

1. 小肠

小肠包括十二指肠、空肠和回肠。十二指肠位于肌胃右侧,并可由腹腔后部转至左侧,形成长的"U"形肠袢,分为降支和升支两段。空肠和回肠的中部有小突起,称为卵黄囊憩室,是胚胎期卵黄囊柄的遗迹,常以此作为空肠与回肠的分界。回肠与盲肠等长,位于2条盲肠之间。

2. 大肠

大肠包括1对盲肠和1条直肠,无结肠(图13-3-7)。盲肠基部有丰富的淋巴组织,称

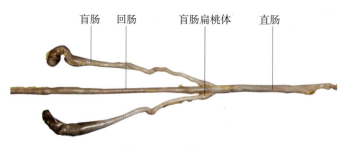

图13-3-7　鸡大肠

为盲肠扁桃体。鸡的盲肠最明显，是诊断疾病的主要检查部位。鸽盲肠很不发达，如芽状。

（六）泄殖腔和肛门

家禽的泄殖腔为肠管末端膨大形成的腔道，是消化系统、泌尿系统和生殖系统后端的共同通道，略呈球形，向后以泄殖孔（通常也称肛门）开口于体外（图13-3-8）。泄殖腔以黏膜褶分为3个部分。前部为粪道，与直肠直接连续，较宽大；中部为泄殖道，最短，向前以环形褶与粪道为界，向后以半月形褶与后部的肛道为界；后部为肛道，通过泄殖孔与外界相通，背侧有腔上囊的开口。输尿管、输精管、输卵管开口于泄殖道。

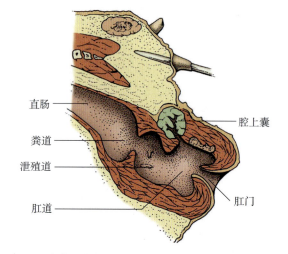

图13-3-8　家禽泄殖腔示意图【引自Dyce K M，et al，2010】

二、消化腺

（一）唾液腺

家禽的唾液腺比较发达，虽不大但分布广泛，数量较多，在口咽部黏膜的固有层内几乎连成一片。

（二）肝

家禽的肝较大，位于腹腔前下部（图13-3-9、图13-3-10），分左、右两叶。右叶略大，有胆囊（鸽无胆囊）（图13-3-11至图13-3-13）。成禽的肝为淡褐色至红褐色，肥育的禽因肝内含有脂肪而为黄褐色或土黄色。刚孵出的雏禽由于吸收了卵黄素，肝呈鲜黄至黄白色，约两周后颜色转深。

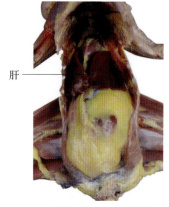

图13-3-9　鸡肝原位

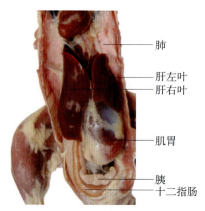

图13-3-10　鸭肝原位

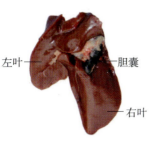
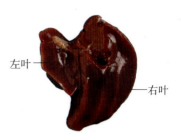

图13-3-11　鸡肝（脏面）　　　图13-3-12　鸭肝（脏面）　　　图13-3-13　鸽肝（脏面）

（三）胰

家禽的胰位于十二指肠袢内，呈淡黄或淡红色（图13-3-14）。胰管在鸡、鸽有2～3条，鸭、鹅有2条。所有胰管均与胆管一起开口于十二指肠末端。

图13-3-14　鸡胰腺

任务13-4　解剖呼吸系统

任务要求

能说出家禽呼吸系统各器官的名称、形态、结构、位置和功能，并能在解剖时准确识别。

数字资源

理论知识

家禽呼吸系统由鼻、咽（参见任务13-3）、喉、气管、支气管、鸣管、肺及气囊组成，其中鸣管和气囊是禽类特有的器官。

一、鼻

家禽鼻腔较狭小。鼻孔位于上喙基部。鸽的两鼻孔之间在喙基部形成隆起的蜡膜（图13-4-1）。

眶下窦是禽类唯一的鼻旁窦，位于眼球的前下方和上颌外侧，略呈三角形。患慢性呼吸道疾病时，眶下窦常出现病变。

二、喉、气管、支气管和鸣管

（一）喉

家禽的喉位于咽的底壁，在舌根后方，与鼻后孔相对，吞咽时可反射性关闭。喉软骨

图13-4-1　鸽鼻孔和蜡膜
【引自Dyce K M，et al，2010】

仅有环状软骨和勺状软骨，常随年龄而骨化。环状软骨分为4片，其中腹侧的较大，呈长匙形。勺状软骨1对，形成喉口的支架，外面被覆黏膜。喉口呈纵行裂缝状，喉腔内无声带。喉软骨上分布有扩张和闭合喉口的肌肉分布，吞咽时喉口肌收缩，可关闭喉口，防止食物误入喉中。

（二）气管、支气管

家禽的气管较长而粗，在皮肤下伴随食管向下行，并一起偏至颈的右侧，入胸腔后转至食管胸段腹侧，在心基上方分为两条支气管，分叉处形成鸣管（图13-4-2）。

家禽的支气管经心基的背侧入肺，其支架为"C"字形的软骨环。

（三）鸣管

鸣管又称为后喉，是家禽的发声器官。鸣管以气管为支架，由几块支气管软骨和1块鸣骨组成。在鸣管的内、外侧壁覆以2对鸣膜。呼气时受空气振动而发出鸣声。

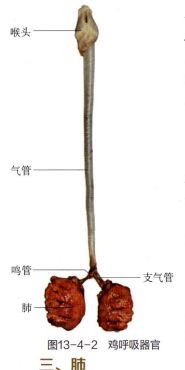

图13-4-2　鸡呼吸器官

三、肺

家禽的肺较小，对称地分布于胸腔背侧部，呈鲜红色，质地柔软，一般不分叶（图13-4-2）。其背侧面有椎肋骨嵌入，形成几条肋沟，脏面有肺门和几个气囊开口。

四、气囊

气囊是禽类特有的器官，由支气管的分支出肺后形成，大部分与许多含气骨的内腔相通。气囊在胚胎发生时共有6对，但在孵出前后，一部分气囊合并，最终大多数禽类有9个气囊（图13-4-3）：1对颈气囊（鸡1个），位于胸腔前部背侧；1个锁骨气囊，位于胸腔前部腹侧，并有分支延伸到胸部肌之间、腋部和肱骨内，形成一些憩室；1对前胸气囊，位于两

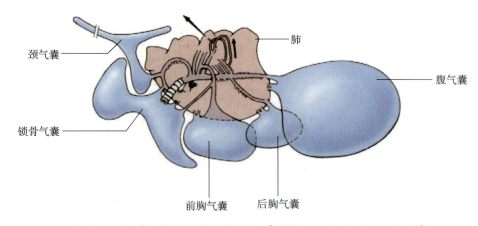

图13-4-3　禽气囊及支气管分支示意图【引自Dyce K M，et al，2010】

肺腹侧；1对后胸气囊，较小，在前胸气囊紧后方；1对腹气囊，最大，位于腹腔内脏两旁，并形成肾周、髋臼和髂腰等憩室。

气囊可减少体重，平衡体位，加强发声气流，散发体热以调节体温，使睾丸能维持较低温度，保证精子的正常生成和协助母禽产卵等，但最重要的功能还是作为贮气装置而参与肺的呼吸。吸气时，新鲜空气进入肺和气囊；呼气时，气囊内的空气流入肺内，以适应禽体新陈代谢的需要。这就是鸟纲动物的"双重呼吸"。

任务13-5　解剖泌尿系统

数字资源

任务要求

能说出家禽泌尿系统各器官的形态、结构、位置和功能，并能在解剖时准确识别。

理论知识

家禽的泌尿系统由肾和输尿管组成。

一、肾

家禽的肾占体重的1%以上，位于腰荐骨两旁和髂骨的肾窝内，前端达最后椎肋骨，向后几乎抵达综荐骨的后端。肾外无脂肪囊包裹，仅垫以腹气囊的肾憩室。

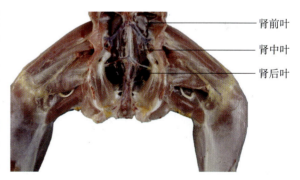

图13-5-1　鸡肾原位（肾前叶、肾中叶、肾后叶）

家禽的肾呈红褐色，长豆荚状，每侧肾分为前、中、后三叶（图13-5-1）。前叶略圆，中叶狭长，后叶略膨大。没有肾门，血管、神经和输尿管在不同部位直接进出肾。输尿管在肾内不形成肾盂或肾盏，而是分支为初级分支（鸡约17条）和次级分支（鸡的每一初级分支上有5条）。

二、输尿管

家禽的输尿管两侧对称，前连肾前叶的集合管，沿肾内侧后行达骨盆腔，开口于泄殖道背侧。输尿管管壁薄，常因尿液中含有尿酸盐而显白色。

家禽没有膀胱和尿道，尿液经输尿管输送到泄殖腔后与粪便混合，形成灰白色、浓稠的粪便排出体外。

任务13-6　解剖生殖系统

数字资源

任务要求

1. 能说出家禽生殖系统各器官的形态、结构、位置和功能，并能在解剖时准确识别。
2. 能利用家禽雌、雄生殖器官构造的区别进行早期性别鉴定。

理论知识

一、雄性生殖系统

家禽的雄性生殖系统由睾丸、附睾、输精管和交配器组成，无副性腺和精索等结构。

（一）睾丸

家禽的睾丸是成对的实质性器官，位于腹腔内，以短系膜悬挂在肾前部下方，周围与胸、腹气囊相接触，体表投影在最后两肋骨的上端。睾丸的大小和色泽因品种、年龄、生殖季节而变化。幼禽睾丸很小，只有米粒大，黄色或淡黄色；成禽睾丸具有明显的季节变化，在生殖季节最大，颜色也由黄色转为淡黄色甚至白色（图13-6-1），在非生殖季节则萎缩。

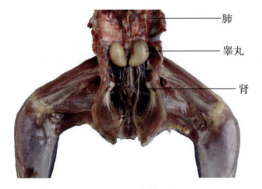
A. 原位图

B. 取出放大图

图13-6-1　公鸡睾丸

（二）附睾

附睾小，呈长纺锤形，紧贴在睾丸的背内侧缘，又称睾丸旁导管系统，由睾丸输出小管和短的附睾管构成。

（三）输精管

输精管是一对弯曲的细管，与输尿管并列，向后因管壁内平滑肌增多而逐渐加粗。其终部变直后略扩大成纺锤形，埋于泄殖腔壁内；末端形成输精管乳头，凸出于输尿管口略下方。输精管是精子的主要贮存处,在生殖季节增长并加粗,弯曲密度增大,因贮有精液而呈乳白色。

(四)交配器

公鸡的交配器不发达,是3个并列的小突起,称为阴茎体,位于肛门腹唇的内侧。刚孵出的公鸡阴茎体明显,可据此鉴别雌雄(图13-6-2)。鸭、鹅有发达的阴茎,长6~9cm,平时位于肛道壁的囊中,交配时勃起伸出。鸽无交配器。

图13-6-2 成年公鸡交配器示意图【引自Dyce K M,et al,2010】

二、雌性生殖系统

家禽的雌性生殖系统由卵巢和输卵管组成。

(一)卵巢

家禽的卵巢以短的卵巢系膜悬吊于腹腔背侧,前端与左肺紧接。幼禽的卵巢小,呈扁平的椭圆形,灰白色或白色,表面呈桑葚状。成禽仅左侧的卵巢和输卵管发育正常,右侧退化。性成熟时,卵巢大小可达3cm×2cm,重2~6g。产蛋期常见4~6个体积依次递增的大卵泡,并在卵巢腹侧面有成串似葡萄样的小卵泡(直径1~2mm),呈珠白色,以极短的柄与卵巢紧接。产蛋结束时,卵巢又恢复到静止期时的形状和大小。

(二)输卵管

家禽左侧输卵管发达,是一条长且弯曲的管道,以背韧带和腹韧带悬吊于腹腔顶壁(图13-6-3)。根据形态、结构和功能特点,输卵管由前向后可分为漏斗部、膨大部(蛋白分泌部)、峡部、子宫部和阴道部(图13-6-4)。

1. 漏斗部

漏斗部是卵子和精子受精的场所。前端扩大呈漏斗状,其游离缘呈薄而软的皱襞,称为输卵管伞,向后逐渐过渡或为狭窄的颈部。卵子在此停留15~25min,并在此受精。漏斗部收集并吞入卵子到输卵管需20~30min。输卵管颈部有分泌功能,其分泌物参与形成卵黄系带。

2. 膨大部

膨大部最长,黏膜形成略呈螺旋形的纵襞,在产卵期呈乳白色,内有发达的腺体,分泌蛋白,因此又称为蛋白分泌部。卵子在膨大部停留3h。

3. 峡部

峡部略窄且较短,其管壁薄而坚实,黏膜呈淡黄褐色。卵在峡部停留75min,峡部分

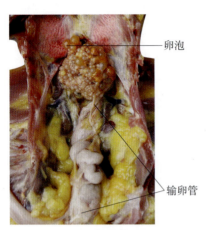
图13-6-3　母鸡输卵管原位

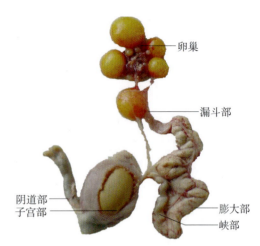
图13-6-4　母鸡输卵管

泌物形成卵的内、外壳膜。

4. 子宫部

子宫部也称壳腺部，呈囊状，较峡部粗大，壁较厚，能分泌钙质、角质和色素，卵子在此部存留时间长达18～20h，形成坚硬的卵壳。

5. 阴道部

阴道部为输卵管的末端，是雌禽的交配器官，开口于泄殖道的左侧，平时折成"S"形。其分泌物形成卵壳外面的一薄层致密的角质膜，可防止细菌进入。在阴道壁内存在阴道腺，称为精小窝，无分泌作用，是母禽贮存精子的部位，可在一定时期内（10～14d）陆续释放出精子，使受精作用持续进行。

任务13-7　解剖心血管系统和免疫系统

数字资源

任务要求

1. 能说出家禽心血管系统和免疫系统各器官的名称、形态、结构、位置和功能，并能在解剖时准确识别。
2. 熟练掌握家禽心脏采血技术。

理论知识

一、心血管系统

家禽的心血管系统由心脏、血管和血液（此处略）组成。

（一）心脏

家禽的心脏位于胸部的后下方，占身体的比例较大。心脏外包以心包。心基向前、向上；心尖向后、向下，夹在肝的两叶之间（图13-7-1、图13-7-2）。其构造与家畜的心脏相似，也分为两心房和两心室。右心房形成静脉窦（鸡明显）。右房室口无家畜心脏的三尖瓣，而为一半月形肌性瓣（右房室瓣），无腱索。左房室瓣、肺动脉瓣和主动脉瓣与家畜心脏相似。

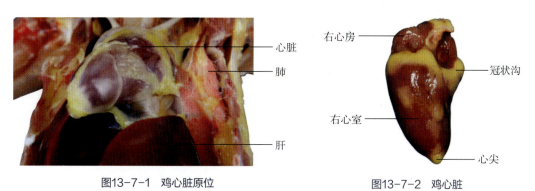

图13-7-1 鸡心脏原位　　　　　　图13-7-2 鸡心脏

（二）血管

1. 动脉

由右心室发出的肺动脉干，在接近臂头动脉的背侧分为左、右肺动脉，分别进入左、右肺。

2. 静脉

肺静脉有左、右两支，注入左心房。大循环的静脉基本与动脉伴行。在家禽疫病监测时，可以通过鸡的翅下静脉采血（图13-7-3）。

图13-7-3 鸡翅下静脉

二、免疫系统

免疫系统主要由淋巴器官和淋巴组织组成。

（一）淋巴器官

禽类的淋巴器官有胸腺、腔上囊、脾和淋巴结等。

1. 胸腺

家禽的胸腺位于颈部皮下气管的两侧，沿颈静脉直到胸腔入口的甲状腺处，呈淡黄色或黄色。每侧有5叶（鸭、鹅）或7叶（鸡），呈一长链（图13-7-4、图13-7-5）。幼龄时胸腺体积增大，到接近性成熟时达到最高峰，随后由前向后逐渐退化，到成体时仅留下遗迹。家

图13-7-4 鸡胸腺

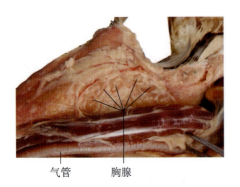

图13-7-5　鸭胸腺

禽胸腺的作用主要是产生与细胞免疫有关的T淋巴细胞，并参与细胞免疫。

2. 腔上囊

腔上囊又称为法氏囊，是禽类特有的淋巴器官，位于泄殖腔背侧，开口于肛道，呈圆形（鸡）或长椭圆形（鸭、鹅）（图13-7-6、图13-7-7）。腔上囊在幼禽孵出时已存在，性成熟前发育至最大（鸡、鸭3~5月龄，鹅稍迟），此后开始退化为小的遗迹（鸡10月龄，鸭1年，鹅稍迟），直至完全消失。腔上囊的主要功能是产生B淋巴细胞，参与机体的体液免疫。

腔上囊的组织结构分为黏膜层、黏膜下层、肌层和浆膜。黏膜层形成纵褶，鸡12~14条，鸭2~3条，表面被覆假复层柱状纤毛上皮，固有层内有大量排列密集的淋巴小结（图13-7-8、图13-7-9）。

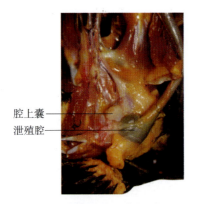

图13-7-6　鸡腔上囊原位

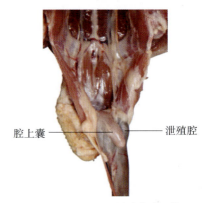

图13-7-7　鸭腔上囊原位

图13-7-8　鸡腔上囊（剖开）

图13-7-9　鸭腔上囊（剖开）

3. 脾

脾呈棕红色，位于腺胃与肌胃交界处的右背侧，直径约1.5cm。鸡脾呈球形（图13-7-10、图13-7-11）。鸭脾呈三角形，背面平，腹面凹（图13-7-12）。家禽脾的功能主要是造血、滤血和参与免疫反应等，无贮存和调节血量的作用。

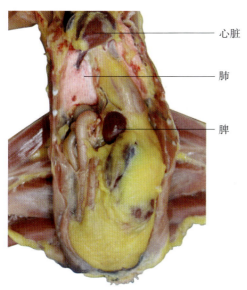

图13-7-10 鸡脾原位

图13-7-11 鸡脾

图13-7-12 鸭脾

4.淋巴结

鸡、鸽无淋巴结。鸭等水禽仅有2对：一对为颈胸淋巴结，呈纺锤形，位于颈基部，在颈静脉与椎静脉所形成的夹角内；另一对为腰淋巴结，呈长条状，位于肾与腰荐骨之间的主动脉两侧、胸导管起始部附近。

（二）淋巴组织

家禽的淋巴组织广泛地分布于消化管及其他实质性器官内。有的呈弥散状，有的呈小结节状。在盲肠基部和食管末端的淋巴集结，又称为盲肠扁桃体、食管扁桃体。

任务13-8 解剖神经系统和感觉器官

任务要求

能阐述家禽神经系统和感觉器官的特点。

数字资源

理论知识

一、神经系统

家禽的脊髓细长，没有马尾。脑较小，脑桥不明显；中脑背侧的视叶发达，但其大脑皮质不发达，薄而光滑，没有沟和回；嗅神经不发达，嗅球较小，故家禽的嗅觉不发达（图13-8-1）。

荐丛形成粗大的坐骨神经（图13-8-2），在股下1/3处形成两支神经，分别为胫

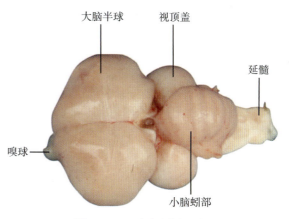

图13-8-1 鸡脑（背侧观）

神经和腓总神经。鸡患马立克氏病时坐骨神经出现水肿、变性，颜色呈灰黄色。

二、感觉器官

（一）视觉器官——眼

1. 眼球

家禽的视觉发达。眼球较大，呈扁平形。角膜较凸。巩膜较坚硬，其后部含有软骨板，巩膜与角膜连接处有一圈小骨片形成的巩膜骨环。虹膜的括约肌发达，与睫状肌均由横纹肌构成，因此动作迅速。视网膜较厚，无血管分布，而在视神经盘处形成特殊的眼梳膜。晶状体较软，与睫状体牢固相连接（图13-8-3）。

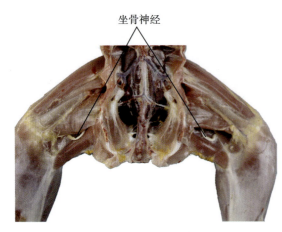

图13-8-2　鸡坐骨神经

2. 眼球辅助器官

家禽的瞬膜（又称第三眼睑）发达，是半透明的薄膜，能将眼球完全盖住，有利于水禽的潜水和飞翔。在瞬膜内有瞬膜腺，又称哈德氏腺，能分泌黏液性分泌物，有清洁、湿润角膜的作用。哈德氏腺还是家禽的淋巴器官。

（二）听觉器官——耳

家禽无耳廓，只有短的外耳道，开口处遮有小的耳羽，不仅能减弱啼叫时空气剧烈振动对脑的影响，还能防止小昆虫、污物的

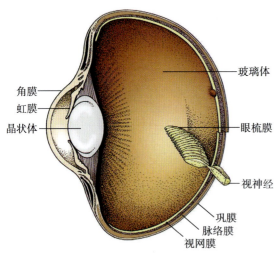

图13-8-3　鸡眼球纵剖面示意图
【引自Dyce K M，et al，2010】

侵入。中耳只有1块听小骨，称为耳柱骨。中耳腔有一些小孔连通颅骨内的气腔。内耳的半规管很发达，耳蜗则是略弯曲的短管。

任务13-9　解剖内分泌系统

任务要求

能阐述家禽各内分泌器官的形态、结构和位置，并能在解剖时正确识别。

数字资源

> 理论知识

家禽的内分泌系统由甲状腺、甲状旁腺、鳃后腺、肾上腺、垂体等内分泌器官和分布于胰腺、卵巢、睾丸等器官内的内分泌组织构成。

一、内分泌器官

（一）甲状腺

家禽的甲状腺呈暗红色，1对，不大的椭圆形。位于胸腔入口附近，在气管两旁，紧靠颈总动脉和颈静脉（图13-9-1）。大小因家禽的品种、年龄、季节和饲料中碘的含量而有较大变化。

（二）甲状旁腺

家禽的甲状旁腺有2对，左、右各1对，常融合成一个腺团，外包结缔组织，直径约2mm，呈黄色至淡褐色。紧位于甲状腺后方，但位置差异较大。

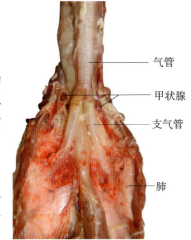

图13-9-1 鸭甲状腺原位

（三）鳃后腺

鳃后腺又称为鳃后体，是禽类特有的内分泌器官，成对，不大，呈淡红色，形状不规则。位于甲状腺和甲状旁腺后方。能分泌降钙素，参与调节体内钙的代谢。

（四）肾上腺

家禽的肾上腺呈卵圆形或三角形，不大，乳白色或橙黄色。位于两肾前端，左、右各一。皮质与髓质分散形成镶嵌分布，区分不明显。皮质主要分泌糖皮质激素、盐皮质激素，髓质主要分泌肾上腺激素和去甲肾上腺激素。

（五）垂体

家禽的垂体呈扁平长卵圆形。远部或前叶位于腹侧，又分前、后两区，其滤泡的细胞组成略有不同。没有明显的中间部。神经叶内有发达的隐窝。

二、内分泌组织

（一）胰岛

胰岛是分布在胰腺中的内分泌细胞群，有分泌胰岛素和胰高血糖素的作用。胰岛素能降低血糖浓度，胰高血糖素能升高血糖浓度，两者协调作用，调节家禽体内糖的代谢，维持血糖的平衡。

（二）性腺

公禽睾丸的间质细胞分泌雄激素。雄激素能促进公禽生殖器官的生长发育，促进精子发育和成熟，并促进公禽第二性征出现和性活动的发生。母禽卵巢间质细胞能分泌雌激素和孕激素。雌激素可促进母禽输卵管发育，并促进母禽第二性征出现；孕激素能促进母禽的排卵。

项目小结

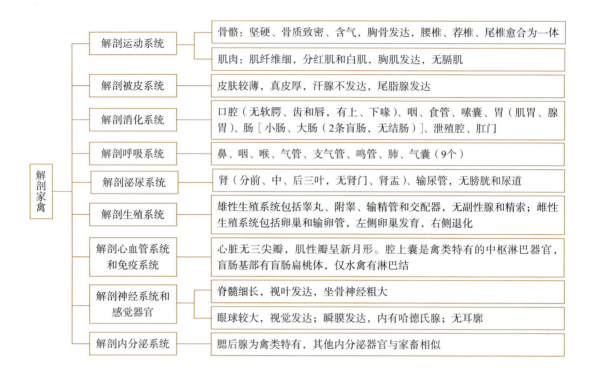

双证融通

一、名词解释

法氏囊　盲肠扁桃体　泄殖腔　气囊

二、填空题

1. 家禽的胃包括_____和_____。
2. 家禽的输卵管由前向后依次分为_____、_____、_____、_____和_____5个部分。
3. 家禽的中枢免疫器官包括_____、_____和_____。

三、选择题

1. 2009年真题 雌性家禽生殖系统的特点是（　　）。
   A. 卵巢不发达　　　　　　B. 输卵管不发达
   C. 卵巢特别发达　　　　　D. 左侧的卵巢和输卵管退化
   E. 右侧的卵巢和输卵管退化
2. 2011年真题 家禽体内性成熟后逐渐退化并消失的器官是（　　）。
   A. 脾和腔上囊　　　　B. 淋巴结和胸腺　　　　C. 盲肠扁桃体和腔上囊
   D. 腔上囊和胸腺　　　E. 盲肠扁桃体和胸腺

3. 2013年真题 家禽大肠的结构特点是（　　）。
A. 有1条盲肠　　　　　　　B. 有1条结肠　　　　　　　C. 有1对盲肠
D. 有1对结肠　　　　　　　E. 有1对直肠

4. 2015年真题 与家畜相比，家禽缺失的泌尿器官是（　　）。
A. 睾丸　　B. 卵巢　　C. 肾　　D. 输精管　　E. 膀胱

5. 2015年真题 鸡仅左侧正常发育的生殖器官是（　　）。
A. 睾丸　　B. 卵巢　　C. 肾　　D. 输精管　　E. 膀胱

6. 2016年真题 鸡的盲肠扁桃体位于（　　）。
A. 回盲韧带　　　　　　　　B. 盲肠体　　　　　　　　C. 盲肠尖
D. 盲肠基部　　　　　　　　E. 盲肠体和盲肠尖

7. 2017年真题 鸡消化道的特点之一是（　　）。
A. 1条盲肠　　B. 2条盲肠　　C. 3条盲肠　　D. 盲肠消失　　E. 盲肠退化

8. 2019年真题 鸡法氏囊是产生（　　）。
A. T淋巴细胞的初级淋巴器官　　　　　B. T淋巴细胞的次级淋巴器官
C. B淋巴细胞的初级淋巴器官　　　　　D. B淋巴细胞的次级淋巴器官
E. NE淋巴细胞的初级淋巴器官

9. 2020年真题 家禽的发声器官是（　　）。
A. 鸣管　　B. 声带　　C. 鼻腺　　D. 眶下窦　　E. 鸣骨

10. 2020年真题 位于气管分叉处的楔形小骨是（　　）。
A. 鸣管　　B. 声带　　C. 鼻腺　　D. 眶下窦　　E. 鸣骨

11. 2020年真题 家禽的喉腔无（　　）。
A. 鸣管　　B. 声带　　C. 鼻腺　　D. 眶下窦　　E. 鸣骨

四、简答题

1. 简述家禽消化系统的组成及功能。
2. 简述母鸡输卵管各部分的功能。
3. 比较家禽和家畜在器官水平上的异同。
4. 简述家禽嗉囊的特点及功能。

项目 14
综合实训

项目目标

一、认知目标

1. 掌握家畜、家禽体表主要部位名称及常用方位术语。
2. 掌握家畜、家禽各系统的器官组成。

二、技能目标

1. 能在家畜活体上准确识别常用的骨性、肌性标志，主要关节、浅表淋巴结的名称及重要器官的体表投影位置。
2. 能按照标准的解剖程序，规范地解剖家畜和家禽。
3. 在剖解过程中，能准确识别家畜和家禽各内脏器官，并能描述各器官的形态、位置、结构及色泽。
4. 能比较并描述不同家畜、不同家禽以及家畜与家禽之间在解剖结构上的异同点。

三、素质目标

1. 培养敬畏生命、保护动物、关注动物福利的意识。
2. 培养严谨、认真的学习态度。
3. 培养生物安全意识。
4. 培养吃苦耐劳、不怕脏、不怕累的从业精神。

实训14-1 家禽的解剖及内脏器官观察

目的与要求

1. 能在家禽活体上识别主要皮肤衍生物、体表主要部位名称和重要的骨性、肌性标志。
2. 学会家禽解剖的操作方法和步骤。
3. 结合所学理论知识，识别、验证家禽各内脏器官的形态、结构及位置关系。

材料与器械

动物：健康鸡、鸭、鹅、鸽活体。
器械：解剖刀、止血钳、解剖剪、镊子、骨剪等。
材料：挂图、标本、软胶管、乳胶手套、口罩等。

方法和步骤

1. 体表识别

先在挂图、标本上观察，然后在家禽活体上识别。
①识别家禽的羽毛、喙、冠、肉髯、距、趾、爪、鳞片、蹼等皮肤衍生物。
②识别家禽的头部、颈部、嗉囊、胸部、背腰部、腹部、尾部、泄殖孔等主要体表部位。
③识别家禽的前肢（翼部）、后肢（腿部）骨骼，以及胸骨、尾综骨、胸肌、腿肌、翅下静脉等所在部位。

2. 致死家禽

拔去家禽喉头处的羽毛，在头、颈交界处用手术刀横断颈动脉和颈静脉放血致死（切断血管时要快、准，以减轻家禽的痛苦）。也可采用16~20号大针头插入枕骨大孔捣毁延髓的方法致死家禽。致死家禽后教师带领所有学生默哀1min，提醒学生认真解剖，珍爱生命。

3. 解剖家禽

①用温开水烫毛根，拔尽羽毛，冲洗干净。如不拔毛，用水将颈部、胸部、腹部的羽毛浸湿，以免羽毛飞扬。
②将禽体仰卧于解剖台上，切开大腿与腹侧连接的皮肤，用力掰开双腿，使髋关节脱臼（这样禽体比较平稳，便于解剖）。
③从喙的腹侧开始，沿颈部、胸部、腹部到泄殖孔剪开皮肤，并向两侧剥离到两前肢、后肢与躯干相连处。剥皮后观察胸、腹、腿部皮下组织、脂肪、浅表肌肉，颈椎两侧的胸腺大小及颜色，以及嗉囊的形态及位置。

④在胸骨与泄殖腔之间剪开腹壁。在头部剪开一侧口咽，至食管的前端，暴露出口咽，将细塑料管或玻璃管插入喉或气管，慢慢吹气，观察腹气囊。

⑤从胸骨后缘两侧肋骨中部剪开至锁骨，剪断心脏、肝与胸骨相连接的结缔组织，把胸骨翻向前方（注意勿损伤气囊），再将细塑料管或细玻璃管插入咽或气管，慢慢吹气，观察其他气囊（颈气囊、锁骨间气囊、前胸气囊、后胸气囊）。

⑥剪除胸骨，观察体腔内各器官的形态、结构及位置关系。

⑦剪断枕骨大孔至眼眶上缘的联系，去除剪断部分，充分暴露出大脑和小脑，并分离其周围的血管和神经，即可取出脑。观察脑的大小、形状，以及脑膜厚度、透明度等。

4. 观察内脏器官

依次摘取内脏器官进行观察。主要观察消化系统（嗉囊、腺胃、肌胃、肝、胰、小肠、大肠、泄殖腔）、呼吸系统（喉、气管、鸣管、肺）、泌尿系统（肾、输尿管）、生殖系统（睾丸、输精管，或卵巢、输卵管），以及心脏、脾、腔上囊和坐骨神经等。

实训报告

1. 写出家禽的解剖操作要点。
2. 填图。

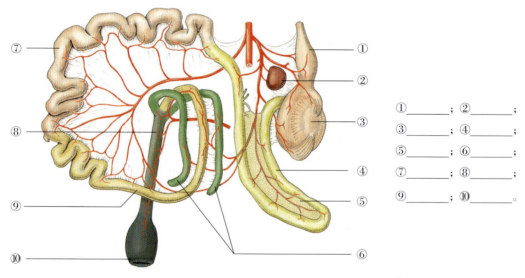

实训14-1-1　鸡消化系统示意图【引自Dyce K M，et al，2010】

①_____；②_____；
③_____；④_____；
⑤_____；⑥_____；
⑦_____；⑧_____；
⑨_____；⑩_____。

实训14-2　牛（羊）的解剖及内脏器官观察

目的与要求

1. 能在活体上识别出牛（羊）体表部位名称和重要的骨性、肌性标志。
2. 学会牛（羊）解剖的操作方法和步骤。
3. 结合所学理论知识，再次识别、验证牛（羊）各内脏器官的形态、结构及位置关系。

材料与器械

动物：健康牛或羊活体。
器械：解剖刀、止血钳、手术剪、镊子、斧头、解剖锯等常用解剖器械。
材料：套有软胶管的三通玻璃管、乳胶手套、口罩等。

方法和步骤

1. 体表识别

①识别牛（羊）体表各部位的名称，四肢主要骨、关节，以及肌性标志（颈静脉沟、髂肋肌沟等）、骨性标志（下颌血管切迹、髋结节、坐骨结节、跟结节、肘突等）。

②找出心脏、肺、肝、脾、肾、瘤胃、网胃、瓣胃、皱胃、小肠、大肠等重要器官的体表投影位置。

③识别基本切面（矢状面、横断面、额面），指出常用方位术语所在的准确位置。

2. 牛（羊）的致死

①将牛（羊）全身麻醉或镇静后左侧卧，在颈静脉沟中下1/3处剪毛，切一个长8~10cm的切口，分离皮下组织，沿颈静脉内侧气管深面探查颈总动脉（有搏动感），将其拉出皮肤切口，剥离迷走交感神经干。用止血钳分别夹住颈总动脉的向心端和离心端，在两钳之间的脉管壁上斜剪一个"V"形切口，随即将套有软胶管的三通玻璃管朝向心端插入颈总动脉内，用线结扎固定玻璃管，取下向心端的止血钳，血液即从胶管喷出。放血致死。

②致死牛（羊）后教师带领所有学生默哀3min，提醒学生认真解剖，珍爱生命。

3. 剥离皮肤

将牛（羊）仰卧，由下颌间隙经过颈、胸、腹，绕开外生殖器至肛门切一个纵切口，在四肢系部做一环状切线，然后在四肢内侧做与腹中线垂直的切线，沿各切口剥离皮肤。

4. 观察皮下组织及主要肌肉

清理皮下筋膜及皮肌，注意观察甲状腺、浅表淋巴结、皮下脂肪、腹白线。依次观察胸头肌、臂头肌、颈静脉沟、颈静脉、背腰最长肌、髂肋肌、肋间肌、腹外斜肌、腹内斜肌、腹直肌、腹横肌、腹股沟管、阔筋膜张肌、臀股二头肌、半腱肌、半膜肌。

5. 观察腹腔脏器

将牛（羊）呈仰卧位固定，自剑状软骨沿腹下正中线至耻骨联合处由前向后切开腹壁。然后自腹壁纵切口前端分别沿左、右肋骨弓至腰椎横突切开，并自纵切口后端向左、右腰椎横突切开。将左、右两腹壁拉向背侧，暴露腹腔。

①观察腹膜（被覆在腹腔内面的浆膜）壁层和脏层，并区别腹腔与腹膜腔。在胸腔后部观察膈的形态和位置（膈中央为腱质，外围为肌质），在腱质部中央稍偏右侧可见腔静脉孔，在腱质部中央与后膈肌脚之间可见食管裂孔。在脊柱腹侧左、右膈肌脚之间可见主动脉通过的主动脉裂孔。在膈、肋之间观察膈肋线，即膈在肋骨上的附着线。

②切开膈肋线向前翻转膈，可见略呈长方形的肝位于右季肋部。辨认背缘、腹缘，以及壁面、脏面和韧带之后，在肝腹缘可见一梨状囊（为胆囊），约与第10肋间中点处相对。

③在腹腔右侧表面可见富含脂肪的大网膜覆盖着肠管。用左手在大网膜后部的裂隙处向内侧可摸到肠管。将大网膜剪一小口，可见大网膜由浅、深两层构成，两层之间的腔为网膜囊。右手自剪口处伸入网膜囊，可摸到瘤胃腹囊。在右季肋部和剑状软骨部，可见一囊状器官（为皱胃），皱胃向上的细部为幽门，自幽门向前上方延伸至肝腹侧为十二指肠起始部。观察十二指肠与小网膜和大网膜的连接处，可见小网膜起于肝的脏面，主要止于皱胃和十二指肠起始部。探查大网膜的止点并切开向下翻转，可见肠管位于大网膜所形成的兜袋状网膜上隐窝中。

④掀起网膜之后，可见位于右髂部呈圆盘状的结肠袢，其周围悬吊着花环状的空肠。向后探查空肠，在右腹股沟部可找到回肠，其长度45cm左右（牛约50cm，羊约30cm），肠管较直，管壁较厚，且在外缘有短的回盲韧带与盲肠相连。自回盲结口向右观察盲肠的形态和位置，可见其呈圆筒状，末端位于骨盆口右侧。自回盲结口向前探查结肠初袢的走向。将结肠袢向上翻转，或撕裂肠袢表面的系膜，观察向心回及离心回的形态。自离心回末端探查结肠终袢的走向，并观察初袢、终袢、十二指肠后段的位置关系。

⑤观察十二指肠在肝腹侧的"乙"状弯曲。一手捏着"乙"状弯曲的外缘，另一手挤压胆囊，可见一索状物隆起，为胆管。分离并剖开胆管，探查胆管开口于十二指肠的位置。在十二指肠"乙"状弯曲后内侧，肝的后方，可见灰黄色不正四边形的胰。在十二指肠"乙"状弯曲之后约30cm处，仔细观察胰管的开口位置。在胰中央有血管穿过，为肝门静脉。探查肝门静脉，可见其收集胃、肠（直肠后半段除外）、脾、胰的回心血液，穿过胰进入肝。

⑥在膈的主动脉裂孔处向后探查腹主动脉及后腔静脉的走向及分支。观察腹腔动脉、肠系膜前动脉、肾动脉、肠系膜后动脉、睾丸动脉（或子宫、卵巢动脉）的起始及分布。

⑦在腹腔动脉起始部附近观察腹腔淋巴结，在胃、十二指肠、肝、脾、肠系膜前动脉附近及空肠、盲肠、结肠等处观察淋巴结的分布。

⑧在十二指肠起始部及直肠前端做双重结扎，切断结间肠管，分离并切断肝、膈之间的韧带、总肠系膜等，将肠管连同肝摘除。

⑨观察瘤胃、网胃、瓣胃和皱胃及脾的形态和位置后，在膈前双重结扎并切断食管。沿瘤胃背侧分离胃、脾与膈腰肌，切断腹腔动脉等。将瘤胃后腹盲囊向前牵拉，即可将胃摘除。

⑩在第12肋间隙至第2、第3腰椎横突腹侧找到右肾。撕裂肾脂肪囊，清理肾门，可见肾动脉、肾静脉及输尿管，观察肾的形态及毗邻关系。沿输尿管探查至膀胱。观察后取出肾，通过肾门纵行切开以观察肾的剖面结构。

⑪锯开骨盆联合，用力向两侧牵拉后肢以充分暴露骨盆腔。在耻骨前缘及骨盆腔底部

可见膀胱，注意观察输尿管开口于膀胱的位置。在母牛膀胱背侧可见子宫。顺次观察输卵管、卵巢、子宫的形态和位置。在公牛自腹股沟处探查输精管，观察输精管壶腹及膀胱与尿生殖道骨盆部的关系，在尿生殖道背侧观察精囊腺、前列腺，在坐骨弓处观察尿道球腺，在骨盆腔顶壁之下观察直肠的形态和位置。

6. 观察胸腔脏器

首先切除胸壁外面的肌肉和其他软组织，然后除去右前肢。由后向前，依次切开肋间肌和肋软骨，分离肋骨头，将肋骨拉至背部，先向前扳压，再向后扳压，直至胸腔全部暴露。

（1）观察左、右侧胸腔整体　首先观察胸膜的结构特征、胸膜壁层和脏层的分布及折转。然后保持器官原位，分别从两侧顺次观察肺、膈、纵隔以及食管、气管、支气管、心脏及心包、主动脉弓及其分支、胸主动脉、前腔静脉、后腔静脉、奇静脉、胸腺等的位置、形态以及与相邻器官的位置关系。

（2）观察肺　分别从左、右两侧观察肺的形态、位置和分叶。找到肺的肋面、膈面和纵隔面，并观察各面的特征。从肺根处将肺取下，观察支气管、肺动脉、肺静脉、神经及支气管淋巴结，并观察肺动脉和肺静脉在肺内的分支及其与支气管的相邻关系。

（3）观察食管、气管和支气管　观察食管和气管在纵隔内的形态、位置及相邻关系。切开纵隔，分离食管、气管和支气管，进一步观察食管和气管的外部特征和支气管的分支。

（4）观察心脏

①观察心包在纵隔内的位置。切开心包，观察双层囊膜、心包腔、心包液。

②剥去心包，观察心脏的外形、冠状沟、室间沟、心房、心室及连接在心脏上的各类血管。

③切开右心房、右心室和右房室口。观察右心房和前、后腔静脉入口，用尺量并记录心房肌的厚度。观察右心室和肺动脉口的瓣膜，以及右心室的厚度（记录）、乳头肌、腱索。观察右房室瓣，注意腱索附着点。

④切开左心室、左心房和左房室口。观察左心室壁，测量其厚度并与右心室壁进行比较。观察左房室口的瓣膜，并与右房室瓣进行比较。观察左心房，找到肺静脉的入口。沿左房室瓣深面找到主动脉口并做纵向切口，观察主动脉瓣的结构。

7. 观察颅腔脏器

除去额、顶、枕与颞部的皮肤、肌肉和其他软组织，露出骨质。

（1）观察牛的颅腔脏器　牛的颅腔较特殊，额骨发达，额部宽阔，额窦几乎与所有后部颅骨相通（包括角腔），在颅顶上部形成一个大空腔，因此颅腔的剖开与脑的取出较困难。可沿以下3条线锯开颅腔周围骨质：第1锯线，为两侧眶上突根部后缘（即颞窝前缘）之连线，横锯额骨；第2锯线，从第1锯线两端稍内侧（距两端1~2cm）开始，沿颞窝上缘向两角根外侧伸延，绕过两角根后，止于枕骨中缝，此锯线似"U"形；第3锯线，从枕骨大孔上外侧缘开始，斜向前外方角根外侧，与第2锯线相交。

翻转头部，使下颌朝上，固定后，用斧头向下猛击角根，并用骨凿和骨钳将额骨、顶骨和枕骨除去。如果角突影响上述锯线的实施，则应事先将其锯除。

（2）观察羊的颅腔脏器　羊颅腔的剖开方法与牛稍有不同。3条锯线走向如下：第1锯线，为两眼眶上缘中点之连线。第2锯线，从外耳道开始，经角根与眼眶中点，向前上方伸延与第1锯线相交。第3锯线，从枕骨大孔上外侧缘开始，斜向前外方，直达颞窝，与第2锯线相交。

暴露颅腔，取出脑并观察。

课程思政

庖丁解牛是先秦道家代表人物庄子创作的寓言故事，揭示做人、做事都要顺应自然规律的道理。庄子以刀喻人，以牛体喻复杂的社会，以刀解牛喻人在社会上处世。牛体是一个复杂的系统，但是只要掌握了解剖构造，就可以快速准确地将牛体剖解；世上的事情也是如此，不管它多么复杂，都有规律可循，充分认识和掌握事情的内在规律，处理起来自然游刃有余。

实训报告

1. 写出牛（羊）的解剖操作要点。
2. 填图。

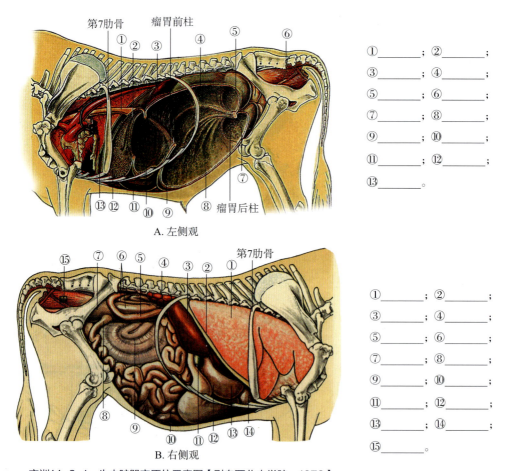

实训14-2-1　牛内脏器官原位示意图【引自西北农学院，1978】

实训14-3　猪的解剖及内脏器官观察

目的与要求

1. 能在活体上识别出猪的主要外部器官名称。
2. 学会猪解剖的操作方法和步骤。
3. 结合所学理论知识，再次识别、验证各内脏器官的位置、形态及毗邻关系，同时比较单室胃动物与多室胃动物内脏器官的解剖学差异。

材料与器械

动物：健康猪活体。
器械：解剖刀、止血钳、手术剪、镊子、解剖锯等常用解剖器械。
材料：乳胶手套、口罩等。

方法和步骤

1. 体表识别

观察口、鼻、耳、眼、睾丸、四肢、关节、蹄等部位。

2. 猪的致死

① 直接用刀捅入猪心脏放血致死（速度要快，以减轻猪的痛苦）。
② 致死猪后教师带领所有学生默哀3min，然后提醒学生认真解剖，珍爱生命。

3. 剥离皮肤

使猪仰卧，切断四肢与躯干的连接，然后从下颌间隙开始，沿气管、胸骨，再沿腹白线侧方至尾根部做一条切线切开皮肤。切线经脐部、生殖器、乳房、肛门等时，应在其前方左、右分为两切线绕其周围切开，再汇合为一线。在尾根部切开侧皮肤，于3~4尾椎部切断椎间软骨，使尾部连于皮肤上。做4条横切线，即每肢一条横切线，在四肢内侧与正中线成直角切开皮肤，止于球节，做环状切线。剥去腰、腹部的皮肤，观察皮下脂肪、浅表肌肉、体表淋巴结（下颌淋巴结、腮腺淋巴结、肩胛前淋巴结、腋下淋巴结、股前淋巴结、腹股沟浅淋巴结、腘淋巴结等）、甲状腺、关节构造。

4. 观察腹腔脏器

（1）打开腹腔　第1切线，由剑状软骨末端沿腹白线切至耻骨联合处。第2切线，由耻骨联合处切口分别向左、右两侧沿髂骨体前缘切开腹壁。第3切线，由剑状软骨处的切口分别向左、右两侧沿肋骨弓切开腹壁，根据腹腔内脏器官和内容物情况逐步切至腰椎横突处。

（2）观察消化、泌尿、生殖等系统的器官　重点观察胃、小肠（十二指肠、空肠、回肠）、大肠（盲肠、结肠、直肠）、肝、胰、肾、输尿管、膀胱、卵巢、子宫、肠系膜淋巴结等器官的形态、位置和构造，并注意各器官相互之间的位置关系。

5. 观察胸腔脏器

（1）**打开胸腔** 通常需要锯除半侧胸壁。首先切除胸骨及肋骨上附着的肌肉等软组织，然后切断与胸壁相连的膈肌，再用骨锯锯断与胸骨相连的肋软骨，最后在距脊柱7~9cm处从后向前依次将肋骨锯断。取下锯断的胸壁，即可暴露出胸腔。

（2）**观察心血管、呼吸、免疫等系统的器官** 重点观察肺、支气管、胸膜、纵隔、心包、心脏、胸腺、纵隔淋巴结、肺门淋巴结、食管（胸段）、主动脉、前腔及后腔静脉、肺动脉、肺静脉等的形态、颜色及位置。

6. 观察颅腔脏器

清除头部皮肤和肌肉，先在两侧眶上突后缘做一条横锯线，从此锯线两端经额骨、顶骨侧面至枕嵴外缘做2条平行的纵锯线，再从枕骨大孔两侧做一条"V"形锯线与两条纵锯线相连。将鼻端向下立起，用槌敲击枕嵴，即可揭开颅顶，露出颅腔。观察脑膜结构及脑（大脑、小脑、脑干）的位置和各部形态。

实训报告

1. 写出猪的解剖操作要点。
2. 填图。

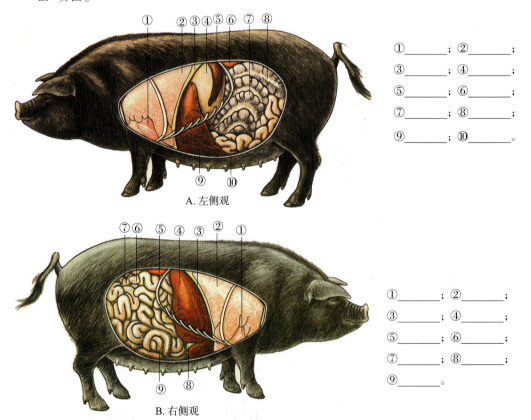

A. 左侧观

① _____；② _____；
③ _____；④ _____；
⑤ _____；⑥ _____；
⑦ _____；⑧ _____；
⑨ _____；⑩ _____。

B. 右侧观

① _____；② _____；
③ _____；④ _____；
⑤ _____；⑥ _____；
⑦ _____；⑧ _____；
⑨ _____。

实训14-3-1 猪右侧内脏器官原位示意图【引自西北农学院，1978】

参考文献

安徽农学院，1978. 家畜解剖图谱[M]. 上海：上海人民出版社.

陈功义，2010. 动物解剖[M]. 北京：中国农业出版社.

陈耀星，2013. 动物解剖学彩色图谱[M]. 北京：中国农业出版社.

陈耀星，崔燕，2018. 动物解剖学与组织胚胎学（全彩版）[M]. 北京：中国农业出版社.

陈耀星，刘为民，2009. 家畜兽医解剖学教程与彩色图谱[M]. 北京：中国农业大学出版社.

李敬双，夏冬华，杨新艳，等，2012. 畜禽解剖学彩色图谱[M]. 沈阳：辽宁科学技术出版社.

马仲华，2002. 家畜解剖及组织胚胎学[M]. 3版. 北京：中国农业出版社.

穆祥，胡格，2016. 家畜解剖基础[M]. 北京：中央广播电视大学出版社.

彭克美，2009. 畜禽解剖学[M]. 2版. 北京：高等教育出版社.

西北农学院，1978. 家畜解剖图谱[M]. 西安：陕西人民出版社.

周其虎，2019. 动物解剖生理[M]. 3版. 北京：中国农业出版社.

周元军，2007. 动物解剖[M]. 北京：中国农业大学出版社.

ASHDOWN R R, DONE S H, 2010. Color atlas of Veterinary Anatomy Vol. 1: The Ruminant[M]. Elsevier Limited.

BACHA W J, BACHA L M, 2011. Color Atlas of Veterinary Histology[M].3rd ed. John Wiley & Sons, Ltd.: West Sussex.

BUDRAS K D, HABEL R E, MULLING C K W, et al, 2011. Bovine Anatomy [M].2nd ed. Schlütersche Verlagsgesellschaft mbH & Co., K G:Hannover.

DYCE K M, SACK W O, WENSING C J, 2010. Textbook of Veterinary Anatomy[M]. 4th ed. St. Louis, Saunders, Elsevier.

EVANS H E, DE LAHUNTA A, 2013. Miller's Anatomy of the Dog[M]. 4th ed. Saunders and Elsevier.

KIERAN G M, O'FARRELLY C, 2019. β–Defensins: Farming the Microbiome for Homeostasis and Health[J]. Frontiers in Immunology, 9: 1–20.

KÖNIG H E, LIEBICH H G, 2004. Veterinary Anatomy of Domestic Mammals:Textbook and Color Atlas [M]. Stuttgart: Schattauer Co.

KÖNIG H E, LIEBICH H G, 2020. Veterinary Anatomy of Domestic Mammals: Textbook and Color Atlas[M].7th ed. Stuttgart: Schattauer Co.

POPESKO P, 1985. Atlas of topographical anatomy of the domestic animals[M]. London: W B Saunders Company Philadelphia.

THIBODEAU G A, PATTON K T, 2012. Structure and Function of the Body[M].14th ed. Elsevier Limited.

THOMAS C, BASSERT J M, 2015. Clinical Anatomy and Physiology for Veterinary Technicians[M]. 3rd ed. St. Louis, Missouri, Elsevier.

THOMAS M O, ROBERT A K, DAVID CARLSON, 2008. Color Atlas of Small Animal Anatomy:The Essentials[M]. Iowa: Blackwell Publishing Ltd.